特　集

多様化を深める電源仕様に柔軟に対応しつつ高効率化を図る
マイコンによるディジタル制御電源の設計

　電源回路をはじめとするパワー・エレクトロニクスでは，入出力の電圧/電流を検出し，電力変換回路を適切に制御することによって，最終的に必要とする出力を得ます．この際に，いわゆるフィードバック制御が行われます．従来では，この部分には専用のアナログ制御ICが使われることが多かったのですが，昨今では，汎用マイコンやDSP，ディジタル制御電源用のプロセッサなどを使用してダイレクトにディジタル制御する事例が増えてきました．高効率化や小型化だけでなく，きめの細かい制御や複雑な電力変換が求められてきているからです．特集では，おもにマイクロプロセッサを応用したディジタル制御電源の設計技法を解説します．今後，パワー・エレクトロニクス装置ではマイコン制御が必須となり，アナログ制御では実現が不可能という場面が増えてきます．ぜひディジタル制御電源にチャレンジし，高機能で小型/高効率なパワー・エレクトロニクス回路を実現しましょう．

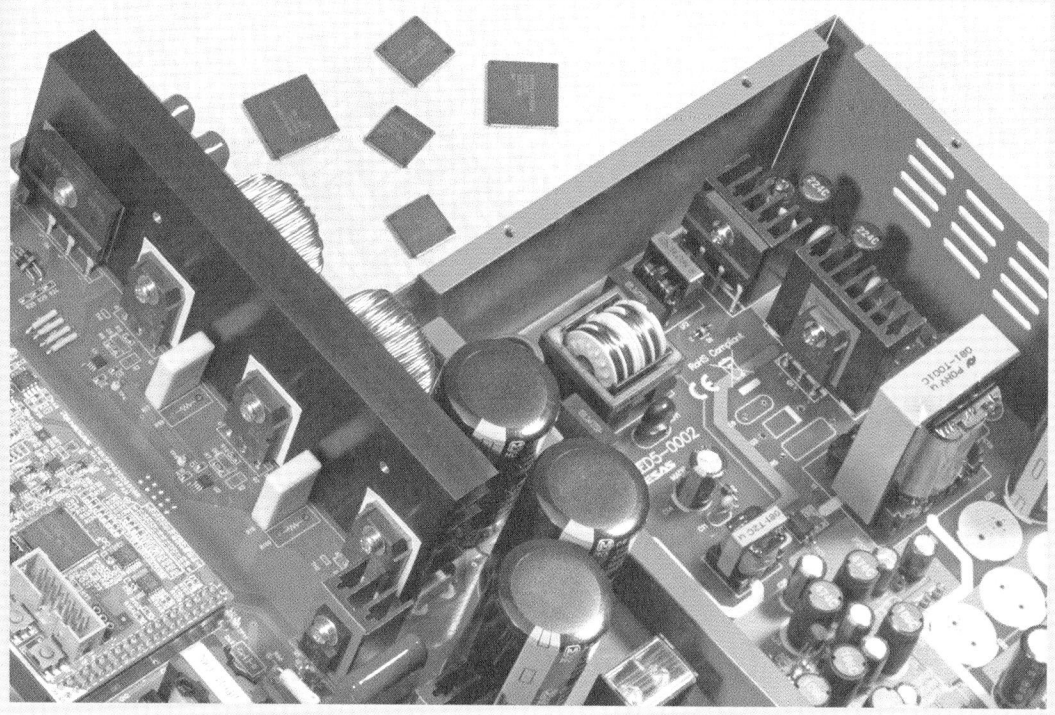

第1章	ディジタル制御電源の必要性
第2章	ディジタル電源制御に使えるマイコンの機能と特徴
第3章	パワー・デバイスと周辺アナログ回路
第4章	初心者のためのフィードバック制御
第5章	ディジタル制御電源に最適なソフトウェア開発環境
第6章	ディジタル制御スイッチング電源の開発事例

グリーン・エレクトロニクス No.12

多様化を深める電源仕様に柔軟に対応しつつ高効率化を図る
特集 マイコンによるディジタル制御電源の設計

マイコンによる電源制御に何を期待するべきか…
第1章 ディジタル制御電源の必要性　田本 貞治 …… 4
- アナログ制御とディジタル制御の違い —— 4
- アナログ制御電源とディジタル制御電源で有利なことと無理なこと —— 8
- ディジタル制御でコストダウンや小型化は実現できるか —— 9

専用機能で高速かつ理想的な電源を実現する
第2章 ディジタル電源制御に使える マイコンの機能と特徴　毛利 裕二 / 郡司 高久 …… 14
- ディジタル電源に必要なマイコン機能 —— 14
- 多様なセットに対応するディジタル電源用マイコン —— 17
- UPS/パワー・コンディショナに最適な RX62T/RX62G —— 18
- 照明/小型電源に最適な RL78/I1A —— 21
- 開発をサポートするソリューション —— 24

ディジタル制御電源で使用できる
第3章 パワー・デバイスと周辺アナログ回路　石井 正樹 / 中田 晃三 …… 27
- パワー・デバイス —— 27
- パワー・デバイスの種類 —— 30
- 新素材半導体デバイス —— 38
- 周辺アナログ回路の基本の基本 —— 42

安定性の評価と位相補償のディジタル制御
第4章 初心者のためのフィードバック制御　鈴木 元章 …… 51
- フィードバック制御について —— 51
- 制御工学の基礎知識 —— 51
- フィードバック制御の周波数特性の評価 —— 52
- マイコンで発生する制御の遅れ —— 54
- 位相進み/遅れ補償器のディジタル制御設計 —— 55
- その他の制御性能を改善する手段 —— 58

表紙デザイン　アイドマ・スタジオ（柴田 幸男）
表紙写真　矢野 渉

CONTENTS

統合開発環境 CubeSuite＋とオンチップ・デバッギング・エミュレータ E1
第 5 章　ディジタル制御電源に最適なソフトウェア開発環境　福田 圭介 ……… 59
- マイコン開発に必要な工程やツール —— 59
- プログラム開発の流れ —— 59
- ディジタル電源開発をサポートするルネサス開発環境 —— 60
- CubeSuite＋とE1を組み合わせた開発手法 —— 62
- E1を使用してデバッグを行う —— 64
- ディジタル電源開発で注意すべきこと —— 69

RX62G グループを使った
第 6 章　ディジタル制御スイッチング電源の開発事例　喜多村 守／福田 圭介 …… 70
- 6-1 ディジタル電源制御用マイコン RX62G —— 70
- 6-2 RX マイコンを用いた連続シングル PFC 回路の設計と試作 —— 73
- 6-3 フェーズ・シフト・フル・ブリッジ ZVS 電源の設計と試作 —— 85

GE Articles

ディジタル機器／システムに及ぼす影響とその対策
解 説　**EMCの考えかたと基礎技術**　斉藤 成一 …………………………………… 103
- ディジタル化のメリットと課題 —— 103
- EMC に対する基本的な考えかた —— 104
- グラウンド技術 —— 107
- シグナル・インテグリティ技術 —— 111

消費電力 1W 以上の LED 電球は電気用品安全法の規制対象
測 定　**LED照明機器のEMI測定技術**　山田 和謙 …………………………………… 116
- 規格の背景と要求試験項目 —— 116
- ラージ・ループ・アンテナによる低周波磁界強度試験 —— 117
- 電源線伝導雑音試験 —— 120
- 放射電界強度試験の実測値と考察 —— 122
- EMI 測定を高速化する —— 123
- 今後の展望と検討課題 —— 126

第1章

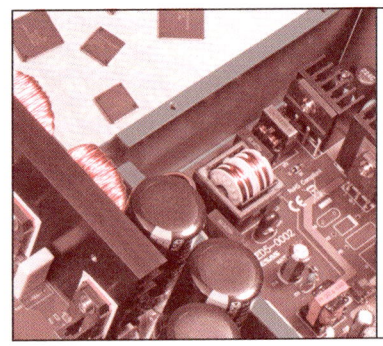

マイコンによる電源制御に
何を期待するべきか…

ディジタル制御電源の必要性

田本 貞治
Sadaharu Tamoto

ディジタル制御電源は，アナログ方式の電源と比べてどのようなことが同じで，どのような違いがあるか考えていきます．ここでのディジタル制御電源は，マイコンを使用して実現するものとします．

アナログ制御とディジタル制御の違い

● ディジタル制御とアナログ制御ではどこが違うか

図1は，従来からある出力電圧を一定値に安定化するアナログ制御電源のブロックを示しています．

一般的なアナログ制御電源では，出力電圧をフィードバックし，基準電圧から出力電圧を引き算して誤差電圧を求めます．この誤差電圧をアナログ演算回路で演算します．演算した結果と，三角波または鋸波との電圧レベル比較を行ってPWMパルスに変換します．このパルスによって，スイッチング・トランジスタをON-OFF制御します．このような電源では，誤差電圧がゼロになるように制御することで，基準電圧に追随する電源が実現できます．

それでは，ディジタル電源の制御はどうかといいますと，図2のように，出力電圧をフィードバックすることはアナログ電源と変わりありません．フィードバックした出力電圧は，マイコン周辺回路のA-Dコンバータによって数値データに変換されます．あらかじめ準備した数値の基準電圧から，数値に変換した出力電圧を引き算して，誤差電圧を求めます．誤差電圧はプログラムによるディジタル演算を行います．演算結果は，マイコン周辺回路のPWMタイマによってPWMパルスに変換します．このパルスによって，スイッチング・トランジスタをON‑OFF制御します．

このように，アナログ制御は電圧レベルで，ディジタル制御は数値を用いて制御しますが，アナログもディジタルもやっていることは同じです．したがって，制御の考えかたはアナログからディジタルへも，ディジタルからアナログへも自由に転換することができます．

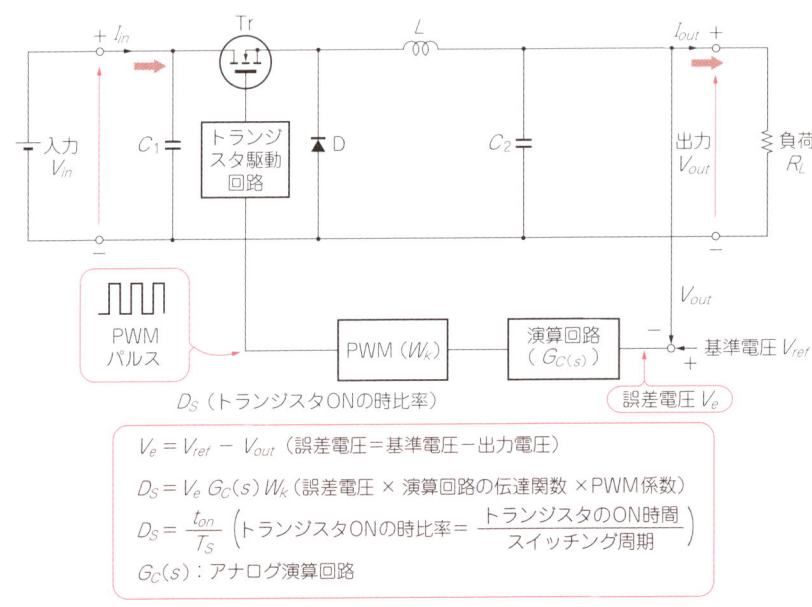

図1 アナログ制御電源のブロック構成

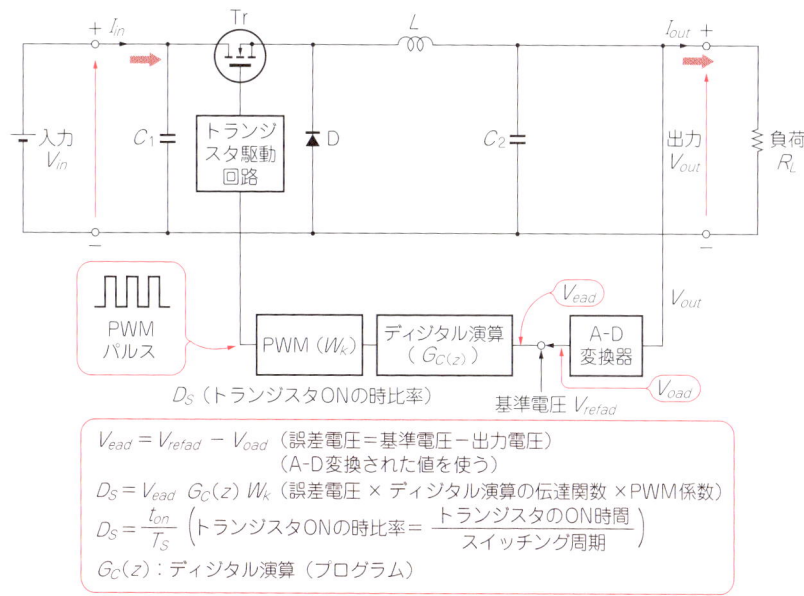

図2 ディジタル制御電源のブロック構成

● ディジタル制御電源とアナログ制御電源ではパワー回路はどこが違うか

図3は，アナログ制御のスイッチング電源専用ICを使用した電源回路の構成を示します．また，図4は，マイコンを使用したディジタル制御電源回路の構成です．

前項でも説明したように，アナログ制御もディジタル制御も制御法は同じです．したがって，フィードバック電圧の入力仕様とPWMの出力仕様を同じにし，パワー回路を共通にして制御回路を入れ換えて動作させたとすると，電源は同じように動くことが容易に理解できます．

言い換えると，アナログ制御であってもディジタル制御であっても，同じパワー回路でかまわないことになります．すなわち，アナログ制御電源をディジタル制御電源に変更することも，ディジタル制御電源をアナログ制御電源に変更することも自由にできるということを表しています．

このように，アナログ電源もディジタル電源も基本的には変わらないということになります．違いは，アナログ制御ICを使用するかマイコンを使用するかです．したがって，パワー回路の設計はアナログ電源であってもディジタル電源であっても同じであり，必要な知識も変わりありません．

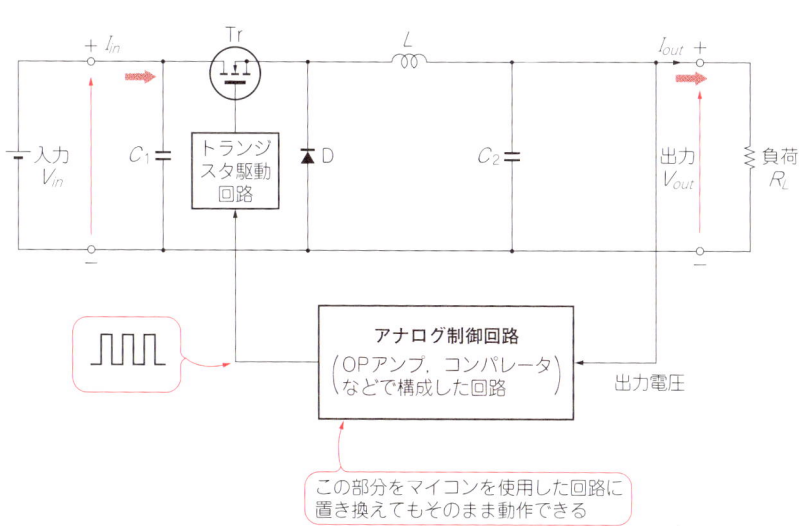

図3 アナログ制御電源の構成

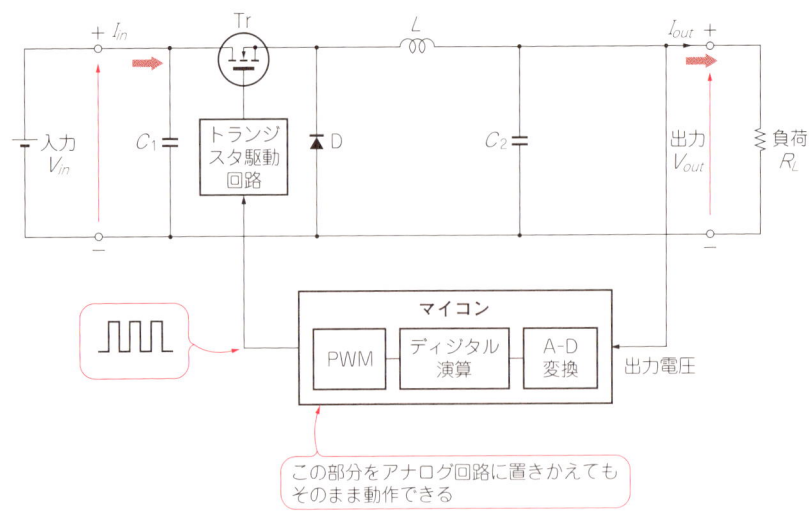

図4 ディジタル制御電源の構成

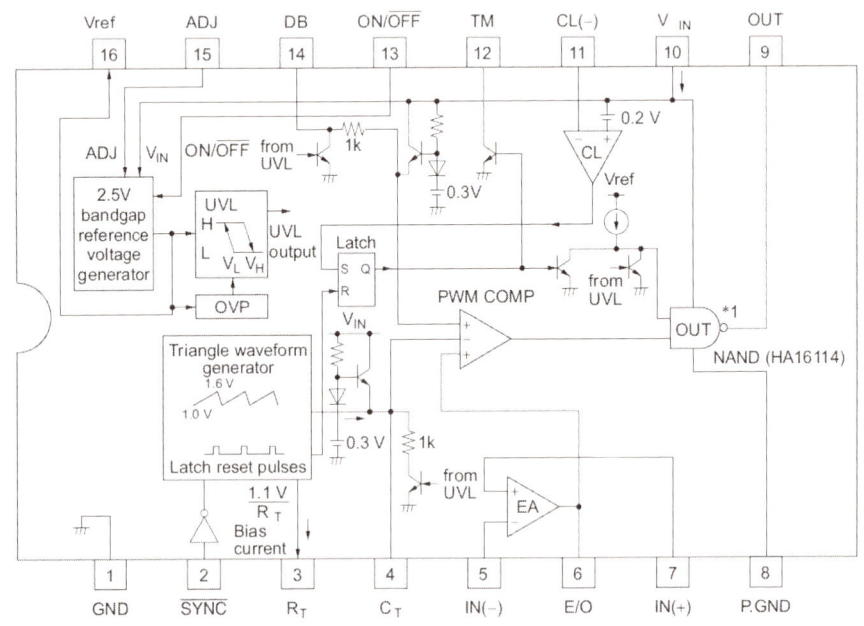

図5[(1)] アナログ制御電源ICのブロック構成(HA16114:ルネサス エレクトロニクス)

● アナログICとマイコンの中身の違いはなにか

アナログ制御電源とディジタル制御電源で基本的な動作や制御法が同じだとすると，違いはアナログICとマイコンの中身の違いということになります．

図5は，HA16114(ルネサス エレクトロニクス)という降圧コンバータ用の制御ICのブロック図です．このブロック図を見ると，電源の制御に必要な機能はすべて実装されています．しかも，設計者はこのICの各ブロックの機能さえわかれば，中身の回路まで知らなくても電源を設計できます．しかし，アナログICはそれぞれ専用の制御ICになっていることが多いので，回路が変わり制御ICを新規に採用すると，そのたびに新規制御ICについて知識や性能を求めていく必要があります．

一方，図6は，Piccolo(テキサス・インスツルメンツ)というマイコンのブロック図です．マイコンの場合は，

特集 マイコンによるディジタル制御電源の設計

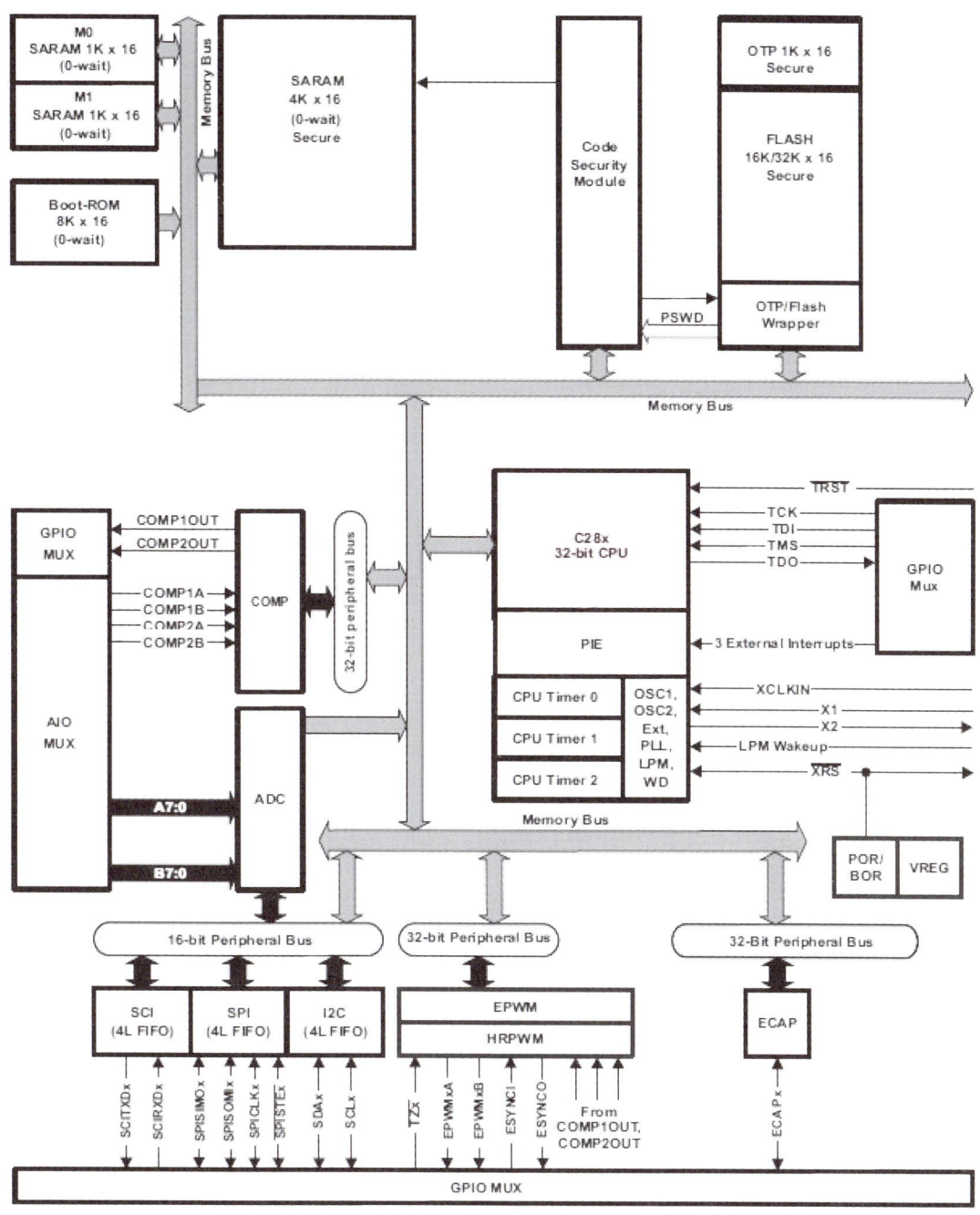

このマイコンの内部は，RAM，フラッシュROM，32ビットCPUコア，I/Oポート，タイマ，A-D変換器，アナログ・コンパレータ，PWM，キャプチャ・モジュール，各種通信モジュールなどで構成される

図6(2)　マイコンのブロック構成（TMS320F28022：テキサス・インスツルメンツ）

このブロック図の機能がわかってもマイコンを使いこなすことはできません．さらに，各ブロックに実装されているレジスタの機能について知る必要があります．このように，マイコンを使用するとアナログICより1段下の階層まで理解することが求められます．しかし，マイコンの場合は，一度ひとつのマイコンを理解してしまえば，あとは電源が変わっても同じマイコンを使用できる場合が多いので，新たにマイコンに関する知

アナログ制御とディジタル制御の違い　7

識を得る必要がありません．

このように，マイコンを使用すると，一度マイコンに関する知識を得てしまえば，あとはマイコンを使用していくだけになり，長い目でみればマイコンを理解するために掛けた時間はそれほど大きくならないことになります．ぜひマイコンをマスタし，ディジタルによって広がる電源の世界を実感しましょう．

アナログ制御電源とディジタル制御電源で有利なことと無理なこと

ここでは，アナログ制御電源のほうが有利なことと，アナログ制御電源では実現できなくはないもののディジタル制御電源にしたほうがはるかに優れた電源が実現できることについて考えてみます．

● アナログ制御ICで実現できた電源をマイコン制御に置き換えてもあまりメリットが得られない

世の中には，多種多様なアナログ制御電源用のICが生産されています．このようなICを使用した電源を，マイコンを使用したディジタル制御電源に変更してもあまりメリットが得られないことが多いと思われます．その理由は，アナログ電源ICは必要な機能が無駄なく実装されており，安価で容易に目的とする回路を実現することが可能だといえるためです．

図7は，図5に示したアナログ制御IC HA16114を使用した降圧コンバータの回路です．図のように，ICの周辺に抵抗やコンデンサを接続することで，必要な機能が実現できます．また，入出力の電圧や電流は，パワー回路の部品を変更することで容易にパワーアッ

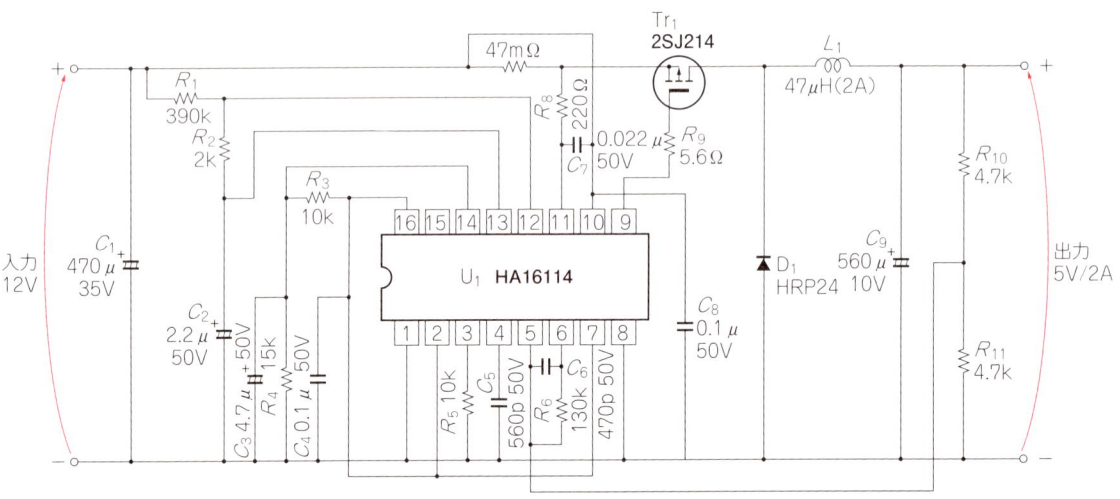

図7　アナログ制御ICを使用した降圧コンバータ回路

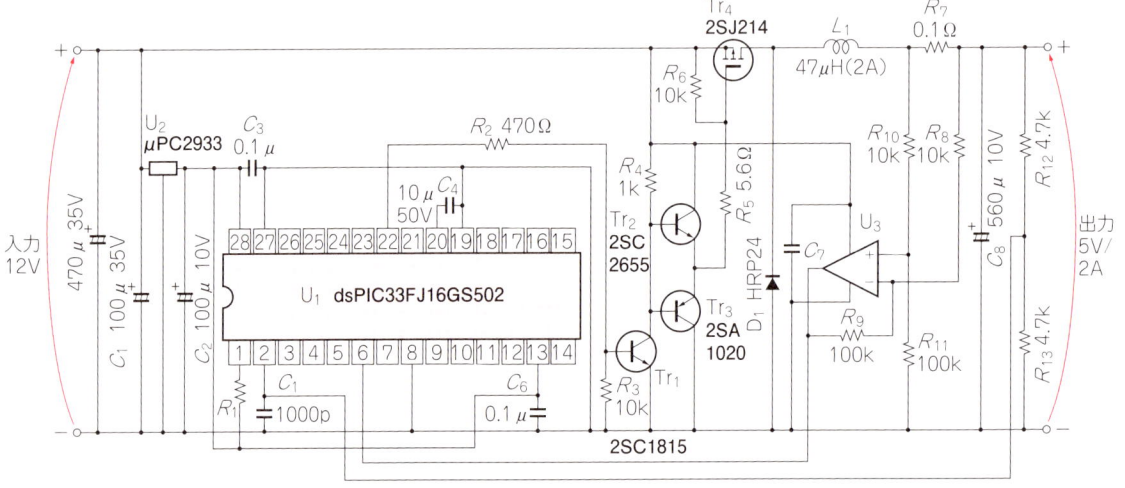

図8　マイコンを使用した降圧コンバータ回路

8　第1章　ディジタル制御電源の必要性

プできます．

これを，同じくマイクロチップ・テクノロジー社のdsPICマイコンを使用した電源回路に変更すると，図8の回路ができあがります．この回路を見ると，マイコン周辺の部品は確かに少なくなりますが，代わりにマイコンを駆動するための3.3Vの補助電源や，トランジスタを駆動する駆動回路や，過電流保護を実現するための電流検出回路が必要になります．

そのため，図7と図8を比較すると明らかに，図7のほうが安価に実現できることがわかります．このような電源にマイコンを使用するためには，何か特別の付加価値が必要と思われます．

● アナログ回路では実現が無理な回路はマイコンを使用する

ここで，アナログ回路で実現できないことはないものの，ほとんど無理と考えられる回路を見ていくことにします．これこそが，マイコンを使用したディジタル制御電源の最もメリットが得られる領域といえます．このような回路はいろいろ考えられますが，最初はアナログの専用ICがあっても，制御法を少し変えると，この制御ICが使用できなくなる例を見ていきます．

▶ 位相シフトZVS DC-DCコンバータ

図9は，位相シフト型のスイッチング電源IC R2A20121SP（ルネサス エレクトロニクス）を使用した絶縁型DC-DCコンバータ回路です．この回路は，位相シフトを使用したフルブリッジZVS-PWM電源になります．この回路を使用すると，1次側は，Tr_1とTr_2，およびTr_3とTr_4が，それぞれ時比率0.5で相補モードで動作します．また，Tr_1とTr_2，およびTr_3とTr_4には，適当なデッド・タイムを設けます．電圧制御はTr_1，Tr_2とTr_3，Tr_4の位相を変えることで実現します．このとき，デッド・タイムを調整することにより，スイッチングはZVS（ゼロ・ボルト・スイッチ）になり，高効率でノイズの少ない電源となります．

また，2次側はカレント・ダブラ回路になっています．ダイオードの変わりにMOSFETを使用して同期整流型にすることによって，ダイオードの順方向電圧を抑えて変換効率を改善しています．なお，この回路の詳細については文献(3)を参照ください．

この回路は1次側と2次側がともにMOSFETとなっていますので，双方向に電流を流すことが可能です．このような回路は，バッテリの充放電のような回路に適用できます．しかし，図9の回路では定電圧制御はできますが，定電流制御を実現するためには，電流の検出回路と制御回路を加える必要があります．また，放電時に電流制御を実装しようとすると，同様に逆向きの電流の検出回路と制御回路が必要です．このように，変更内容としてはあまり多くないように見えますが，アナログ回路で実現しようとすると，回路変更はかなり複雑になります．

これにマイコンを使用すると，図10のように，パワー回路は同じで，検出回路を付加することによって充放電に対して双方向に電流を流すことができるようになります．この回路では，双方向に流れる電流を検出する電流センサを実装しています．また，マイコンは2次側に接続していますので，絶縁して1次側の電圧を検出する回路を追加しています．このように，マイコンを使用すると，回路を柔軟に設計できるようになりますので，充電/放電のように制御モードが変わるような電源では，マイコン制御のほうがはるかに有利といえます．

▶ 双方向系統連系インバータ

次に，マイコンを使用しないと無理な回路を見ていきます．図11のような双方向に電流を流す系統連系インバータを考えてみます．この図はブリッジ・インバータを使用した双方向コンバータで，系統と直流電源間で双方向に電流を流すことができるようにしたものです．太陽光発電用のパワー・コンディショナでは系統に電流を流し出す一方向ですが，今後スマート・グリッド関係では双方向に電流を流す系統連系が求められます．

そこでは，系統電圧，直流電圧，入出力電流をA-Dコンバータに取り込み，状況に応じて直流電圧を一定に維持したり，力率を調整したり，電流を双方向に流したりします．これらの制御が行えるように，スイッチング・トランジスタ4個のPWM制御を行います．このような回路を実現するアナログICは見当たりませんので，ディジタル制御を適用するしか方法はありません．

仮に，OPアンプやロジックICなどを使用して制御回路を実現しようとすると，やはりシーケンス制御のためのマイコンを実装することになってしまいます．そうであれば，最初からディジタル電源用マイコンを使用してディジタル制御で開発するほうが得策と思われます．また，ハードウェアの回路の場合は設計ミスが生じるとプリント基板を手直ししなければならず，大変な労力が必要です．

ディジタル制御の場合，仕様変更が発生しても，あらかじめ必要な回路が実装されていれば，特に回路の変更なしでプログラムのみ変更すれば対応可能になります．また，状況に応じて制御法を切り替えるなどは，アナログ制御では非常に困難です．しかし，マイコンであればこのような制御も問題ありません．

ディジタル制御でコストダウンや小型化は実現できるか

どのような装置でも，小型化やコストダウンは必須

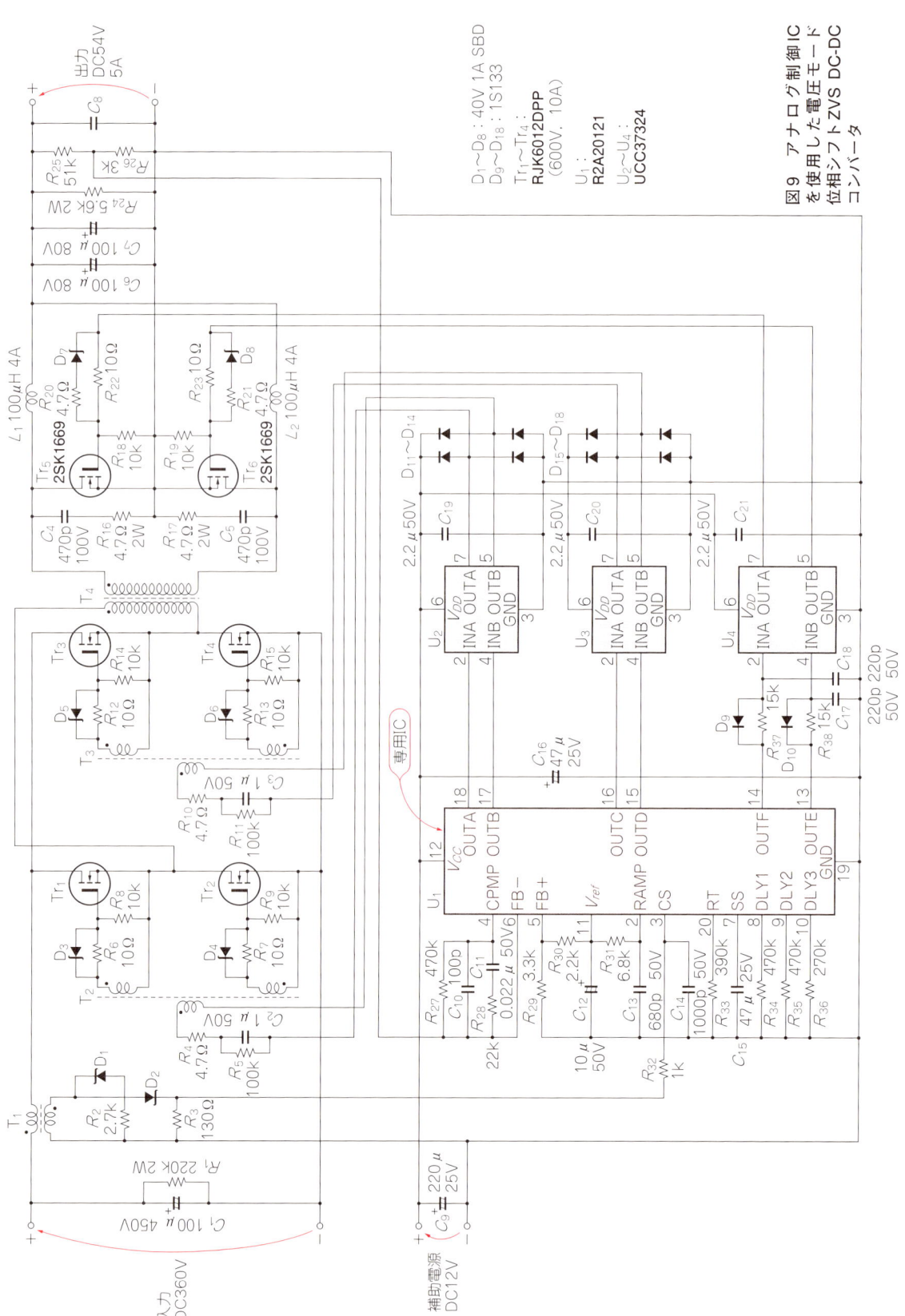

図9 アナログ制御ICを使用した電圧モード位相シフトZVS DC-DCコンバータ

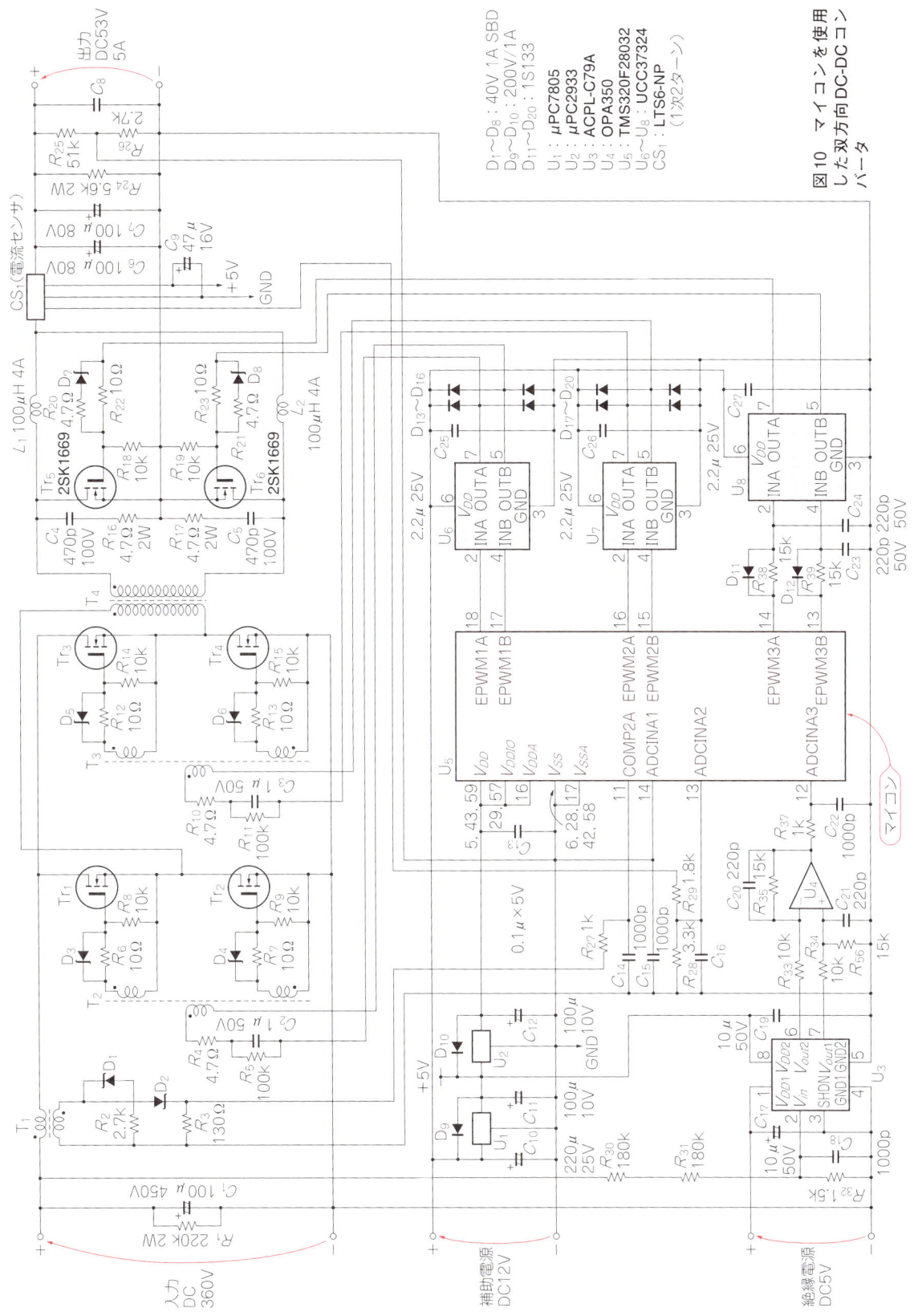

特集 マイコンによるディジタル制御電源の設計

図10 マイコンを使用した双方向DC-DCコンバータ

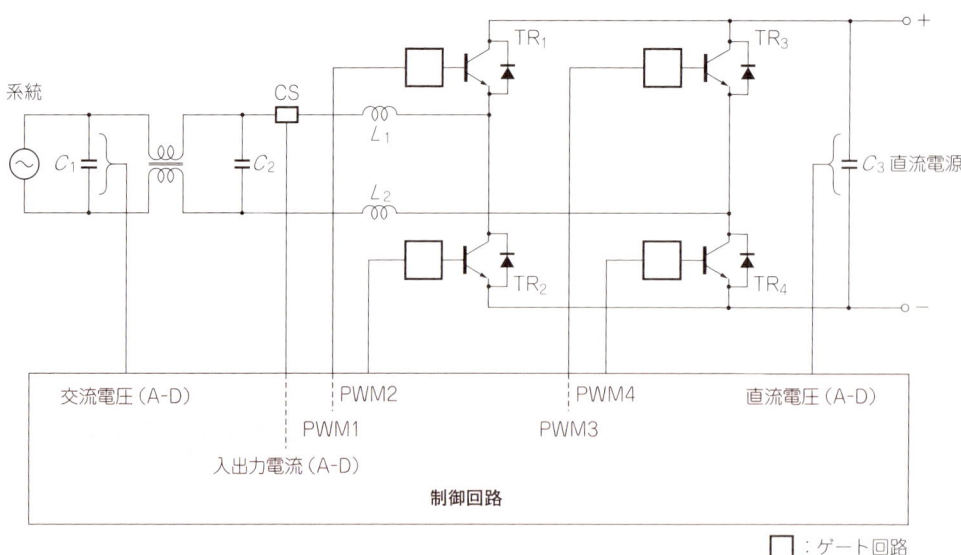

この図は系統と直流電源間で電流を双方向に流すことができる双方向コンバータの原理図である．制御回路部分はマイコンを使用し，交流電圧，入出力電流，直流電圧をA-D変換し，PWM1〜PWM4のパルスを出力して，直流電圧維持，力率調整，電力調整，交流電流制御を行う

図11 ディジタル制御の有効性が生かせる双方向系統連系インバータ

の項目です．ディジタル制御にすることによって，小型化やコストダウンが達成できるかどうかを検討していくことにします．ここでは，パワー・エレクトロニクス回路として代表的な小型の常時インバータ給電方式UPS（無停電電源装置）の回路を取り上げることにします．

図12は小型UPSのブロック図です．このUPSでは，商用電源があるときは，内蔵するバッテリを充電器によって充電しておきます．また，PFC回路によって直流電圧に変換します．この直流電圧を再びインバータで交流電圧に変換し，サーバなどの負荷に電力を供給します．交流から直流，そして交流と変換することにより，商用電源から入力するノイズ，雷サージ，波形歪み，電圧変動などを吸収して，高品質の交流電圧を負荷に供給します．

商用電源が停電したときは，瞬時にバッテリに切り換え，バッテリ電圧昇圧回路を介してインバータに電力を送り，瞬断することなく高品質の交流電力を負荷に供給し続けます．万が一装置が故障したときは，直送回路に切り換えて直接商用電源から負荷に電力を供給します．

まず，このUPSにアナログ制御を適用した場合の問題点を抽出します．この問題点をディジタル制御によって解決できれば，ディジタル制御の有効性が実証できることになります．

UPSにアナログ制御を適用すると，

(1) 図12に示すブロック図の回路はそれぞれ目的が異なるため，目的に応じた制御回路を実装する必要がある
(2) 起動/停止，停電/復電，異常発生などの事象に対して複雑な制御になるため，制御用マイコンを実装する必要がある

以上2項目のため，以下の問題点が見えてきます．それらを列挙すると，

(1) 各ブロックは共通電位ではないので，それぞれに補助電源が必要になる
(2) 制御するためにそれぞれのブロックで電圧や電流などの検出回路が必要になる
(3) 各ブロックと制御用マイコン間で信号のやりとりが必要になる
(4) 各ブロックとマイコン間の信号は電位が共通ではないので絶縁が必要になる場合がある
(5) アナログ制御回路の場合，抵抗/コンデンサなどの部品点数が増える

となります．

アナログ制御からマイコン制御に変更すると，

(1) マイコンも含めて制御回路を集中化することによって補助電源の数を減らせる
(2) 検出回路は検出ポイントごとに1回路でよい
(3) 制御はマイコンに集中させるため，ブロックとマイコン間の信号のやりとりもマイコン制御になり配線は不要

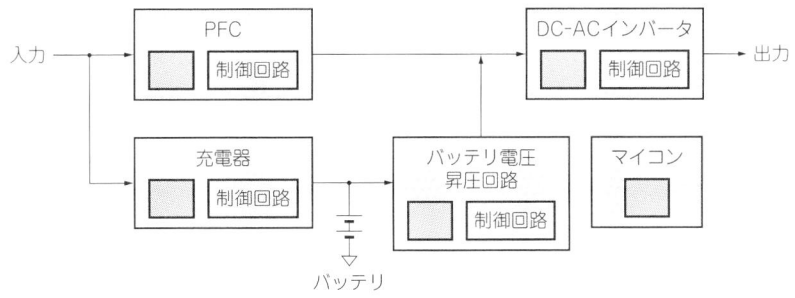

図12 アナログ回路とマイコンで構成した小型UPSのブロック構成

（4）制御はプログラムになるため，制御回路の抵抗/コンデンサはほとんど不要になり，部品点数が削減できる

以上のように，DDC（ディジタル・ダイレクト・コントロール）を推進していくと，回路が簡素化し部品が削減できます．また，小型の抵抗やコンデンサが減少し，主要な電力部品がプリント基板に実装されるようになり，実装密度が向上して小型化が達成できます．

したがって，マイコン制御にすると，部品点数の削減と小型化が推進できます．上記UPSで1kVAの容量の場合，部品点数は20〜30％，大きさは1/2〜1/3削減できることが期待できます．

今後，複雑な制御が必要なパワー・エレクトロニクス装置ではマイコン制御が必須となり，アナログ制御では無理ということになります．ぜひディジタル制御電源にチャレンジし，高機能で小型/高効率なパワー・エレクトロニクス回路を実現しましょう．

◆参考・引用＊文献◆

(1) ＊HA16114P/PJ/FP/FPJ，HA16120FP/FPJ，シングルチャネル外部同期機能付きチョッパ型DC/DCコンバータ用PWM制御スイッチングレギュレータIC，ルネサス エレクトロニクス．

(2) ＊Piccolo Microcontrollers，TMS320F28027，TMS320F28026，TMS320F28023，TMS320F28022，TMS320F28021，TMS320F28020，TMS320F280200，テキサス・インスツルメンツ．

(3) 喜多村 守：フェーズ・シフト・フル・ブリッジZVS電源の設計と試作，グリーン・エレクトロニクスNo.1，pp.66〜83，CQ出版社．

グリーン・エレクトロニクス No.10 好評発売中

特集 エコロジー時代の高効率スイッチング・レギュレータに対応する
電源回路の測定＆評価技法

B5判 128ページ
定価 2,310円（税込）

電源回路は，すべての電気/電子機器に必須の回路ブロックです．昨今では，省エネルギー＆エコロジーの観点から，高効率で小型/軽量，低ノイズの電源回路が求められています．また，テレビをはじめとするAV機器では，待機時消費電力のさらなる削減も急務です．そのため，従来から利用されてきたリニア・レギュレータ方式は特殊な用途での使用に限られ，さまざまな種類のスイッチング・レギュレータ方式による電源が主流となっています．効率を高めて小型化を進めるために，スイッチング周波数は高周波化する傾向にあります．

特集では，高効率/高機能な電源回路の特性を正しく評価するために必要な，高速スイッチング・パワー回路の電流，電圧，電力，動作波形の測定方法，および微小な待機電力や高周波/低周波ノイズなどの測定技法について詳解します．

第2章

専用機能で高速かつ理想的な電源を実現する

ディジタル電源制御に使えるマイコンの機能と特徴

毛利 裕二／郡司 高久
Yuji Mori/Takahisa Gunji

ディジタル電源に必要なマイコン機能

マイコンを使ったディジタル電源は，柔軟で理想的な制御の実現と通信との親和性が高いことが特徴です．一般的なマイコン製品でも，プログラムで動きを自由に変えることも，通信を行うこともできます．では，ディジタル電源を開発する場合，選択するマイコン製品はなんでも良いのでしょうか？答えは"No"です．

きめ細かい制御が可能な電源を低コストで実現するためには，用途に合った専用機能をもつマイコンを選択することが重要です．さらに，短いターン・アラウンド・タイムで開発するには，メーカがどのような参考資料（ユーザーズ・マニュアル，アプリケーション・ノートなど）やリファレンス環境（評価ボード，ツール類など）を提供しているかも重要になります．

本節ではまず，ディジタル電源をマイコンで制御する場合に必要となるマイコンの機能を説明し，製品，参考資料，リファレンス環境についても紹介したいと思います．

● 高速／高分解能なA-Dコンバータ

電源では電圧，電流あるいは温度などの情報を取得するためにA-Dコンバータを利用します．電圧，電流はフィードバック制御そのものに使うため，変換時間が高速であることが望まれます．例えば，アナログ制御ICで一般的なパルス・バイ・パルス制御（スイッチング周波数ごとにフィードバックする）を行う場合，100 kHzのスイッチング速度に対応するためには，変換時間は最低でも10 μs未満でなければ成立しません．実際には，もっと高速なA-D変換が必要とされるでしょう．

また，分解能も重要です．例えば，基準電圧を5 Vとして，8ビットの分解能をもつA-Dコンバータで変換した場合，1 LSBあたりの電圧は約20 mVになります．これが10ビットになると約4.9 mV，12ビットだと約1.2 mVになります．分解能が高くなると，細かい電圧幅で状態を把握することができるようになります．

さらに，変換器の数，S&H（Sample and Hold）回路の数も重要です．例えば，電源装置の中で電圧と電流から電力を求める必要がある場合，A-DコンバータあるいはS&H回路が物理的に一つしかないと，ある瞬間には電圧または電流どちらか一方しか測定することができません．残った一方を後で測定するとタイミングの違いから，値が変化している可能性があるため，計算して得られたものが同一時間の電力…と言えなくなってしまいます．このように，2点以上のポイントについて同時にデータを取得する必要がある場合，A-DコンバータやS&H回路を複数もった製品を選択する必要があります．

● きめ細やかな制御に必要な高機能PWM用タイマ

PWM（Pulse Width Modulation）は，電源制御において必須の機能です．マイコンでは，PWMをタイマを使って実現しています．タイマで重要なのは，その機能と分解能です．ここでは，ディジタル電源で求められるタイマ機能について少し詳しく触れます．

▶デッド・タイム出力機能

電源のトポロジにはたくさんの種類がありますが，ハーフ・ブリッジやフル・ブリッジなどでは，上アームと下アームにあるFETの制御で，貫通電流が流れないようにするためにデッド・タイム（dead time）を設ける必要があります．このデッド・タイムは，回路や素子によって要求される長さが変わるため，調整できることが求められます（図1）．

▶同期出力機能

電源では，同期した複数本のPWMを必要とするトポロジがあります．先のハーフ・ブリッジ，フル・ブリッジもFETそれぞれに同期したPWMが必要です．それ以外でもフォワード・コンバータやバック・コンバータでは，効率向上のためにダイオード整流ではなく，FETによる同期整流を構成するケースがあります．この場合，スイッチング素子制御用PWMとは別に，同期整流用のPWMが必要となります．

▶分解能

PWMにおいて最も重要になるのは分解能です．

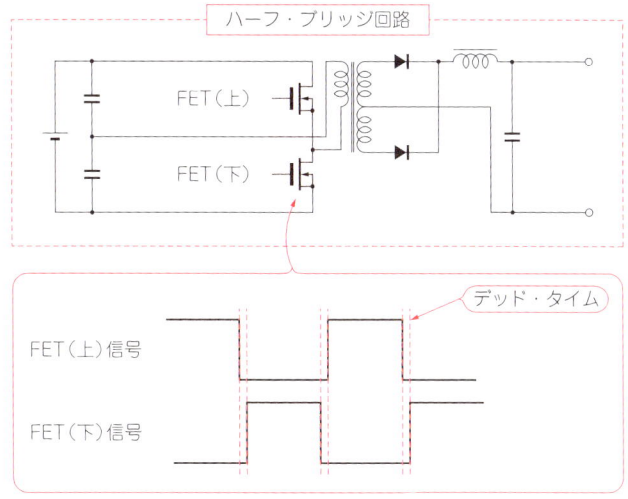

図1 ハーフ・ブリッジ回路におけるデッド・タイム

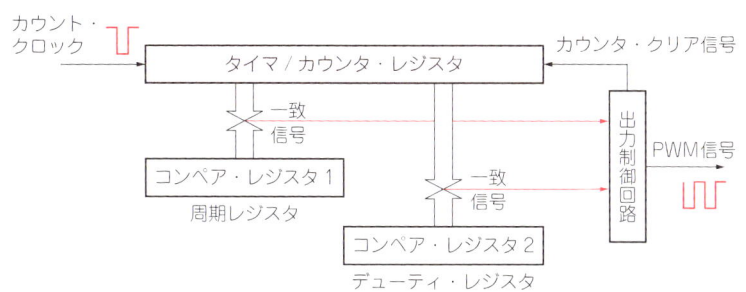

図2 タイマのブロック構成

　ディジタル電源においてPWMの分解能は，電源の出力電圧／電流の荒さ細かさに直結します．例えば，入力5 Vのバック・コンバータがあった場合，PWMの分解能が8ビットだと平滑化されたあとの出力電圧は1 LSBあたり約0.019 Vになります．つまり，20 mVごとにしか電圧を制御できないことになります．これが16ビットになると約76.3 μVになります．

　ならば，16ビットのタイマが搭載されていれば良いのでしょうか？ そう単純にはいきません．ここまではキャリア周波数を無視した議論になっています．ディジタル・カウンタで構成されたタイマには，出力するキャリア周波数と分解能に反比例の関係があります．この関係は，分解能をNとすると次式で表すことができます．

$$キャリア周波数 = \frac{原発振周波数}{2^N}$$

　例えば，100 MHzの原発振周波数で8ビット分解能を実現すると，実現可能なキャリア周波数は約390 kHzですが，これが16ビットになると約1.5 kHzになってしまいます．すでにお気づきかもしれませんが，PWMの分解能やデューティの分解能も，この原発振周波数に依存しています．つまり，100 MHzの原発振周波数の場合，そのままでは1カウント未満(10 ns)のステップでデューティや周波数を変更することはできません．

　図2に一般的なタイマの構成を示します．図3は，

ディジタル電源に必要なマイコン機能　15

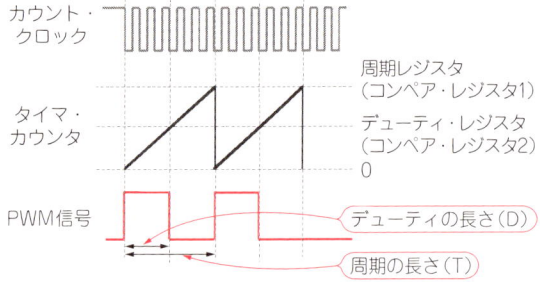

図2のタイマでPWMを出力する例を示す．カウントはアップ・カウンタとする．
カウントが開始されるとタイマ・カウンタの値が上昇する．この後，周期レジスタで設定した値とタイマ・カウンタが一致するとタイマ・カウントが0に戻り，以後，タイマのカウントを停止するまで繰り返す．この場合，タイマTは，
　　T＝カウント・クロック周期×周期レジスタ値
で求めることができる．
デューティはデューティ・レジスタとの一致で決定する．上記の場合，周期レジスタとの一致（0スタート）でPWM出力がアクティブ出力（H）となり，デューティ・レジスタとの一致でインアクティブ出力（L）となる．
デューティD（アクティブ幅）は，
　　D＝カウント・クロック周期×デューティ・レジスタ値
で求められる．
例えばカウント・クロック100MHz（周期10ns），周期レジスタ＝10，デューティ・レジスタ＝5とすると，
　　PWM周期＝100ns（10MHz），デューティ＝50ns（50％）
となる

(a) 内部の動作とPWM出力

図2でデューティ・レジスタの値を変更した場合を示す．デューティ・レジスタをⒶのタイミングで旧から新へ変更した場合（例えば5から6へ変更した場合），次の周期では一致するタイミングが1カウント・クロックぶんずれるため，PWM出力信号はデューティのアクティブ区間の長さが変化する．

(b) デューティの変更

図3　タイマの内部動作

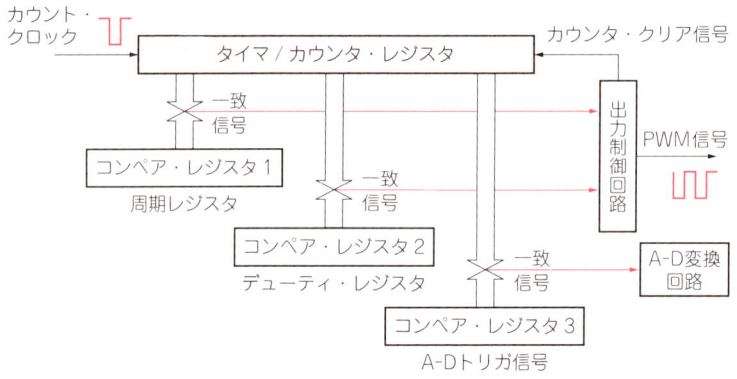

図2の回路に対してトリガ信号を発生させるためのコンペア・レジスタ3が増えている．このコンペア・レジスタ3がカウンタと一致することでA-D変換開始のトリガ信号を出力することができる．

図4　A-D変換トリガ信号付きのタイマの構成

このタイマでPWM出力を行うときの動作を示しています．

ディジタル電源向けの製品は，このキャリア周波数と分解能の問題をさまざまな方法で解決しています．例えば，原発振クロックを数百MHzに上げる，アナログ・ディレイを組み合わせて高分解能化を図るなどです．

▶タイマ・リスタート機能

一般的なタイマは，マイコン内部の原発振周波数でカウントを行い，レジスタで設定された周期ごとにリスタート（カウンタが0に戻る）動作を繰り返してPWMを出力しています．

一方，電源ではZVS/ZCS（Zero Voltage Switching/Zero Current Switching）があり，ゼロ電圧／ゼロ電

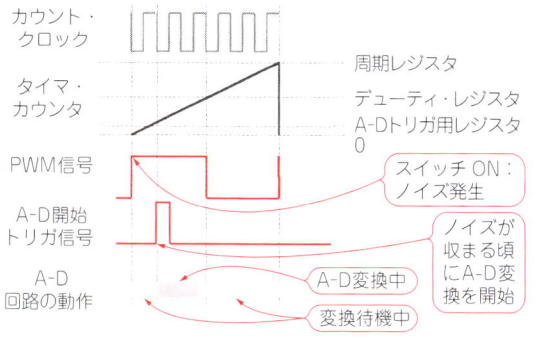

図5 A-D変換開始トリガ信号

この例ではトリガ信号の立ち上がりエッジでA-D変換が開始する．
スイッチング電源の場合，PWM信号によるスイッチ素子のON/OFFの瞬間にノイズが発生することがある．
電流や電圧を計測するためのA-D変換中にこのタイミングが重なるとノイズにより誤差が大きくなる．
A-D変換へのトリガはスイッチング・タイミングに被らない任意の時間にA-D変換を開始することができるため，重要な機能．

流となったことをトリガとしてパルス出力を行うことがあります．これらの方式をサポートするため，ディジタル電源向けマイコンでは外部割り込み端子，コンパレータの信号をトリガとしてタイマをリスタートする機能が備えられています．この機能を利用すると，例えば臨界導通モードのPFCを実現することができます．

▶A-D変換用トリガ機能

フィードバックに使用するA-Dコンバータは，どのタイミングで変換をしてもよいというわけではありません．電源はスイッチングした瞬間に大きなノイズが発生するため，正確な信号を取得するにはスイッチング・タイミングを避けるようにA-D変換を開始する必要があります．

ディジタル電源向けマイコンでは，PWMタイマに同期してA-Dコンバータを動かす機能が備わっています（**図4**，**図5**）．

● 保護に使用できるコンパレータ

電源の制御では，数μs以下で検出をしなければならないことがあります．例えば，負荷のショートなどの異常によって回路に過電流が発生した場合，即座にPWMを停止する必要があるでしょう．

このような場合，A-D変換や外部割り込みを使ってプログラムで判断してPWMを停止することは現実的ではありません．異常発生から停止までプログラムに依存するため，CPUのクロック周波数によりますが，数μs以上の時間がかかるケースがあり，遅すぎて保護としては使えません．

そのようなときに使用するのがコンパレータです．

ディジタル電源向けのマイコンでは高速（数μs～数十ns）で動作するコンパレータが搭載され，異常を即座に検出することができるようになっているものがあります．このコンパレータとタイマが連動することでPWMを高速に停止させるのです．製品によっては，コンパレータの基準電圧もマイコン内部にもっているものがあります．

● フィードバックを高速に実行する演算機能

ディジタル電源は，基本的にフィードバックをディジタル演算で行います．演算が高速に実行できると，高いスイッチング周波数に対応できる，負荷応答性が良くなるといったメリットが得られます．

フィードバックの制御理論は数多くあり，その理論によって演算内容が異なりますが，よく使われる制御理論にフォーカスして演算機能を強化した製品が用意されています．例えば，積和演算器，浮動小数点を扱えるFPU，同時に複数の演算を実行することができるDSP機能などです．実際に製品を選択する際は，自分が使おうと考えている制御理論で使用する演算をアシストできる機能が入っているかを確認することが重要です．

● 電源に付加価値を付ける通信機能

通信機能は，電源に高い付加価値を付けられる機能です．

データ・センタで使われるサーバなどでは最近，内部の電源部（AC/DC，POLなど）がCPUチップセットに接続され，負荷状態に応じた最適な制御を行うようになってきています．

また，照明分野ではビルなどの施設用通信としてDALI（Digital Addressable Lighting Interface），舞台照明用通信としてDMX512が普及しつつあります．

ディジタル電源向け製品では，通常のマイコンに搭載されている通信機能に加えて，上記のような通信をサポートした製品が用意されています．

多様なセットに対応するディジタル電源用マイコン

ディジタル電源は，今ではいろいろなセットに広がってきています．UPS（Uninterruptible Power Supply）やパワー・コンディショナなどの，AC-DC/DC-AC変換を行っている機器，サーバや携帯電話の基地局などDC-DC変換部，微細な調光/調色や通信を要求されるLED照明などが特に普及しています．

従来，これらの機器ではアナログICを使って設計された製品が一般的でしたが，近年では，DSP（Digital Signal Processor）やマイコンの低価格化を背景に，ディジタル制御にDSP/マイコンを使用することが増え

ています．演算能力/性能もDSPのほうが優れていた時期がありましたが，近年のマイコンの性能向上により差異がなくなりつつあり，逆に低消費電力や開発環境などの使い勝手ではマイコンのほうがメリットがあるケースがあります．

● ルネサス社のデジタル電源向け製品ラインナップ

図6に，ルネサス エレクトロニクス社のデジタル電源向けマイコンのラインナップを示します．同社の製品は主に2系統に分かれており，UPS/PCサーバなどに向けたRXなど32ビット系プロセッサをベースとしたものと，LED照明/小型電源などに向けた78K/RL78など8/16ビット系プロセッサをベースとしたものがあります．

これらの製品は，前節で取り上げたデジタル制御に必要な機能（A-Dコンバータ，PWMタイマ）と演算性能をもっています．それらの機能を駆使することで，アナログ・ソリューションと比べて，柔軟で付加価値の高い電源を構成することができます．

次節から，マイコンの応用例について解説します．

UPS/パワー・コンディショナに最適な RX62T/RX62G

● UPSの方式と必要な機能

UPSは，その給電方式で，
(1) 常時商用給電方式
(2) 常時インバータ給電方式
の2種類に分かれます．

本節では，常時インバータ給電方式のUPSと，それに最適なRX62Gについて紹介します．図7に常時インバータ給電方式UPSシステムのブロック構成を示します．本システムでは，通常商用電源（AC）をいったんDCへと変換（降圧）し，2次電池に充電しつつDC-DCコンバータにて昇圧し，DC-AC部で50/60Hzの商用電源を生成することで負荷に電源供給を行っています．動作時に常にインバータを動作させていることから，「常時インバータ方式」と呼ばれています．

本システムに使用するマイコンへのニーズとしては，
　PWM
　A-Dコンバータ
　演算能力（CPU性能）
　低消費電力
　通信機能（SMbus，など）
が挙げられます．

コンバータ/インバータを実現するためにIGBTなどのスイッチング用パワー部品を使用しますが，これらの制御には多チャネルのPWMタイマが必要となります．また，電流/電圧や温度を測定するための精度の高いA-Dコンバータが，さらに演算により適切なフィードバックを実現するため，CPU性能も重要です．

● UPSなどに最適なRX62T/RX62Gシリーズ

ここでRX62T/RX62Gの特徴を図8，図9に示します．RX62TとRX62Gは，タイマ，A-Dコンバータなど，ほとんどが互換性をもっており，PWMの分解能が異なる二つのラインナップとなっています．

RX62Tグループは，100MHz動作で165DMIPSの高性能32ビットCISCマイコンです．PWMの最小分解能が10ns（100MHz動作時），A-Dコンバータは12ビットのものが2ユニット，10ビットのものを1ユニ

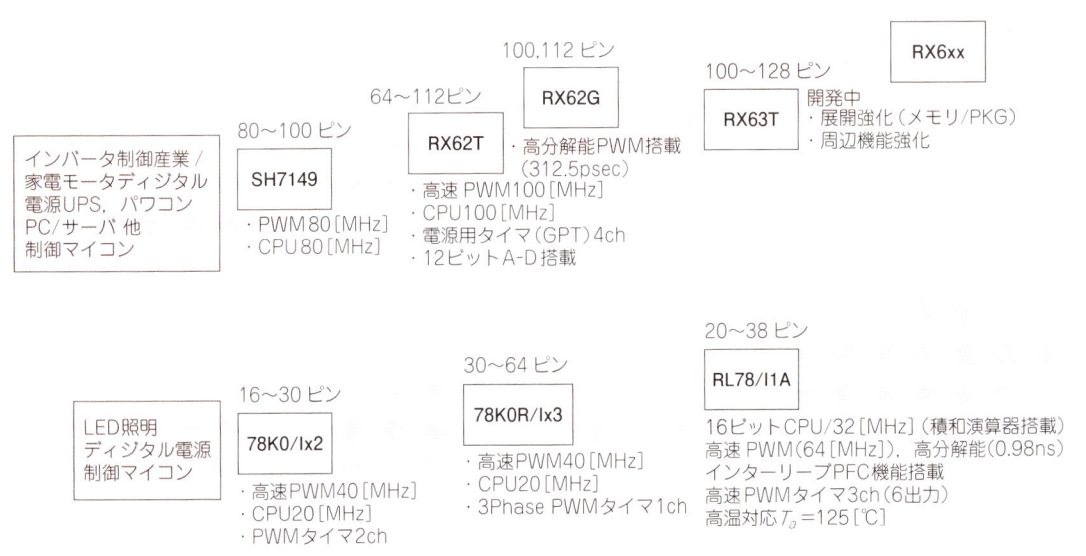

図6　ディジタル電源制御用マイコンの製品ラインナップ（ルネサス エレクトロニクス）

18　第2章　ディジタル電源制御に使えるマイコンの機能と特徴

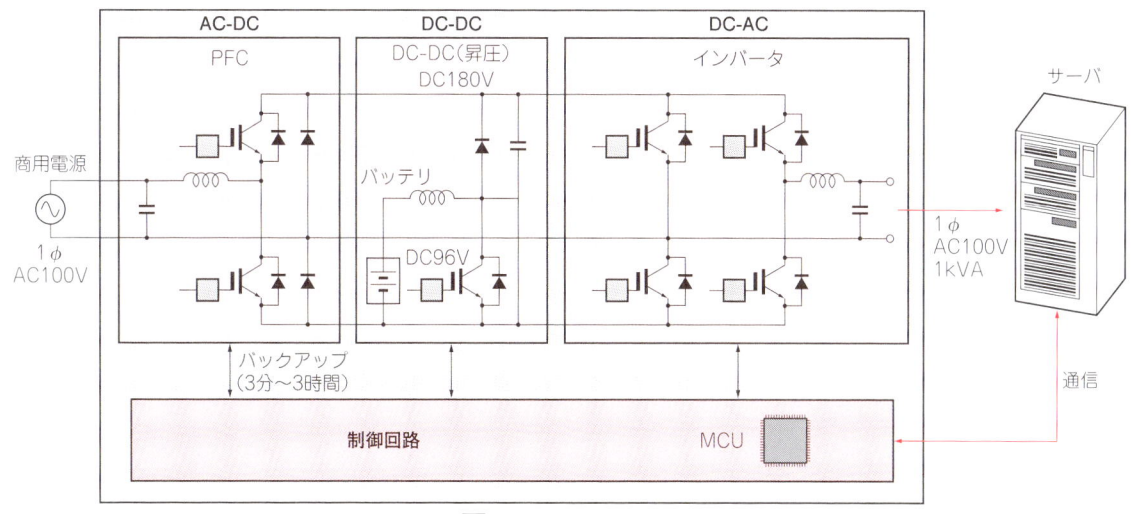

図7 小形UPSの構成

ット搭載しており，どちらも1チャネルあたり1μsの変換時間を実現しています．

　主に家電応用向けに，1〜2個のブラシレスDCモータ制御，もしくはインバータ/コンバータを制御することが可能です．さらに，同グループはRX63Tというラインナップも用意されており，合わせるとピン数は48〜144ピン，フラッシュ・メモリ容量32k〜512kバイトという幅広いラインナップになっています．これらのラインナップから，コンバータ/インバータの制御数によって最適なデバイスを選択することができます．

　RX62Gは，ピン数100/112ピン，フラッシュ・メモリ容量128k/256kバイトのラインナップで，最大の特徴はPWMの分解能が最小312.5ps（100MHz動作時）となっていることです．この高分解能PWMによって，よりきめこまやかな制御が可能なインバータ/コンバータ・システムを構築することができます．

　以下に，各特徴について詳しく解説します．

- ●高性能RX CPU
  - 最大動作周波数：100MHz（1.65MIPS/MHz）
  - 単精度浮動小数点演算器，乗除算器，積和演算器（MAC命令）
- ●電源電圧：5V単一（4.0〜5.5V/2.7〜5.5V）
- ●内蔵メモリ：Flash64〜256KB，RAM8〜16KB，Data Flash8〜32KB
- ●特長機能
  - PWMタイマ
    MTU3：2モータ100MHz制御，相補PWMのバッファ機能強化
    GPT：1モータ100MHz制御，コンパレータでの起動，デッド・タイム制御
  - 12ビットA-Dコンバータ
    変換時間：1μs
    S&H回路x3ch：3chの同時サンプリングが可能（3シャント制御対応）
    ダブルデータReg．連続A-D変換が可能（1シャント制御対応）
    プログラマブル・ゲイン・アンプ（PGA）
    ウィンドウ・コンパレータ：異常電圧を検出しフェール・セーフ処理
  - 通信機能強化点
    SCI/UART：ノイズ・キャンセル機能
    RSPI/クロック同期シリアル：高速通信12.5Mbps
  - 安全機能
    POE3：異常発生時にインバータ制御のタイマ出力をHi-Z制御
    Independent WDT：専用オンチップオシレータで独立動作
    セルフチェック機能：発振停止，異常発振，A-D動作，ポート出力
- ●開発環境：オンチップ・デバッグ・エミュレータE20，E1
  デバッグMCUボード（全ピン・デバッグ用ソケット・アダプタ，〜100ピン）
- ●パッケージ：LQFP100，LQFP112

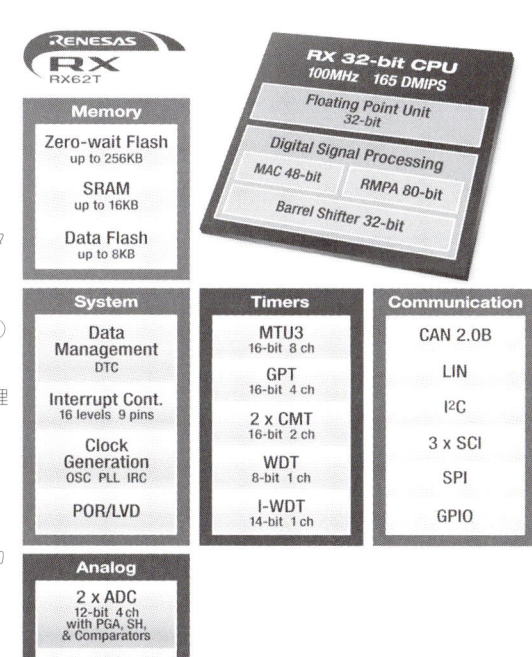

図8　RX62Tグループの概要（ルネサス エレクトロニクス）

- 高性能 RX CPU
  - 最大動作周波数：100MHz（1.65MIPS/MHz）
  - 単精度浮動小数点演算器，乗除算器，積和演算器（MAC命令）
- 電源電圧：5V単一（4.0～5.5V）
- 内蔵メモリ：Flash128～256KB，RAM8～16KB，Data Flash8～32KB
- 特長機能
  - PWMタイマ
    MTU3：2モータ100MHz制御，相補PWMのバッファ機能強化
    GPT：1モータ100MHz制御，コンパレータでの起動，デッドタイム制御
    高分解能PWM出力312.5ps（100MHz動作時）
  - 12ビットA-Dコンバータ
    変換時間：1μs
    S&H回路×3ch：3chの同時サンプリングが可能（3シャント制御対応）
    ダブルデータReg．連続A-D変換が可能（1シャント制御対応）
    プログラマブル・ゲイン・アンプ（PGA）
    ウィンドウ・コンパレータ：異常電圧を検出しフェール・セーフ処理
  - 通信機能強化点
    SCI/UART：ノイズ・キャンセル機能
    RSPI/クロック同期シリアル：高速通信12.5Mbps
  - 安全機能
    POE3：異常発生時にインバータ制御のタイマ出力をHi-z制御
    Independent WDT：専用オンチップ・オシレータで独立動作
    セルフ・チェック機能：発振停止，異常発振，A-D動作，ポート出力
- 開発環境：オンチップ・デバッグ・エミュレータE20，E1
  デバッグMCUボード（全ピン・デバッグ用ソケット・アダプタ，～100ピン）
- パッケージ：LQFP100，LQFP112

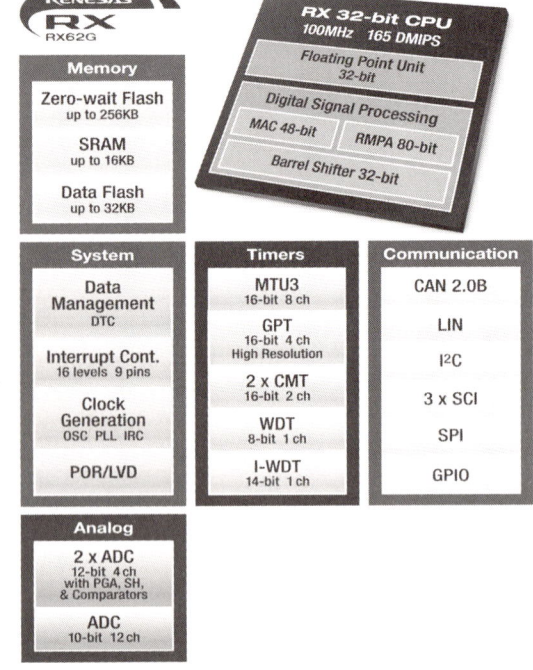

図9　RX62Gグループの概要（ルネサス エレクトロニクス）

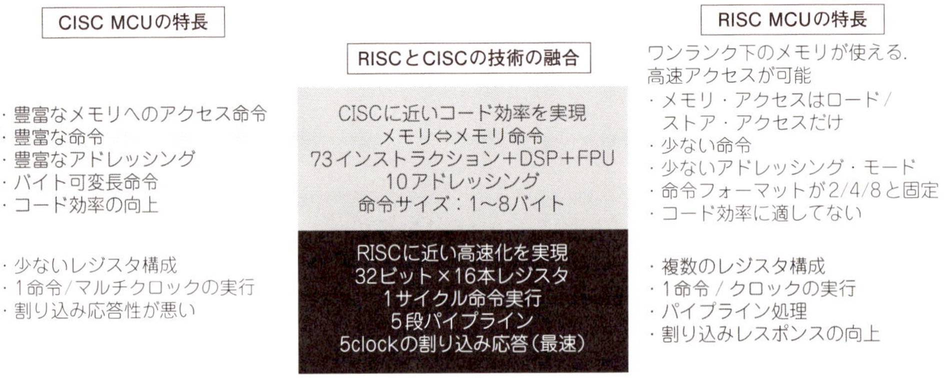

図10　RX CPUコアの特徴

● 高性能なRXのCPUコア

　RXコアの特徴を図10に示します．RXコアは，CISCの特徴であるROM効率の高さと，RISCの特徴であるパイプライン処理，DSPの特徴となるハーバード・アーキテクチャなど，CISCとRISC，およびDSPが得意とした処理をうまく融合させ，それぞれの良い所をとりつつ性能向上を実現したコアとなっています．165 DMIPS（100 MHz動作時），Coremark値で比較すると3.12 coremark/MHzの性能を発揮する製品となっています．

　CISCの特徴であるROM効率の良さからワンランク小さなメモリ品を選択できるため，よりリーズナブルな製品を選択することができます．また，CPUだけでなくバスについてもハーバード・アーキテクチャやマルチレイヤ・バスの採用により，データのスループット向上を実現しています．

● 低消費電力機能

　RXのもう一つの特徴が低消費電力です．これだけの性能をもちながら，動作時の消費電力が0.5 mA/MHzであり，100 MHz動作時に50 mA$_{typ}$の驚異的な低消費を実現しています．

　この値は，ルネサス社の従来品であるSH-2などの32ビットRISCマイコンと比較しても約半分です．マイコンの電源（電力）確保が困難なセットでも使用することができる可能性があります．

●高性能タイマなど

RXに搭載されているタイマは，ディジタル電源で使われているAC-DCインバータ，DC-DCコンバータなどの制御に必要な，さまざまな波形を容易に出力できる機能を搭載しています．さらに，RX62Gでは最小分解能312.5 psまで分解能を設定できるため，スイッチング周波数が高くても十分な分解能を得ることができます．

A-Dコンバータにおいては，二つの12ビットA-Dコンバータの各3本の入力をタイマやソフトウェア，外部入力により同一タイミングでサンプル＆ホールドすることが可能で，最大6チャネルを同一タイミングでサンプリング可能です．この機能により，電流／電圧や温度などを同一タイミングでA-D変換することができます．

また，マイコン共通の特徴としては家電向けフェイル・セーフの規格IEC60730をサポートする機能を搭載しています．

その他にも，プログラマブル・ゲイン・アンプ，コンパレータなどを内蔵しており，外付け部品を削減できるため，セットのBOMコストの削減が可能です．

RXの特徴を以下にまとめます．
(1) 高性能CPUコア
(2) 低消費電力
(3) 豊富な周辺機能
(4) 充実したフェール・セーフ

照明/小型電源に最適なRL78/I1A

RL78/I1Aは，RXマイコンと比較してより小型な製品(LED照明，IH制御，ディジタル電源)に適したディジタル電源向けマイコンです．

おもな特徴は次のとおりです．
(1) 高性能CPU/低消費電力
(2) PFC制御対応高分解能PWMタイマ搭載
(3) アナログ・コンパレータ6ch/PGA搭載
(4) 照明通信(DMX512/DALI)/電源通信(PMbus)対応

本節では，RL78/I1Aの特徴について簡単に説明をしていきたいと思います．

●高性能CPU/低消費電力

RL78/I1Aは，最大32 MHzで動作する16ビットCPUコアを搭載しています．さらに，ディジタル電源のフィードバック制御で使われることが多いPI演算のアシスト用に積和演算器を搭載しています．高性能で多彩な機能を搭載しながら消費電力は非常に低く，動作時(PLL使用，64 MHzタイマ動作，32 MHzCPU動作時)で5.4 mA_{typ}，完全にCPUや周辺を停止したスタンバイ時には0.23 μA_{typ}を実現しています．

従来のディジタル電源向け製品では，マイコン自身の消費電力が非常に大きい(数十～数百mA)製品が多く，アナログ製品(数mA台)の代替にはそのままでは使えませんでしたが，RL78/I1Aはほぼ同等であるため，電流量の観点では電源回路を強化することなく使うことができます(実際には動作できる電圧範囲が異なるため，レギュレータなどは必要になる)．

●PFC制御対応の高分解能PWMタイマ

タイマKBは，64 MHzの原発振周波数で最大6チャネルのPWM出力が可能な高機能タイマです．このタイマには次のような機能が搭載されています．
(1) ディザリング機能
(2) 同期出力機能
(3) 強制出力停止機能
(4) ソフト・スタート機能
(5) 臨界導通モード対応インターリーブPFC機能

各機能の特徴を図11に示します．

これらの機能を駆使することで，バック・コンバータ，フル・ブリッジ，ハーフ・ブリッジなど，さまざまなトポロジに対応させることができます．

●アナログ・コンパレータ6ch/PGA

RL78/I1Aは，最大6チャネルのアナログ・コンパレータが搭載されています．コンパレータと組み合わせる機能として，
(1) 内蔵基準電圧(8ビット3ch DAC)/外部基準電圧
(2) ウィンドウ・コンパレータ機能

が搭載されています．高分解能PWMタイマKBと組み合わせれば，最大6チャネルぶんのPWMに対して，強制出力停止機能を実現することができます．

さらに，倍率をプログラムで設定することができるPGA(Programmable Gain Amplifier)も搭載されています．こちらは4，8，16，32倍の倍率設定が可能となっており，コンパレータ兼用のアナログ端子(6ch)を切り替えて使用することができます．RL78/I1Aのアナログ機能ブロックを図12に示します．

●照明通信/電源通信に対応

RL78/I1Aは，照明や電源でよく使われる通信もサポートしています．

▶DALI通信

DALIはIEC62386で規定されている施設用照明の通信規格です．主に欧州で普及しています．通信方式はマンチェスタ符号化されたシリアル通信となっています．

RL78/I1AはDALI通信をハードウェアでサポートしており，この機能があることでユーザは少ないソフトウェア負荷で簡単に通信を実現することができます．

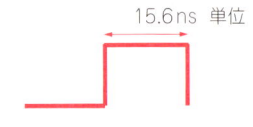

・内蔵発振＋PLLで64MHz動作
・動作中のデューティ＆周期の変更可

（a）高性能PWM出力タイマ

（c）最大6ch同期出力機能

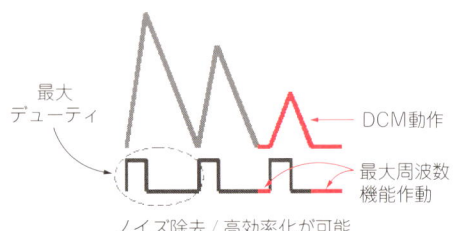

（e）最大周波数設定機能（PFC機能使用時）

・タイマKCとの組み合わせによる
　個別ゲートを実現

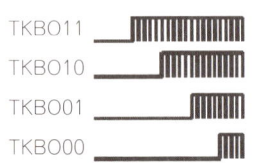

周欠動作を低CPU負荷で実現

（g）バースト制御

図11　RL78/I1AのタイマKBの機能

▶DMX512通信
　舞台/劇場用照明の制御用に開発されたもので，現在ではイルミネーション制御にも使われている通信規格です．物理層はRS-485をベースにしています．
　RL78/I1Aは内蔵しているUART機能とタイマで，このDMX512通信もサポートしています．

▶PMBus
　電源向けのオープンな通信規格でSMBusをベースにプロトコルが拡張されたものです．シーケンスの方法は，ほとんどI²C通信と同一ですが，信号レベルが

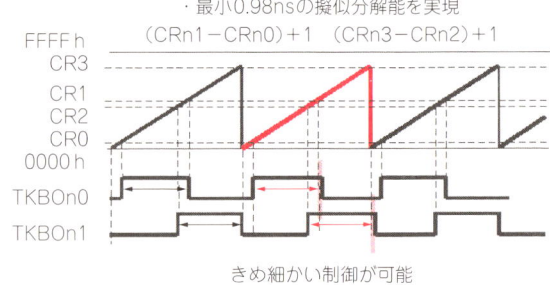

（b）ディザリング機能

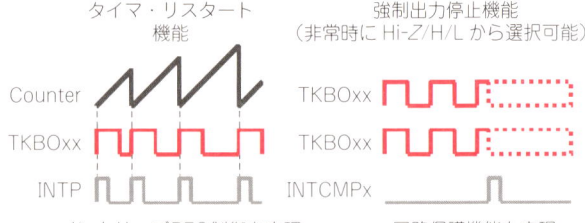

（d）INTP・コンパレータの連動機能

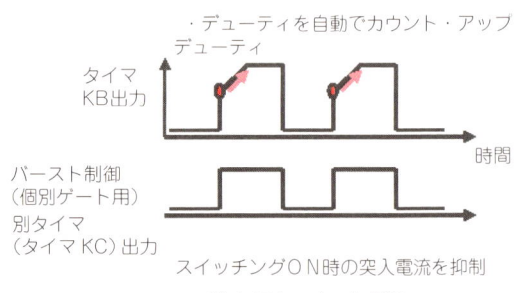

（f）ソフトスタート機能

一部異なっています．
　RL78/I1Aは5Ｖ使用時にこの信号レベルをサポートしており，PMBusのマスタあるいはスレーブとして使用することができます．

● ソリューション
　RL78/I1Aを応用したLED照明の構成例を**図13**に示します．この例は施設用照明の構成例で，非絶縁のPFCと4チャネルのLEDをディジタルで制御することが可能となっています．

開発をサポートするソリューション

　ディジタル電源の開発は，開発環境が重要な鍵となっています．
　いくらCPUの性能が高くても，周辺機能の機能/性能が高くとも，開発環境が悪いとシステムとして組み上げることは困難です．本節では，ルネサス エレクトロニクス社の開発環境について紹介します（**図14**）．
　組み込み系のマイコンを開発するには，最低でも以

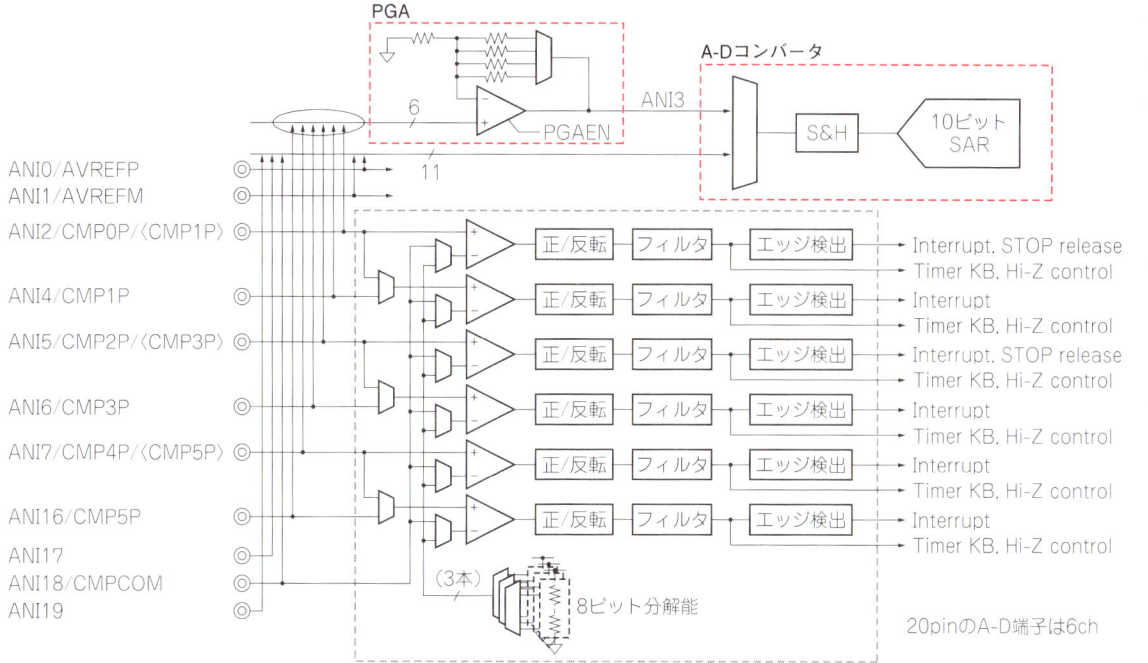

図12 RL78/I1Aのアナログ機能ブロック

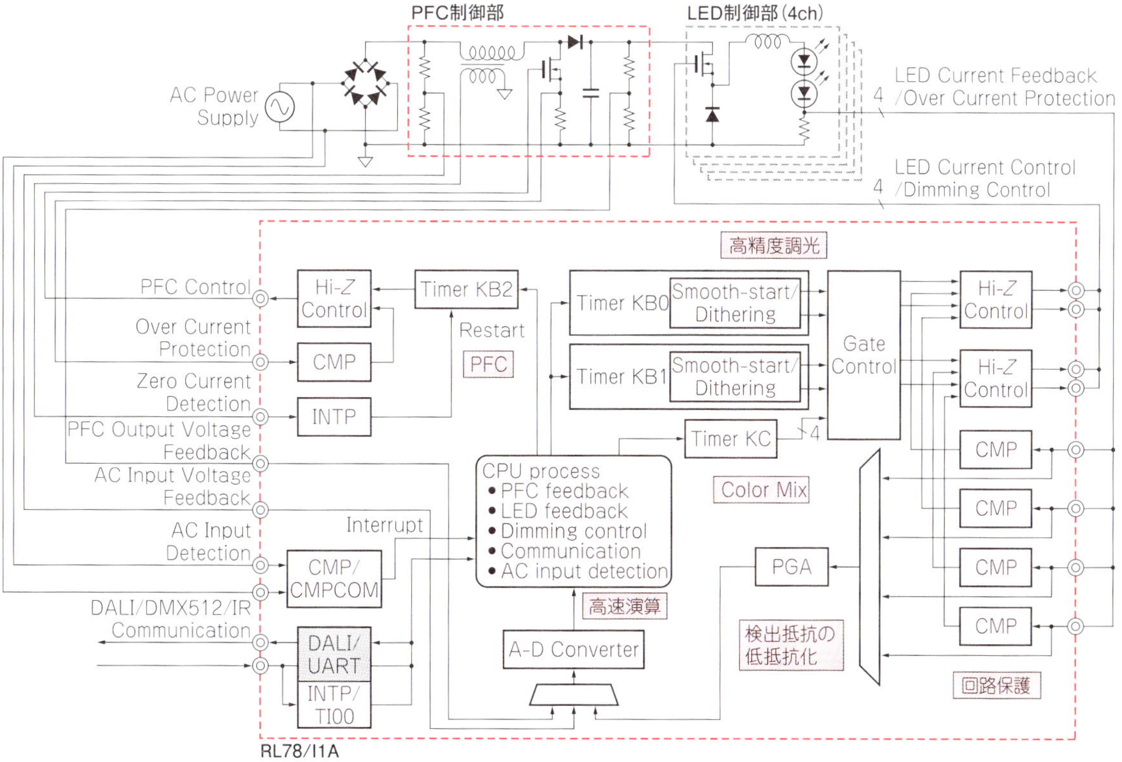

図13 RL78/I1Aで構成する非絶縁4チャネルLED照明のブロック図
MOSFETのドライブやマイコン用電源確保には追加回路が必要

開発をサポートするソリューション 23

下に上げるものが必要です．
(1) Cコンパイラ／アセンブラ
(2) 統合開発環境（IDE）
(3) エミュレータ

また，これらのツールとは別にユーザ開発を支援するツールがあります．
(1) ソフトウェア自動生成ツール
(2) スタータキット

おのおのの環境について以下に示します

● **Cコンパイラ／アセンブラ**

Cコンパイラ／アセンブラは，C言語またはアセンブリ言語を変換するためのツールです．ルネサス製マイコン（RX，RL78）ではオリジナルの製品とパートナ・ベンダ社の製品があり，好みのものを選ぶことが可能です．

● **統合開発環境（IDE）**

統合開発環境はその名のとおり，Cコンパイラやアセンブラといったソフトウェア開発に必要な個々のツール製品を統合して使うことができる環境です．ルネサス製の統合開発環境としては，CubeSuite＋（キューブスイートプラス）という製品が用意されています．

この統合開発環境は，評価用無償版（機能制限あり）がルネサスエレクトロニクス社のウェブ・サイトからダウンロードできるため，気軽に評価することができます．

● **エミュレータ**

エミュレータはデバッグ時に使用するもので，PC（統合開発環境）とターゲットとなるマイコンの間を結び，通信を介してソフトウェアの実行／停止，メモリの読み出し／書き込みを行うことができるハードウェア製品です．実チップ（実際のIC）を使ったオンチップ・デバッグ方式と，実チップの代わりにエミュレータが動作するフル機能エミュレータの2種類があります．

ルネサスマイコンに対応したオンチップ・デバッギング・エミュレータとしては，基本機能を備えた廉価な製品としてE1エミュレータが用意されています．

＊　　　　　　　＊

基本的には統合開発環境とエミュレータを用意すれば，マイコンの開発が可能となります．

ここでは，より簡単にマイコンのソフトウェア開発を行えるツールを紹介します．

● **ソフトウェア自動生成ツール**

通常のソフトウェア開発では，マイコンのアーキテクチャ，レジスタなどについて，マニュアルを読んで理解してからC言語やアセンブリ言語でプログラム本体を記述（コーディング）します．

このアーキテクチャやレジスタを理解するという作業は機種固有となるため，非常に時間と労力が掛かります．

図14　ルネサス エレクトロニクスのマイコン開発環境

この作業を簡単にするためのツールとして，ソフトウェア自動生成ツールが用意されています．

ルネサス製のソフトウェア自動生成ツールとしては，デバイス・ドライバ・タイプと特定用途向けに完全なソフトウェアを出力するタイプがあります．

▶デバイス・ドライバ・タイプ

デバイス・ドライバ・タイプのソフトウェア自動生成ツールは，マイコンの周辺機能を制御するための関数群を出力するもので，簡単な設定でタイマやシリアル通信を制御する関数を出力することができます．システムとして使用する場合は，出力された関数に加えてメインとなるプログラム部分をユーザがコーディングする必要があります．

RL78用にはCubeSuite＋コード生成機能，RX用にはPDG(Peripheral Driver Generator)という製品が用意されています．

CubeSuite＋コード生成機能は，RL78でサポートされているマイコン周辺機能（クロック，タイマ，シリアル，A-D，DMAなど）を制御するプログラム（デバイス・ドライバ・プログラム）をGUI(Graphical User Interface)設定により自動生成するツールです(図15)．

各周辺の初期化処理以外にも，周辺機能を操作する関数をAPI(Application Programming Interface)として提供します．

PDGはRXファミリ用のソフトウェア自動生成ツールで，マイコン内蔵の各種周辺I/Oドライバ本体と，その初期設定ルーチン（関数）の作成を，開発者の手作業によるコーディング不要で実現するユーティリティです．必要なソース・コードは，ユーザ設定に従ってすべてPeripheral Driver Generatorが準備するため，開発期間，開発コストを大幅に削減できます．

操作はすべて，わかりやすいGUIによる簡単操作が可能で，周辺I/Oのモード設定状況なども一目でわかります(図16)．

また，複数の周辺機能によるピンの競合をチェックする機能も装備しています．

▶完全ソフトウェア出力タイプ

こちらのタイプは，特定用途向けに用意されているものです．こちらは周辺機能の関数だけでなく，デバイス・ドライバ・タイプではユーザが記載する必要が

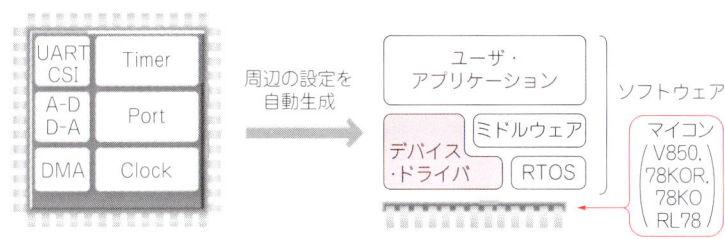

図15　コード生成機能はマイコンでサポートされているマイコン周辺機能を制御するプログラムをGUIで自動生成するツール

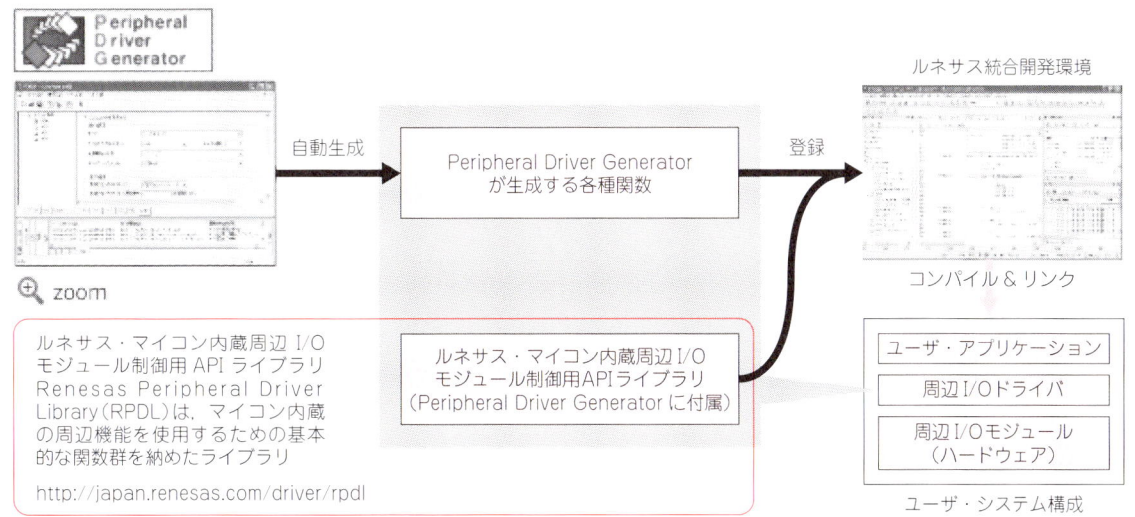

図16　PDGはRXファミリ用のソフトウェア自動生成ツール

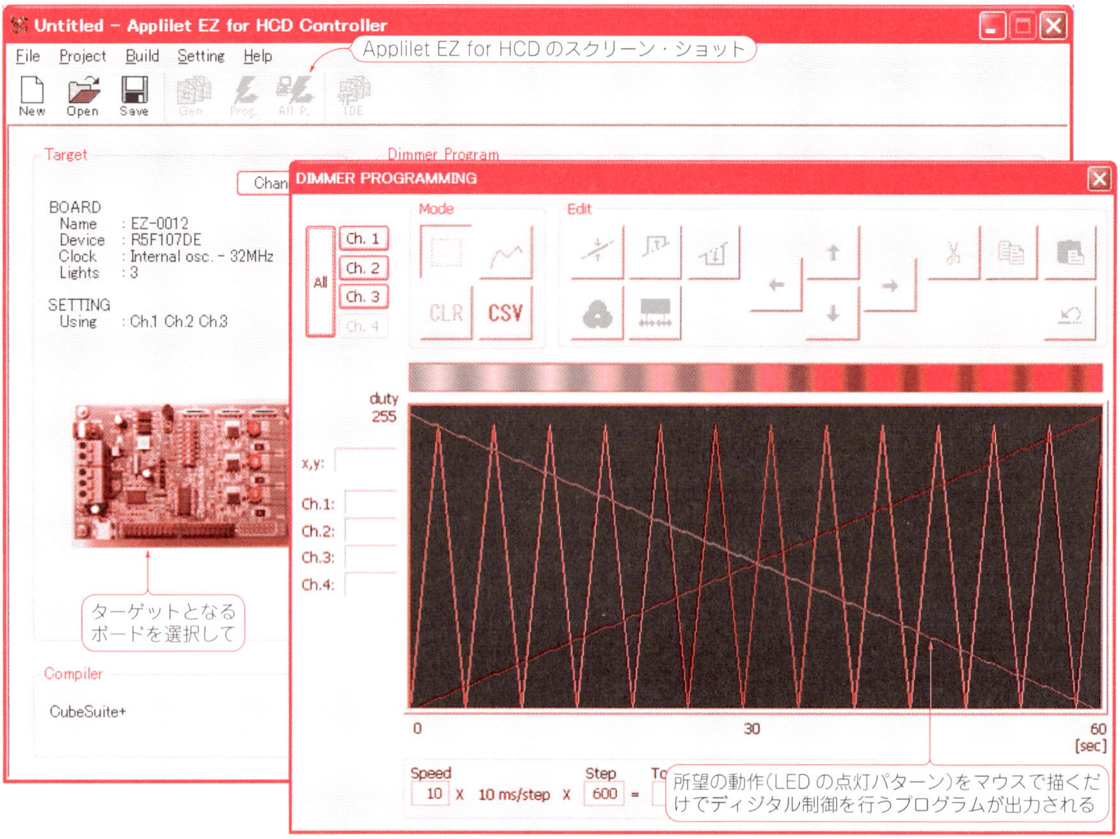

図17 LED照明用のソフトウェア自動生成ツールApplilet EZ for HCD

ある部分も出力してくれるものです．

ルネサス製としては，LED照明用のソフトウェア自動生成ツールとしてApplilet EZ for HCDというツールがあります(**図17**)．

このツールは，マウスでクリックするだけでLED照明システムに必要なプログラム(ディジタル電源制御，通信制御用プログラム)を出力することができます．生成コードを対応するボード上のマイコンに書き込んで，すぐに評価することができます．また，プロジェクトを統合開発環境で読み込んでモディファイすることも可能です．

これらのツールを活用すると，ソフトウェア開発の負荷を大幅に下げることができます．

● スタータキット

マイコンを評価する場合，最終的には対象となるマイコンをボードに実装したうえでプログラムの書き込みを行い，動作評価をする必要があります．開発初期段階では，マイコン以外の回路が固まっていないため，デバッグ用のハードウェアを準備することが困難であることも多いと思います．このようなときに簡単に使うことができるスタータキットをルネサスでは用意しています(**写真1**)．

写真1 スタータキット

Renesas Starter Kit(以降RSKと称す)は，RL/RXマイコン用のユーザ・フレンドリな学習/評価ツールで，E1エミュレータと統合開発環境が含まれたCD-ROMが同梱されているため，購入後すぐにコーディングやデバッグを行うことができます．

本項ではルネサス社のオリジナルな開発環境を中心に述べましたが，パートナ・ベンダからもさまざまなシーンに適用可能な開発ツールが提供されています．ルネサスのウェブ・ページからリンクされているのでぜひ参照してみてください．

第3章

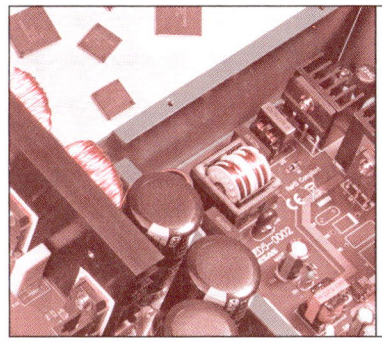

ディジタル制御電源で使用できる

パワー・デバイスと周辺アナログ回路

石井 正樹／中田晃三
Masaki Ishii/Kozo Nakata

電源回路に使用される主要な部品として，パワー・デバイスの種類と特徴について解説します．また，マイコンによるディジタル制御電源を構成する際に必要となる周辺回路用デバイスについても説明します．

パワー・デバイス

電源に使用されるパワー・デバイスは，効率改善や小型化に寄与すべく，さまざまな種類のデバイスが工夫／改良されてきました．現在でも，シリコンの限界(シリコン・ユニポーラ・リミットと呼ばれる限界)を，いろいろな手法で乗り越え進化を続けています．ここでは，このような進化を遂げた最新のパワー・デバイスとして，スーパージャンクションMOSFET(SJ-MOSFET)，IGBT，新素材デバイスなどを紹介します．

説明に入るまえに，効果の一端を見てみましょう．

図1は，SJ-MOSFETと新素材デバイスSiC-SBD(シリコン・カーバイド-ショットキー・バリア・ダイオード)をPFC電源に搭載し，従来タイプのデバイスと比較したデータです．評価には，これらの最新素子を一つのパッケージに搭載したRJQ6020DPM(ルネサス エレクトロニクス)を用いました．390 Vを出力するPFC回路(図2)は，SJ-MOSFET/SiC-SBDの典型的な応用回路です．大きく効率が改善されている様子がわかります．出力電力1 kW近辺では，損失電力が約28 %も

低減されています．このような高性能最新パワー・デバイスについて，特徴や動作を説明していきます．

● パワー・デバイスの役割…電力変換

最初にスイッチング電源のなかでの，パワー・デバイスの役割について簡単に復習しておきましょう．電源回路は，入力電力を，負荷側の電子回路に適した電圧／電流／周波数(直流を含む)に電力変換する回路です．この変換は，パワー・デバイスを制御部の指令によりスイッチング(ON/OFF)させ，入力電圧や電流の平均値／実効値を変化させることで実現します．

パワー・デバイスは入力電力を直接ON/OFFするので，自身が消費する電力(損失)は電源全体の効率に

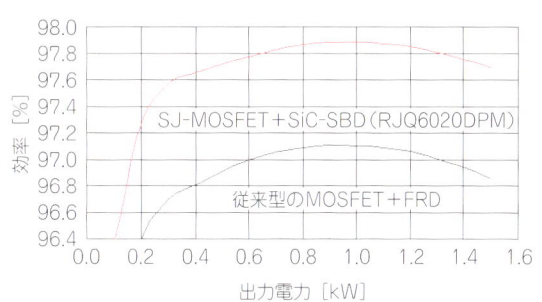

図1 PFC回路に応用したSJ-MOSFETとSiC-SBDによる効率改善効果

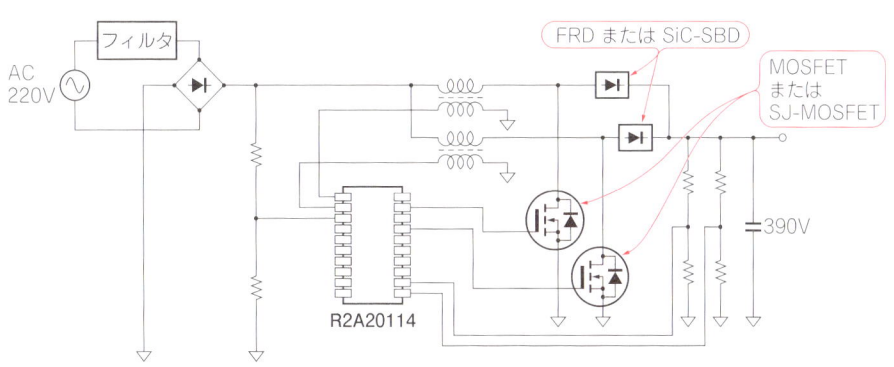

図2 比較に使ったPFC回路(CCM，インターリーブ)

パワー・デバイス　27

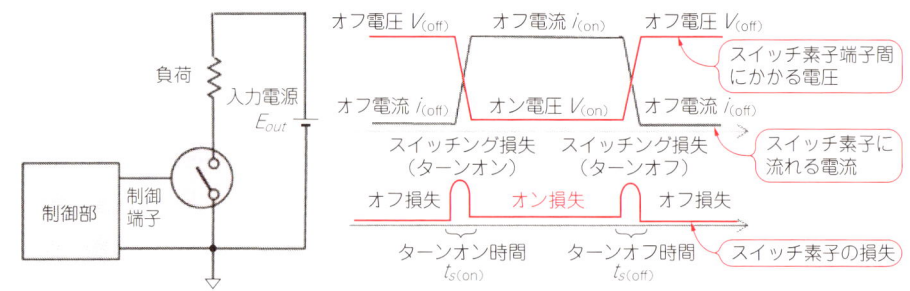

図3 抵抗負荷スイッチングと動作波形(模式図)

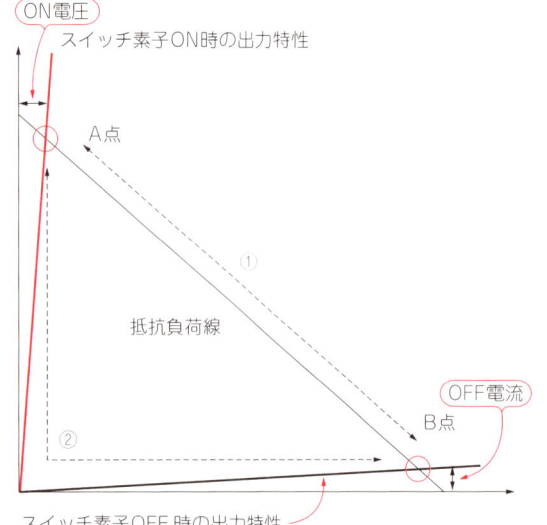

図4 ON-OFFスイッチング軌跡

大きな影響を与えます．このため，目的に合ったパワー・デバイスを適切に選択することが重要です．

なお，パワー・デバイスはスイッチとして機能するので，デバイス直近の回路部では電圧もしくは電流がパルス状になります．これを滑らかに平滑するのが，コンデンサやインダクタ(リアクトル)などのエネルギーを一時的に蓄積する素子の働きです．

● パワー・デバイスで発生する電力損失

パワー・デバイスに要求される性能を理解するために，スイッチングの動作とその損失を見てみましょう．

図3は，抵抗負荷のスイッチング回路とそのスイッチング波形を模式的に示したものです．この基本回路で，パワー・デバイスを繰り返し周期TでON/OFFするとき，パワー半導体内部に発生する電力損失(の平均値)はどうなるでしょうか．

理想的なスイッチであれば，ONしているときは，端子間のオン電圧$v_{(on)}$はゼロなので，オン電流$i_{(on)}$が流れていても消費電力はゼロになります．しかし，実際のパワー・デバイスでは，小さいながらもオン電圧

をもつため損失が発生します．

$$オン損失 = \frac{t_{(on)}}{T} v_{(on)} i_{(on)} \cdots\cdots\cdots\cdots (1)$$

また，OFFしているときは，理想スイッチならオフ電流はゼロです．実際のパワー・デバイスでは，非常に小さいながらもリーク電流があり，支えているオフ電圧との積で損失が発生します．

$$オフ損失 = \frac{t_{(off)}}{T} V_{(off)} i_{(off)} \cdots\cdots\cdots\cdots (2)$$

さらには，ONとOFFの間のシフトも有限の時間が必要ですので，その遷移のしかたによってスイッチング損失が発生します．図3のような抵抗負荷の場合を考えてみましょう．

スイッチ素子がONしているときは，素子の出力特性(電圧電流特性のこと)の直線と抵抗負荷線の交点Aの状態にあります(図4)．同様にOFFのときはB点にあります．このあいだを時間的にどのような軌跡を描いて移り変わるかで，スイッチング時の損失が決まります．単純な抵抗負荷のときは，①で決まる軌跡(負荷線)を動きます．この場合の損失は，

スイッチング損失

$$\cong \frac{V_{(on)} i_{(on)}}{6T} t_{s(on)} + \frac{V_{(on)} i_{(on)}}{6T} t_{s(off)}$$

$$= \frac{V_{(on)} i_{(on)}}{6} f t_{s(on)} + \frac{V_{(on)} i_{(on)}}{6} f t_{s(off)} \cdots (3)$$

となります．なお負荷や回路/制御により，どのような軌跡を通るかが決まりますが，②のように遷移中に電圧と電流がなるべく重ならないほうがスイッチング・ロスは小さくなります．このようなスイッチング軌跡をソフト・スイッチングと呼びます．

最後に，パワー・デバイスをON/OFFさせるのに必要な電力も考慮に入れる必要があります．これをドライブ損失といいます．

● パワー・デバイスに要求される四つのスイッチ特性

以上より，半導体スイッチとしてパワー・デバイスに要求される基本的な特性は，下記の四つとなることがわかります．

(1) 低オン損失…低いオン抵抗，オン電圧
(2) 低オフ損失…低いリーク電流
(3) 低スイッチング損失
(4) 低ドライブ損失

マイコンなどのディジタル回路の論理スイッチとして使用される回路素子CMOSをご存知の方はお気づきかもしれませんが，この内容はCMOSに要求される特性とまったく同じです．

では，何が違うのでしょうか？それはスイッチングする電圧/電流の守備範囲です．パワー・デバイスは低い電圧/電流域から数百MVAの出力容量まで広いアプリケーション範囲があります．これらの要求される条件で，安全に低損失で動作する必要があります．このため，各要求特性に適したデバイスが考案/改良され使用されているのです．

● 四つのスイッチ特性とデータシート項目の関係

パワー・デバイスに要求される基本的なスイッチ特性が確認できたところで，これらの特性を実際のパワー・デバイスのデータシートからどのように読み取ればよいのでしょうか．

パワーMOSFETのデータシートに記載されている定格や電気的特性各項目の意味をスイッチング特性含め詳しく解説した記事が，文献(1)に記載されています．IGBTについては，例えばルネサス社のアプリケーション・ノートに詳細な解説が記載されています．詳細はそちらを参照することをお勧めします．

ここでは，簡単に各スイッチング特性と主要な関係にある項目を挙げるに留めます．

▶オン損失…MOSFET：$R_{DS(ON)}$，IGBT：$V_{CE(sat)}$

MOSFETであればオン抵抗($R_{DS(ON)}$)，IGBTであればオン電圧(飽和電圧$V_{CE(sat)}$)で示されています．当然，これらが低いほうがオン損失は少なくなります[式(1)]．

▶オフ損失…MOSFET：I_{DSS}，IGBT：I_{CES}

リーク電流(漏れ電流)という項目が$i_{(off)}$に相当します．現代のデバイスでは通常は無視できるレベルです[式(2)]．

▶スイッチング損失…Q_{GD}

容量系の指標であるQ_{GD}が目安になります．動作速度や軌跡は周辺定数により変わりますが，素子自身は$Q_{GD} R_G$が小さいほうが高速動作には有利です．

▶ドライブ損失…Q_G

ゲートをONさせるのに必要な電荷量を示します．小さいほど，ドライブに必要な損失は小さくなります．

● スイッチング周波数と損失の関係

四つの損失のうち，オン損失とオフ損失を定常損失と呼びます．スイッチング周波数に依存しない性質のためです．

これに対して，スイッチング損失とドライブ損失の二つは，スイッチング周波数が上がると，スイッチする回数が増えるので損失が増加します．この様子を模式的に図5に示します．

周波数が低いうちは，定常損失(≒オン損失)がほとんどですが，周波数が高くなるにつれてスイッチング損失，ドライブ損失の割合が増加していきます．

例として，MOSFET RJL6020DPK(ルネサス エレクトロニクス)のドライブ損失を見積もってみましょう．耐圧600V，0.17Ωのオン抵抗で，$Q_G = 130$ nCです．

ドライブ損失の見積もり式は，

$$P_{(drive\_loss)} = f Q_G V_{GS} \quad \cdots \cdots (4)$$

となります．スイッチング周波数を20 kHzの低周波，ゲートを$V_{GS} = 10$ Vで駆動した場合，

$$P_{(drive\_loss)} = 20 \times 10^3 \times 130 \times 10^{-9} \times 10 = 26 \text{ mW}$$

です．動作周波数が30倍の600 kHzとなれば，ドライブ損失だけで30倍の780 mWにも達します．これを同程度のオン抵抗(0.15Ω)をもつSJ-MOSFET RJK60S8DPK(ルネサス エレクトロニクス)でも見積もってみましょう．$Q_G = 27$ nCと非常に小さいので，600 kHzでもドライブ損失は，162 mWで済むことになります．

先に平滑のための受動素子の役割を述べました．パワー・デバイスでスイッチングされたパルス波形状の電圧/電流を，受動素子で一時的にエネルギー蓄積して滑らかにする働きです．この受動素子は，スイッチング1周期内の不連続分のエネルギーを貯めておけるだけの大きさが必要です．スイッチング周波数を上げるということは，この周期1回分で吸収するエネルギーが小さくなることを意味します．すると，大きな部品であるインダクタやコンデンサの物理的サイズも小さくでき，結果として電源部の小型化/軽量化へとつながります．しかしながら，上述の理由で損失も増えていきますので，留意が必要です．

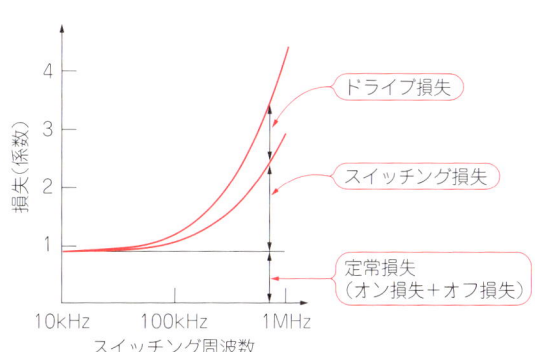

図5 損失のスイッチング周波数依存性(模式図)

パワー・デバイスの種類

パワー・デバイスの役割と要求されるスイッチ性能を概観しましたので，ここからは各種パワー・デバイスを紹介していきましょう．

先にも述べましたが，パワー・デバイスはたいへん広い範囲にわたって電圧/電流をさまざまな周波数で適切にスイッチングする必要があるため，一つの動作原理のデバイスでは全体をカバーしきれません．それぞれの領域に適したパワー・デバイスがあります．図6に，出力容量とスイッチング周波数を軸に，各種デバイスの適用範囲と代表的なアプリケーションの概要を示します．

IGBTとMOSFETは耐圧で言うと数百V，動作周波数では数十kHz近辺を境に使い分けられていますが，双方とも継続的な改良が続けられており，適用範囲は年々広がっています．

次に，デバイスの動作原理/構造からみた分類例を表1に示します．

半導体内では電流の担い手（動ける電荷のこと，キャリアと呼ばれる）として，伝導電子と正孔の2種類を利用できます．ONの際，1種類のキャリアで動作するものをユニポーラ・デバイス，2種類使うものをバイポーラ・デバイスと呼びます．この分類は，性能の傾向をつかむのに有用です．

あくまで相対的な傾向ですが，ユニポーラ・デバイスは高速動作が得意な反面，高耐圧でのオン抵抗を低くしにくい傾向があります．一方，バイポーラ・デバイスは導通時に大量のキャリアを蓄えるため大電流で低オン抵抗を得ることができますが，大量のキャリアを充放電するために高速動作は苦手な傾向になります．後述しますが，それぞれの代表的なデバイスMOSFET，IGBTともに，不得手部分の改良を継続して進化を続けています．

表1 パワー・デバイスの種類

キャリアの種類	ダイオード系	トランジスタ系	サイリスタ系
ユニポーラ	ショットキー・バリア・ダイオード	MOSFET	－
バイポーラ	PINダイオード	IGBT バイポーラ・トランジスタ	サイリスタ トライアック GTO

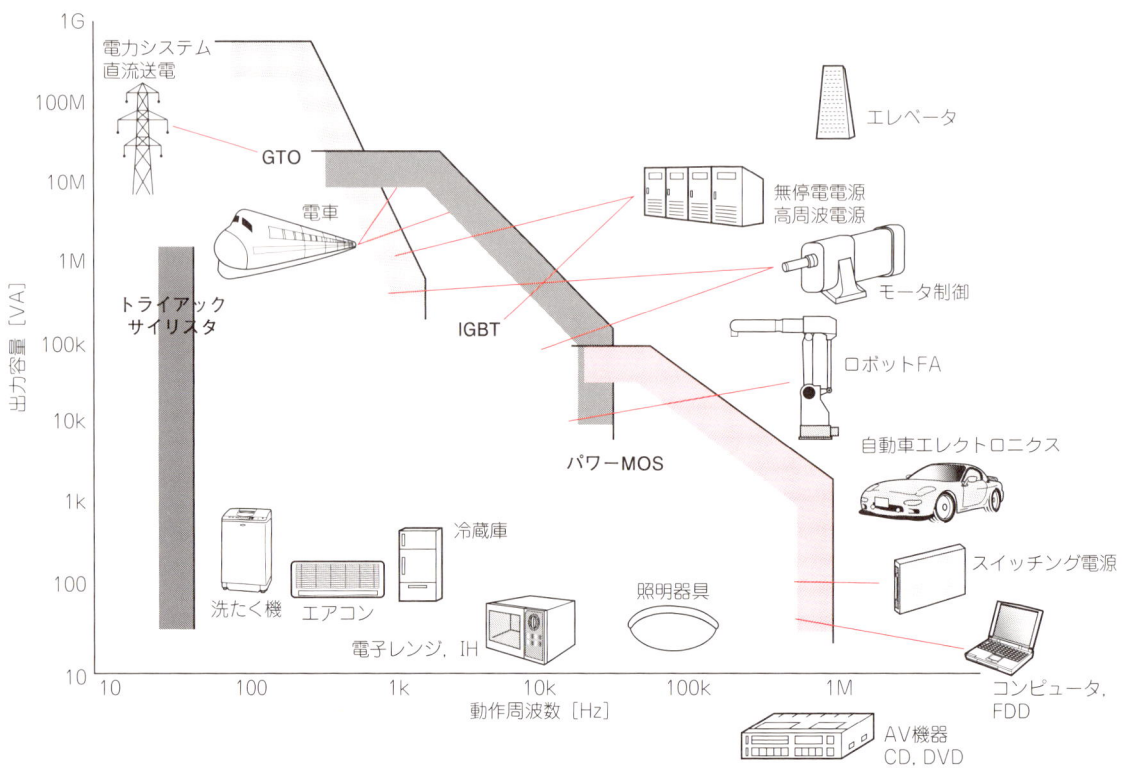

図6 各種パワー・デバイスの応用例

● パワー・デバイスのオフ電圧を支える仕組み

キャリアの話が出たところで，パワー・デバイスのオフ電圧を支える仕組みを見ておきましょう．実は，ここがパワー・デバイスの動作を把握するための大切なポイントです．しかも，この仕組みはほとんどのパワー・デバイスに共通構造（MOSFET，IGBT，Bip-Tr，GTOなど）なのです．

パワー・デバイスは，ONのときには，できるだけ大量のキャリアを取り込み，低抵抗の導通路を作るように動作します．一方，OFFのときには，導通路の一部にキャリアがほとんどいない領域（空乏層）を作り出し，高抵抗の状態でオフ電圧を支えます．この空乏層を作るのに利用されるのが，逆バイアスされたPN接合です．図7にMOSFETとIGBTの断面を示します．

ここで注目したいのは，Pボディ-Nドリフト層で構成されるPN接合です．MOSFET，IGBTのどちらも，オフ動作では，ここが逆バイアスされてオフ電圧を支えます．またON時には，この領域にどのくらいのキャリアがいるかでオン抵抗（の大半）が決まります．

● PN接合について

先に半導体は，動ける電荷（キャリア）が2種類あることを紹介しました．実は，動けない電荷も2種類あります．ドナー・イオン（＋）とアクセプタ・イオン（－）です．

Si結晶にAsなどのドナー不純物を導入すると，伝導電子を放出して＋イオン化し，伝導電子が多い領域となります（N型領域）．逆に，Bなどのアクセプタ不純物は正孔を放出して－イオンとなり，正孔が多い領域になります（P型領域）．

通常はこれら四つの電荷は全体としても局所的にもバランスして電気的に中性となっています．日頃から電気力を体感している読者の方は，物体が電気的に中性になろうとする要求が強いことは直観的におわかりかと思います．

PN接合とは，P型からN型に急激に遷移する領域のことです．遷移が急激なため，キャリアは電気的な中性を保ちながら分布することができず，電荷中性が破れます．キャリアがほとんど不在となることでドナー電荷とアクセプタ電荷による電界ができて，キャリアの流れをバランスさせ実質的にゼロにします．電荷中性が破れた領域（キャリアがほとんどいない領域）が空乏層です．

このようなPN接合に外から電圧を加え，バランスを変化させると整流性を示します．順バイアスでは電流を流しやすく，逆バイアスではほとんど電流を流しません．

● オン抵抗と耐圧のトレードオフ…シリコン・リミットとは？

さて，PN接合の逆バイアスを使えば，空乏層が伸びて高抵抗となりOFF時の電圧を支えます．しかし，半導体の中の電界が一定以上強くなると，空乏層の絶縁破壊が起こり，OFFが維持できなくなります（大電流が流れる）．この電界の強さを絶縁破壊電界 E_{crit}，絶縁破壊が起こる電圧 V_b を耐圧と呼びます．耐圧は，空乏層の幅 W_d と E_{crit} により，

$$V_b = \frac{W_d E_{crit}}{2} \quad\cdots\cdots\cdots\cdots\cdots\cdots\cdots\cdots\cdots (5)$$

と単純な式（底辺 W_d，高さ E_{crit} の三角形の面積）で近似できます（図8）．

つまり，大きな耐圧をもたせるには空乏層 W_d を厚

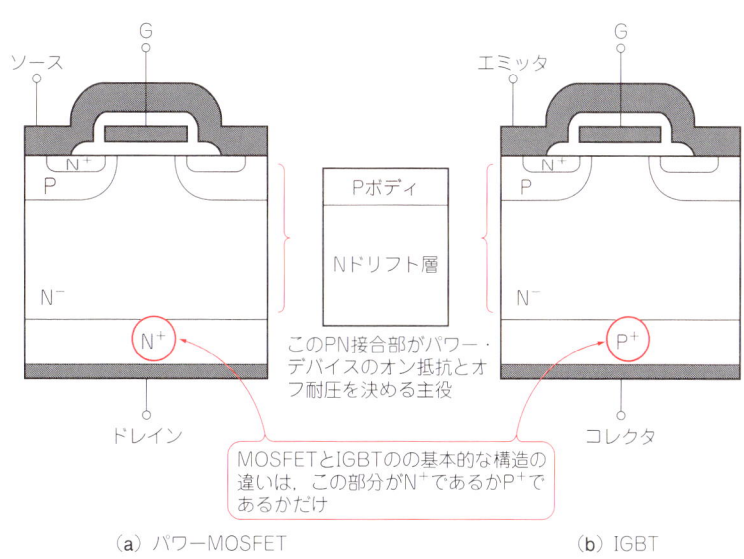

図7 パワー・デバイスの主接合構造
（Pボディ-Nドリフト層）

（a）パワーMOSFET　　（b）IGBT

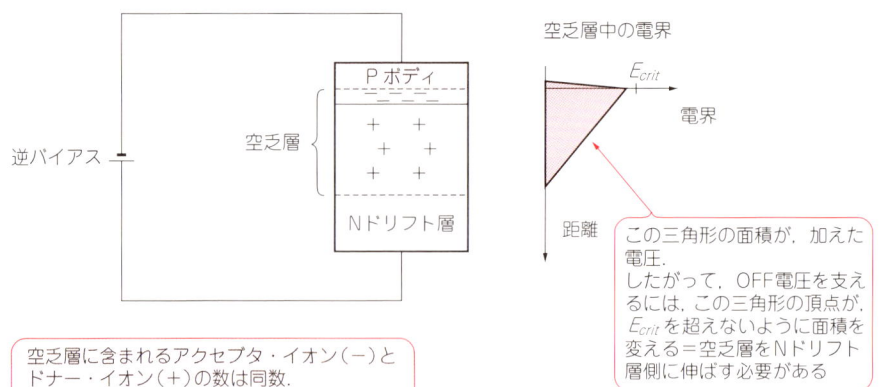

図8 Pボディ-Nドリフト層の逆バイアス状態

空乏層に含まれるアクセプタ・イオン(-)とドナー・イオン(+)の数は同数．そのバランスをとるために，濃度の低いNドリフト層側に空乏層が多く伸びる

この三角形の面積が，加えた電圧．したがって，OFF電圧を支えるには，この三角形の頂点が，E_{crit}を超えないように面積を変える＝空乏層をNドリフト層側に伸ばす必要がある

くすることが必要なのです．したがって，空乏層を伸ばす役割の半導体層(Nドリフト層)は，耐圧に必要な空乏層の幅以上の厚さが必要です．空乏層はドナー・イオンとアクセプタ・イオンによる電気2重層ですが，その(電荷)数は同数になるようにバランスします．どちらかの濃度を薄くすれば，数合わせのために濃度の低いほうの空乏層が伸びます．

パワー半導体では図7，図8のNドリフト層がその役割を担います．必要な耐圧が決まれば，それに必要な空乏層幅W_dが決まり，W_dを実現するためのNドリフト層の濃度N_dが決まります．

$$W_d = \frac{\varepsilon E_{crit}}{qN_d} \quad \cdots \cdots (6)$$

一方，このNドリフト層はONのときには，導通路として使われます．その抵抗値は，耐圧から決定されたW_dと濃度に依存し(N_dと同じキャリア濃度をもった，厚さW_dの抵抗体)．

$$R_d = \frac{W_d}{q\mu N_d} \quad \cdots \cdots (7)$$

と一意に決まってしまいます(**図9**)．

さて，パワー・デバイス内の他のすべての導通路の抵抗がゼロにできても，スイッチとして必要な耐圧を作るためのNドリフト層の抵抗だけは残ります．これが，ユニポーラ・デバイスで実現可能な耐圧とオン抵抗関係の理論限界とみなせます．これがシリコン・リミットです．オン抵抗R_{ON}と耐圧V_bの関係を整理すると，オン抵抗は耐圧の自乗に比例することがわかります．

$$R_{ON} \propto V_b^2 \quad \cdots \cdots (8)$$

これは，耐圧を10倍にすると，オン抵抗は100倍になることを意味します．大変厳しいトレードオフであることが，わかっていただけると思います．

これで，シリコン・リミットを超える三つの手法と代表デバイスを紹介する準備ができました．

● **シリコン・リミットを超える三つの手法**

シリコン・リミット(耐圧とON抵抗のトレードオフ縛り)を超える手法がいろいろ検討され，商品化されています．ここでは三つの手法と，その代表的なデバイスを紹介します．

(1) 電荷補償構造→SJ-MOSFET

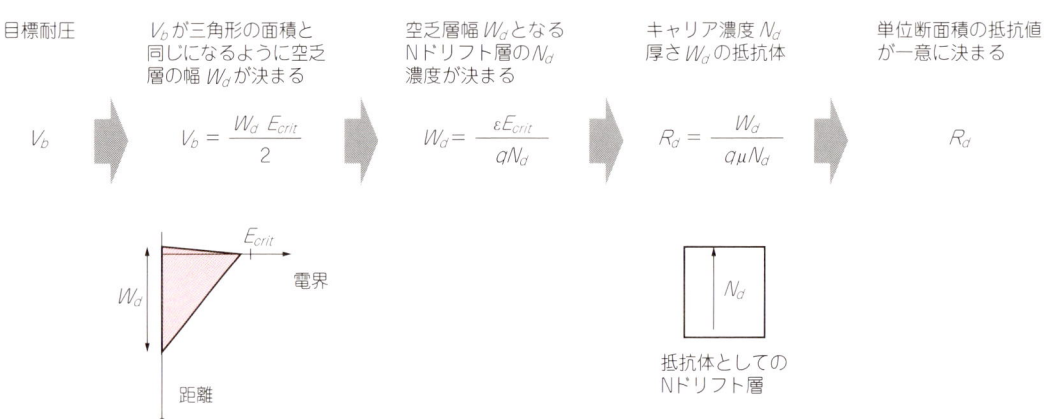

図9 Nドリフト層の耐圧と抵抗の関係

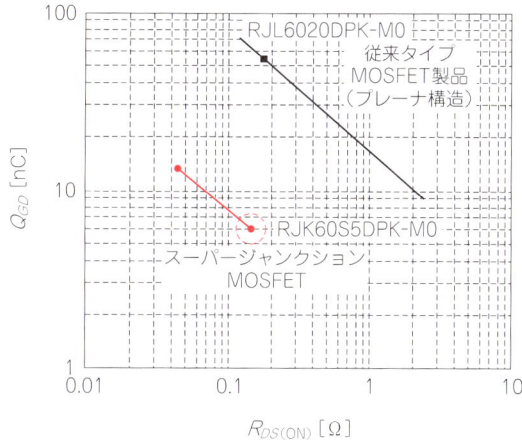

図10 SJ-MOSFETと従来タイプMOSFETの$R_{DS(ON)}$-Q_{GD}比較

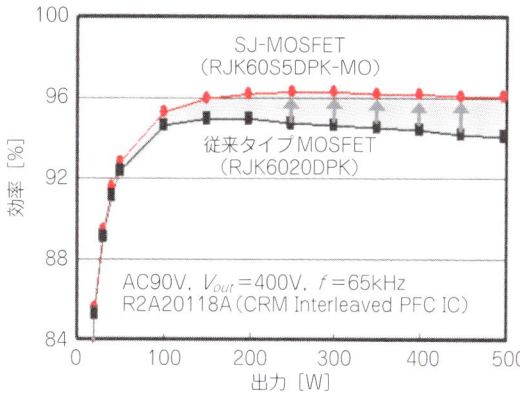

図11 PFC回路に応用したSJ-MOSFETと従来MOSFETの効率比較

(2) バイポーラを利用してNドリフト層の抵抗を低減する→IGBT
(3) 半導体材料を変える→SiC/GaNデバイス

本章の初めに紹介したPFC電源の効率改善例は，(1)と(3)によるデバイスの適用例です．

▶ スーパージャンクションMOSFET

MOSFETはパワー・デバイスとして非常に優秀な素子で，低耐圧では高速かつ，非常に低いオン抵抗素子が実現され，広く使われています．問題は高耐圧にしたときの，シリコン・リミットからくるオン抵抗の高さです．

これを進化させたのが，電荷補償構造です．この構造は，Nドリフト層内のドナー電荷（＋）を補償するような負電荷（－）を何らかの方法で発生させ，疑似的にドリフト層内で電荷をゼロとして，電界分布を変形させます．これにより，耐圧を保ちながら，ドリフト層内の濃度を上げる（抵抗を下げる）手法です．スーパージャンクション（SJ）構造は，最も代表的な電荷補償構造です．

動作原理を説明するまえに，製品特性例を見てみましょう．図10は600 V耐圧品どうしで，従来タイプとSJタイプを比較したものです．オン損失の指標（オン抵抗）とスイッチング損失の指標（Q_{GD}）の相関が，大きく進化しているのが見て取れます．例えば，同程度のオン抵抗を実現するために，RJL6020DPKはQ_{GD}＝53 nCに対し，SJ構造のRJK60S5DPKはわずか8.5 nCと圧倒的に小さくなっています．そのため，スイッチング・ロスやドライブ・ロスも大幅に低減できます．

この二つのパワー・デバイスを臨界インターリーブPFC電源で比較した例を見てみましょう．図11でわかるように，効率で2％もの改善が得られています．SJ-MOSが，いかに優れた素子であるかがわかります．

表2 600 V SJ-MOSFETラインナップ（ルネサス エレクトロニクス）

電流定格[A]	$R_{DS(ON)}$(typ/max)[Ω]	Q_G/Q_{GD}[nC]	MP3A	LDPAK	TO-220FP	TO-220AB	TO247	TO3PSG
8	0.84/1.05		60S1DPD		60S1DPP			
10	0.53/0.76		60S2DPD		60S2DPP			
12	0.35/0.44	13/3.9	60S3DPD	60S3DPE	60S3DPP			
16	0.23/0.29	17.5/6		60S4DPE	60S4DPP			
20	0.15/0.178	27/8.5		61S5DPE	60S5DPP	60S5DPN	60S5DPQ	60S5DPK
30	0.10/0.125	39/11			60S7DPP		60S7DPQ	60S7DPK
55	0.045/0.057	82/22						60S8DPK

表3 高速リカバリ・タイプSJ-MOSFET(ルネサス エレクトロニクス)

	パッケージ	電流定格	$R_{DS(ON)}$	C_{rss}	V_F	t_{rr}
RJL60S5DPE	LDPAK	20 A	178 mΩ (V_{GS} = 10 V, I_D = 10 A)	13 pF (V_{DS} = 25 V)	1.6 V (I_F = 20 A)	150 ns (I_F = 20 A)
RJL60S5DPP	TO-220FP					
RJL60S5DPK	TO-3PSG					

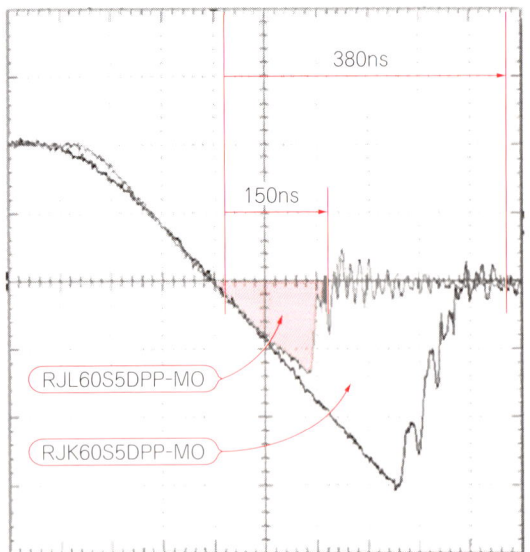

図12 SJ-MOSFET RJL60S5DPP/RJK60S5DPPの内蔵FRDの逆回復特性

● パワー・デバイス・ラインナップの基本的な考えかたを知ろう

　ここでちょっと話題を変えて，パワー・デバイスのシリーズ展開についてコメントしましょう．通常，半導体メーカは一つのデバイス・テクノロジー世代ができるとユーザが使いやすいようにシリーズ展開します．このラインナップの基本的な考えかたを知っておくと，デバイスを選択する際の一助になります．

　典型的なのが，トランジスタ・セルの数(アクティブ素子の面積)をいろいろ取り揃えることです．セル数を増やすということは，チップ内で素子を並列接続して大きくすることと同じことです．したがって，扱える電流も大きくなりますし，オン抵抗も小さくできます．そのかわり，容量やQ_G/Q_{GD}などが大きくなり，スイッチングやドライブ損失には不利な方向になります．チップ・サイズからくるコスト面も考慮の対象ですね．これにパッケージ展開が加わります．このようにユーザが目的に応じ最適の選択が可能なように，シリーズ展開を行います．

　この視点でもう一度，図10を見てみましょう．同じテクノロジーでセル数を増減すれば，図中の赤や黒の線上で特性が変化します．図10の赤いラインと表2のSJ-MOSFETのラインアップを見比べてみましょう．電流定格の増減により，この赤いラインに沿って

オン抵抗とQGDが動くことが確認できます．最もオン抵抗が小さいものはRJK60S8DPKで，45 mΩと非常に小さい値です．このデバイスは，最も電流定格が大きいものに相当します．

　SJ-MOSFETの他の展開例も見てみましょう．RJL60S5Dxx(表3，図12)は，ボディ・ダイオードを高速化したものです．MOSFETに内蔵されているボディ・ダイオードを積極的に使用するアプリケーション向け(インバータなど)に，ラインナップの拡充がされているのです．

● SJ構造の動作原理…何がスーパーなのか

　さて，順序が逆になりましたが，SJ構造の動作原理を見てみましょう．SJ構造は，耐圧を決めるPN接合(Pボディ-Nドリフト層)に対する工夫です．このPN接合だけ取り出して考えれば十分です．図13にSJ構造を示します．

　Nドリフト層中にPボディ層からP層がカラム状に伸びて，PN接合面が上下ではなく，横方向に交互にできています．PN接合に逆バイアスを掛けると，空乏化が横に起こり，ある程度の電圧で互いの空乏層がつながって，W_dの厚さをもった一つの空乏層とみなせるようになります．これは，Nドリフト層のドナー濃度N_dを縦方向の厚さW_dとは(ある程度)独立に決められることを意味します(この独立に決められるというのがポイント)．PとNの濃度を同じにしておけば，平均的な空間電荷はゼロとなります．さらに電界を増していくと，ドリフト層全体の電界が増加していきます．図13のように一様に電界が増していくので，耐圧は，

$$V_b = W_d E_{crit} \cdots\cdots\cdots\cdots\cdots\cdots (9)$$

となります．式(8)に付いていた1/2(3角形の面積式)がありませんね．つまり，掛かる電圧は4角形の面積になり，同じE_{crit}でも，掛けられる電圧が上がるわけです．

　一方，オン抵抗は，ドリフト層の抵抗です．従来タイプであれば，W_dが決まるとN_dも一意に決まっていました(図9)．しかしSJ構造は，上記で説明したように，W_dとは(ある程度)独立に濃度N_dを決められます．したがって，N_dを高濃度にでき，オン抵抗を大幅に下げられます．以上がシリコン・リミットを超えられる原理です．

　今後，MOSFETはシリコン・リミット(ユニポーラ，

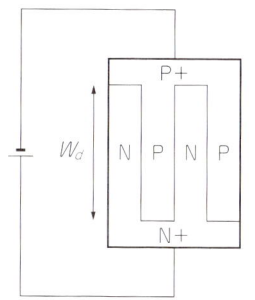 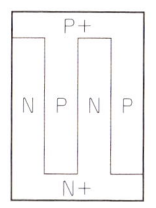 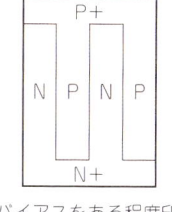 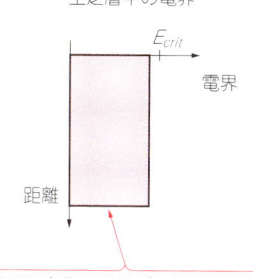

ゼロ・バイアス時　　逆バイアスをある程度印可すると，横に広がった空乏層どうしが一体化する

空乏層は横に繋がって一体になれば十分なので，図9のようにW_dとN_dは一意に決める必要はない．
→Nドリフト層の濃度N_dを高くできる→ドリフト部の抵抗を低くできる!!

この四角形の面積が，加えた電圧（PとNの電荷が完全に同じ場合）

図8で紹介した"三角形"に比べ同じW_dでも面積が大きいぶん耐圧を高くできる！

図13　スーパージャンクションの構造と原理

1次元)にかわり，電荷補償構造の理論限界(ユニポーラ，2次元)に向けて素子が進歩していくと考えられます．

● IGBTと応用分野

次に，高耐圧/大電流で非常に低いオン電圧[$V_{CE(sat)}$]を得られるデバイスIGBTの紹介に入りましょう．これも，シリコン・リミットを超えたデバイスで，誘導加熱装置，モータ駆動用インバータや太陽光パワー・コンディショナなどのキー・デバイスとなっています．

最初に製品選択のポイントを知っておきましょう．通常，IGBTは特定の用途を意識して最適設計が行われます．したがって，製品応用に適したシリーズを選択することが重要となります．一見似たような特性に見えても，異なる応用には適さない場合もあるので，注意が必要です．ルネサス社のIGBTのセレクション・マップを例に使って，どのアプリケーションにどの対応シリーズを選択したら良いのかを見てみましょう(図14)．

IGBTは，高速リカバリ・ダイオード(FRD)とペアで使われるケースが多いので，一つのパッケージにFRDとともに搭載した製品が主流です．FRDが不要の場合は，一番左の[IGBT]から選択します．ペア製品の場合，[IGBT + FRD]から選択に入ります．IH調理器などの誘導加熱装置は，電流共振/電圧共振などのソフト・スイッチングで使用されますので，[ソフトスイッチング]のカラムから必要な耐圧ごとに，適したシリーズを選択できます．また，太陽光パワー・コンディショナやモータ駆動/UPSなどへの適用は，信頼度が高く要求されますので，[負荷短絡耐性]の選択肢から，必要な耐圧/負荷短絡耐性のmin値に応じたシリーズ展開が選択できます．PFC用途には，[高速]スイッチングに最適化したシリーズが向いています．また，[複合素子]はSiC-SBDなどの高速ダイオードと組み合わせ，PFCとブリッジに使いやすいピン配置をもった，特定用途で良好な特性が得られるように特化した製品群です．

● IGBTの動作原理

次に，IGBTの動作原理を説明します．図7でも紹介したように，MOSFETの裏面(ドレイン)N^+がP^+に置き換わった構造で，ほかの部分は基本的に同じとみなせます．オフ耐圧を決めるPN接合構成/メカニズムも図7で紹介したように，パワーMOSFETとまったく同じです．違うのは，ON時のNドリフト層の抵抗値を下げるメカニズムです．

MOSFETのようなユニポーラ・デバイスでは，Nドリフト層の抵抗は，ドナー濃度N_dで決まっていました．なぜならキャリアである伝導電子(−)が，電荷中性を満たすためにN_d(+)と同じ濃度に決まるからです．キャリア数はN_dより増減できません．抵抗を下げたいからといって，N_dより多いキャリアをもってくることはできません．

ところが一つだけ，電荷中性を保ったままキャリア数を増やす方法があるのです．半導体ならではの性質である「少数キャリアの注入」を利用する方法です．IGBTは，この方法を利用してNドリフト層の抵抗を大幅に下げています．

● 少数キャリアの注入

電荷中性の条件があるため，Nドリフト層で正孔あるいは伝導電子どちらか片方だけを増やすことはできません．ところが，両方を同じ量だけ導入すると電荷中性の条件は保てます．この過剰となった電荷対が，すぐに消滅(再結合)してしまうと単なるリークですが，幸いにもある程度の期間存在できるのです(これを再結合寿命という)．このキャリアを大量に溜め込むことで，Nドリフト層の抵抗を大きく下げるのです．

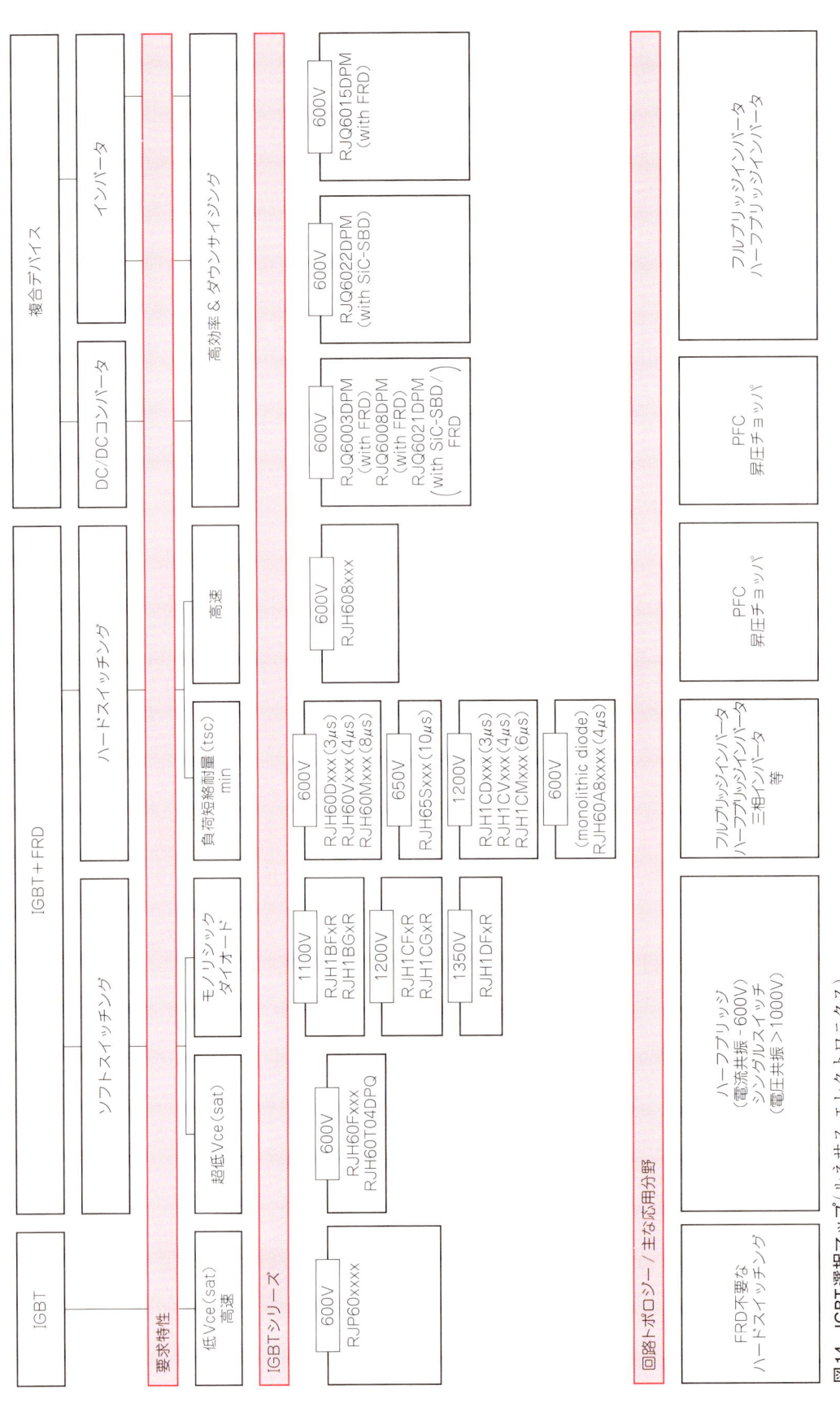

図14　IGBT選択マップ（ルネサス エレクトロニクス）

36　第3章　パワー・デバイスと周辺アナログ回路

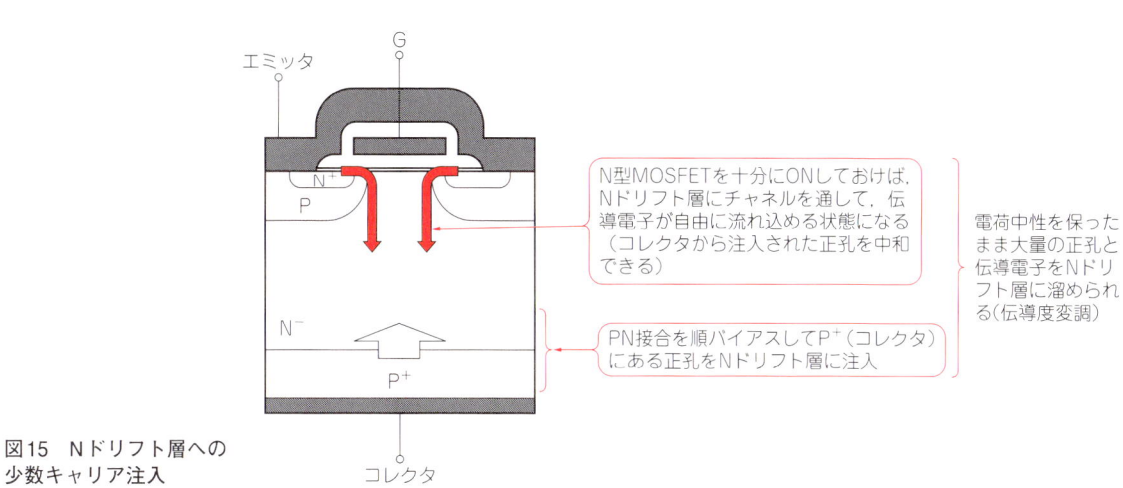

図15 Nドリフト層への少数キャリア注入

図16 IGBTの等価回路

(a) (b)

この現象は電導度変調と呼ばれます（**図15**）．二つのキャリアを利用できる半導体ならではの方法です．**表1**で「バイポーラ」に分類したデバイスは，すべてこの原理を使っています．

実際の少数キャリア（正孔）の導入方法ですが，裏面のP⁺とNドリフト層で形成されるPN接合を順バイアスすることで可能となります．上面のMOSFET部は，Nドリフト層に注入された少数キャリア（正孔）を中和するための多数キャリア（伝導電子）の供給弁の役割を果たします．ゲートが十分にONしていれば，多数キャリアが自由に出入りできるので，PN接合から少数キャリアを注入できます．

このことから，IGBTは，PINダイオードのN側への多数キャリア供給弁としてMOSFETが直列につながっているとみなせます［**図16(a)**］．もちろん，PNPトランジスタの（少数キャリア・正孔を中和するための）伝導電子を出し入れするベース電極をMOSFETでON/OFFするとみる，代表的な等価回路の**図16(b)**でもかまいません（最新のIGBTでは，動作中に正孔をエミッタ側空乏層から吸い出さずに，できるだけ溜めておくように作られているのでONしているときは(a)と考えて問題ない）．

それでは，**図16(a)**タイプの等価回路で，IGBTとMOSFETの出力特性の違いを解釈してみましょう．

● **IGBTの出力特性と注意点**

図17のIGBTの出力特性例を見てください．立ち上がり部分がMOSFETと異なっています．

ゲートに十分な電圧を与えたうえで，V_{DS}/V_{CE}をゼロから徐々に上げていくと電流はそれぞれどうなるでしょう？ MOSFETはオン抵抗$R_{DS(ON)}$ですぐに電流が直線的に立ち上がります．一方，IGBTはMOSFETに直列に繋がったPINダイオードがあるので，ダイオードがONするV_F電圧まで電流が立ち上がれません．ダイオードがONしたあとは，MOSFETどうし競争ですが，IGBT側はNドリフト層の抵抗が大変小さいので，電流が大きくなると通常のMOSFETを逆転します．小電流域ではMOSFETが有利，大電流域ではIGBTの特性が生きてくることがわかります．

IGBTはON/OFFの際に大量のキャリアを充放電するため，スイッチング速度はMOSFETに比べると不利になります．特にOFFのときは，溜め込んだ少数キャリアの一部を消滅させるには，再結合するまで待つ必要があります．これがテール電流と呼ばれる現象で，電流が裾を引き，スイッチング損失を増やします（**図18**）．

● **なぜ，IGBTは製品シリーズ展開が多いのか**

冒頭で，IGBTはアプリケーションに応じて最適化したシリーズ展開に特徴があることを説明しました．その理由を説明しましょう．

IGBTの特性追及は，①オン電圧$V_{CE(sat)}$を低くする，②高速動作（テール電流の低減），③高い破壊耐量（負荷短絡耐量の向上，耐圧の向上）の三つを目標に進められています．しかし，この三つが，互いにトレードオフの関係をもっています．オン電圧を低くするため

パワー・デバイスの種類 37

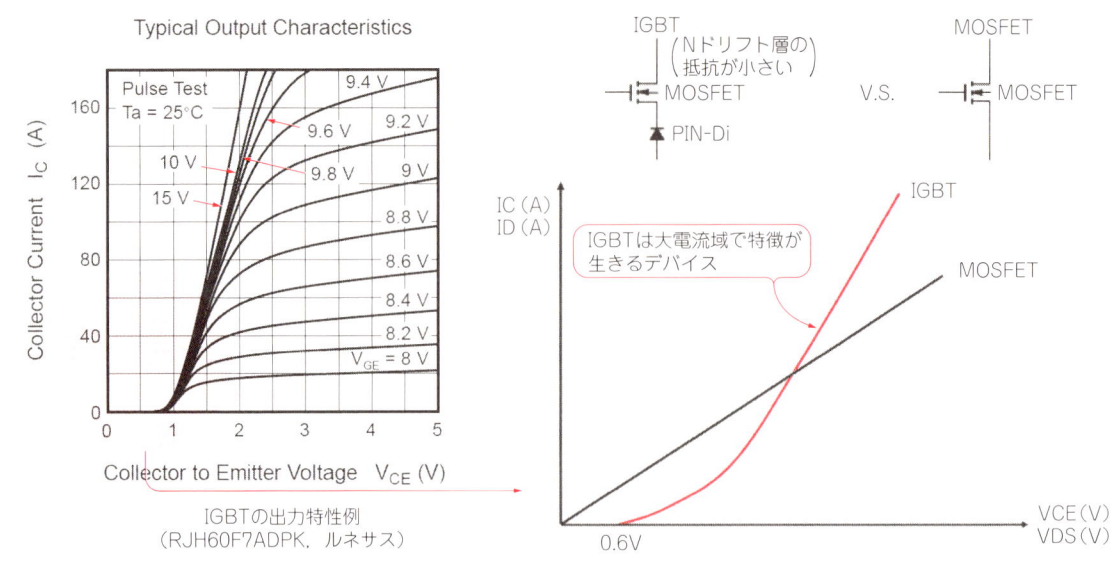

図17 IGBTの出力特性

③とも大幅に性能が上がっています．最後に，これらのトレードオフを大きく改善した最新世代のIGBT技術を紹介して，IGBTの章を締めくくりましょう．

● 最新のIGBT技術

下記に，最新のIGBTテクノロジー(例)を紹介します．
(1) エミッタ・セル密度低減→飽和電流抑制による負荷短絡耐量の向上
(2) トレンチ・ゲート／ホール・バリアの導入→キャリア濃度アップによるオン電圧の低減
(3) 注入効率抑制→高速化(再結合寿命制御不要のため，高速化と両立)

これらを高度な加工技術により実現し，①②③の三つのトレードオフを同時に改善しています．

新素材半導体デバイス

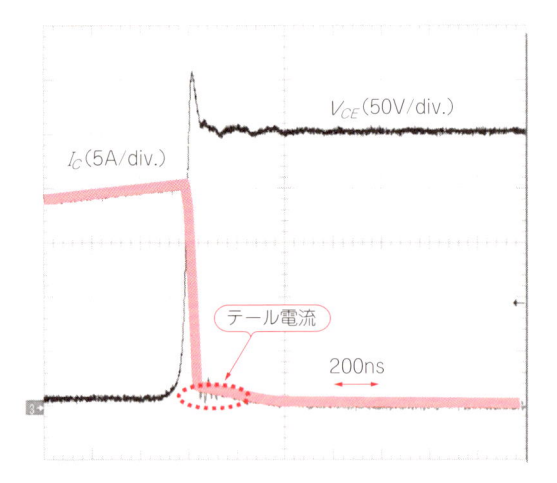

図18 IGBTのテール電流(T_C = 125 ℃，V_{DD} = 250 V，I_C = 20 A)スイッチングのオフ波形の例

低$V_{CE(\mathrm{sat})}$を追求すれば，高速動作や負荷短絡耐量はどうしても低下してしまいます．そのため，アプリケーションごとに重点を置くポイントを変えて設計されているのです．

低$V_{CE(\mathrm{sat})}$を追求した場合を見てみましょう．オン電圧を低くするためには，できるだけキャリアを貯め込みたいので，再結合寿命は長いほうが適しています．しかし，再結合寿命が長いため，なかなか少数キャリアが消えずにテール電流を小さくできず，高速動作が犠牲になります．また，負荷短絡したとき，飽和電流が抑制されにくく負荷短絡に耐えられる時間が短い傾向になります．

現在では継続的な改良努力で，旧世代と比べ，①②

シリコン・リミットを超える三つ目の方法，半導体材料についての紹介に入りましょう．改めてパワー・デバイス(ユニポーラ)の耐圧／オン抵抗の性能限界を決めている，Pボディ-Nドリフト層のトレードオフを振り返ります．

オフ耐圧を決めているドリフト層のオン抵抗の理論限界は，次式で表せます．

$$R_d = \frac{4V_b^2}{\varepsilon\mu E_{crit}^3} \cdots\cdots\cdots\cdots (10)$$

V_b：耐圧，ε：誘電率，μ：移動度，E_{crit}：絶縁破壊電界

E_{crit}は3乗で効きますので，もしSiの10倍の絶縁破壊電界の半導体素材があって，同じ構造を作ることができれば，ドリフト抵抗は1/1000まで理論限界を低減

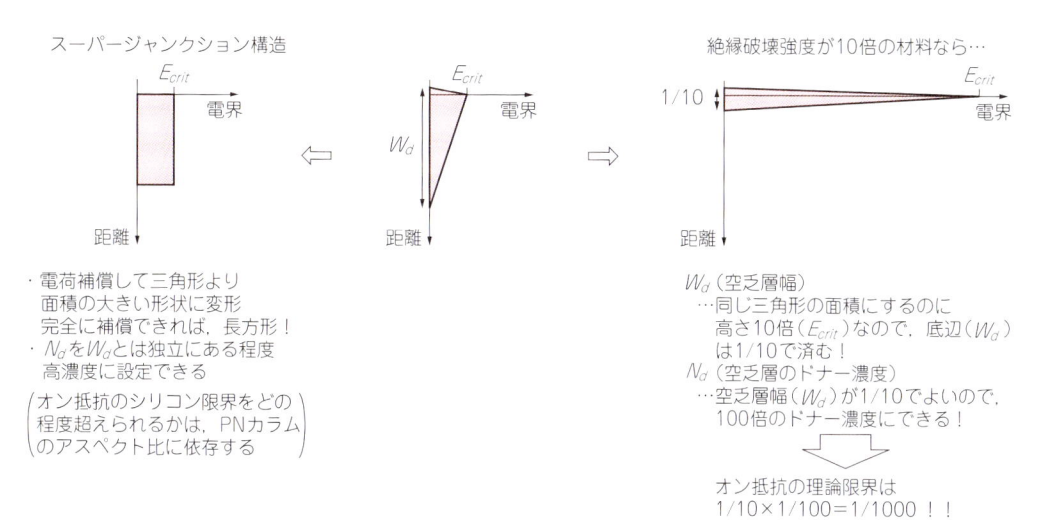

図19 Nドリフト層 空乏層内の電解分布比較

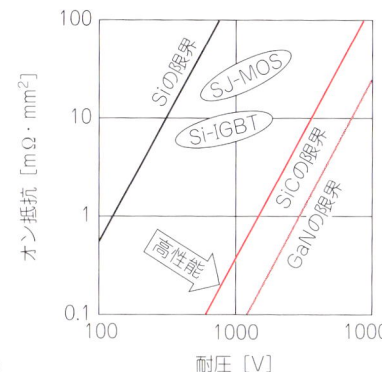

図20 シリコン，SiC，GaNの限界線

パラメータ	Si	SiC	GaN
バンド・ギャップ [eV]	1.1	3.3	3.4
絶縁破壊電解 [MV/cm]	0.3	2.8	3.0
熱伝導率 [W/cmK]	1.5	4.9	1.3

できることになります（**図19**）．話題となっている新素材シリコン・カーバイド（SiC）やガリウム・ナイトライド（GaN）は，ほぼこのような絶縁破壊電界をもった半導体材料なのです．

図20に，これまで見てきたシリコン・リミットに加え，同様の考えかたでSiC，GaNの限界線をまとめてグラフ化しています．SJ-MOSFETやIGBTがシリコン・リミットを超えている様子も示してあります．あくまでも理想構造を作れた場合の限界なのですが，SiCやGaN材料がパワー・デバイスとしてのポテンシャルが極めて高いことがおわかりいただけると思います．構造／信頼度を含めた良質なパワー・デバイスを作り込むには，まださまざまな開発／技術追求が必要ですが，毎年確実に進歩しています．

● **SiC-SBD（ショットキー・バリア・ダイオード）**

SiC-SBDは，本章の冒頭でもその効果を紹介したように，新素材パワー・デバイスのなかで最初に実用化になりました．使いこなし面から見ると，Si-PINダイオードをほぼそのまま置き換えることができるという素性の良さも手伝い，普及が進んでいます．

シリコン素材の場合，SBDは，PINダイオードに比べ，高速（ユニポーラ）／低V_F／低オン抵抗ですが，耐圧が低く／リーク電流も大きく，特に高温でのリーク電流が課題でした．ショットキー接合の利点を生かしつつ，上記課題をSiC材料の広いバンド・ギャップ特性を利用して改善したのがSiC-SBDです．

一例として**表4**に600V品のラインナップ，**図21**にSiC-SBD RJS6004TDPP-EJの順方向立ち上がり特性と，逆方向リーク／耐圧特性を示します．**図21**より，ショットキー接合にもかかわらず，逆方向リーク電流が150℃で20nA以下と驚異的に小さいことがわかります．

表4のt_{rr}の項目に注目しましょう．これは，ダイオードの高速性／スイッチング損失に関わるポイントです．リバース・リカバリ時間（t_{rr}）とは，順バイアスで電流を流した状態から，逆バイアスを印加して実際に電流が阻止されるまでの遷移時間に相当します．SBD

はユニポーラ動作なので，この遷移時間中に流れる電流（逆バイアスになっているので逆方向に流れる）が15 nsと非常に短い時間で止まります．しかも，SiC-SBDはこのリバース動作の温度依存がほとんどなく，高温でも安定して使用できます．図22に，RJS6004TDPP-EJのリバース・リカバリ特性を示します．Si製のFRD（高速リカバリ・ダイオード）に比べても，さらに高速で回復し，温度依存性がほとんどないことがわかります．このような特性は，PFC電源や昇圧チョッパのダイオード，インバータの転流用ダイオードにピッタリです．

この二つの用途に最適な複合製品も，メーカから提供されています（図23）．最新のSJ-MOS/IGBTとSiC-SBDが1パッケージに使いやすく搭載されているので，高効率化と小型化を同時に得ることができます．

● SiC，GaN材料

パワー半導体材料としては，絶縁破壊強度が高いことがポイントであることを紹介しました．絶縁破壊強度は，固体結晶のバンド・ギャップと呼ばれる性質と密接に結びついており，バンド・ギャップが広いほど絶縁破壊強度も高い傾向にあります．

新材料半導体が，Siよりバンド・ギャップが広い材料の意味で「ワイドギャップ半導体」と呼ばれる所以です．この性質は，軽元素と呼ばれるC，N，Oを含んだ材料が有しています（結合エネルギーが大きく，高融点，格子定数小のため．図24参照）．

そのなかで，パワー・デバイスとして，いろいろすぐれた物性を持っているのがSiCとGaNです（図20）．デバイス構造として，Siで実現されたパワー・デバイス構造（MOSFET，JFET，IGBT，Bip-Tr，サイリス

表4 600 V SiC-SBDラインナップ（ルネサス エレクトロニクス）

	型番	電気的特性				パッケージ
		V_{AK}	I_F	V_F(typ)	t_{rr}(typ)	
1	RJS6004TDPN-EJ	600 V	10 A	1.5 V	15 ns	TO-220-2L
2	RJS6004TDPP-EJ	600 V	10 A	1.5 V	15 ns	TO-220FP-2L
3	RJS6005TDPN-EJ	600 V	15 A	1.5 V	15 ns	TO-220-2L
4	RJS6005TDPP-EJ	600 V	15 A	1.5 V	15 ns	TO-220FP-2L
5	RJS6004WDPQ-E0	600 V	20 A/10 A	1.5 V	15 ns	TO-247
6	RJS6004WDPK-00	600 V	20 A/10 A	1.5 V	15 ns	TO-3P
7	RJS6005WDPQ-E0	600 V	30 A/15 A	1.5 V	15 ns	TO-247
8	RJS6005WDPK-00	600 V	30 A/15 A	1.5 V	15 ns	TO-3P

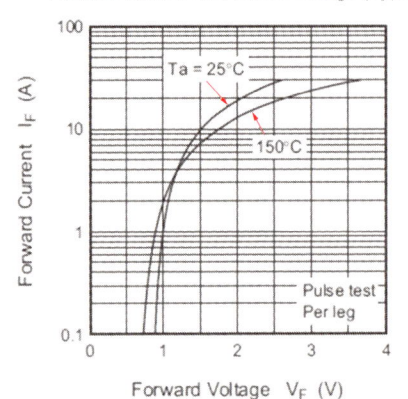

（$T_c = 25$℃）

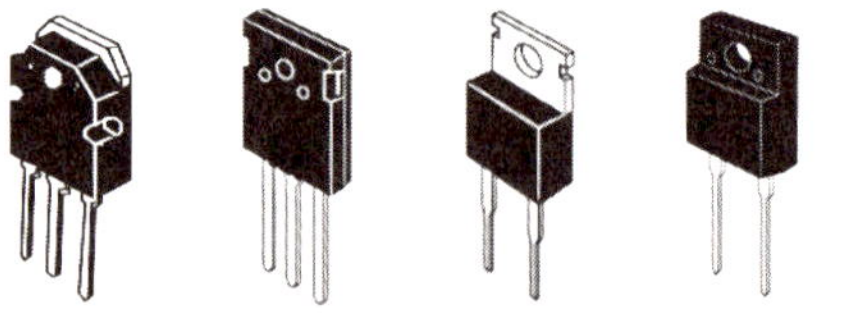

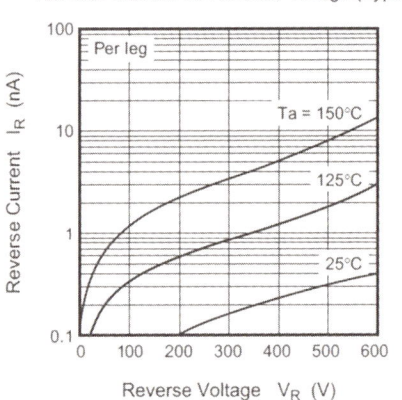

図21 SiC-ショットキー・バリア・ダイオードの特性

タなど)は，これらの新材料でも実現可能性を検討されています．

GaNは図20でもわかるとおり，SiC以上のポテンシャルを秘めています．ただ，現在のところ単独の結晶を作ることが困難で，サファイアやSiC，Siといった異種材料基板の上にGaNの結晶を成長させる必要があります．このことは，パワー・デバイスで主流の縦型デバイス構造(電流を表面-裏面の縦方向に流す構造)を作れないことを意味します．したがって，最大ポテンシャルを引き出すまでには，まだまだブレークスルーが必要です．

それでも，材料性能が高いため，横型でも高性能なデバイスが期待できます．高周波用電力増幅器への応用はすでに実用段階に入りつつあるほどです．GaNは，半導体中を超高速で移動できる2次元電子ガスというキャリアを利用できる構造をとることができ(HJ-FET)，高速/低ON抵抗に特徴を有した製品に期待が集まっています．

一方，縦型構造をとることができ，高温動作が可能なSiC材料は大電流/高耐圧/低ON抵抗デバイスが期待されています．結晶としてのSiCは，一種類ではなく，いろいろな立体構造をとります．このなかからパワー・デバイスに適した単結晶基板(4H-SiCと呼ばれる)を成長させることが課題の一つでしたが，現在では良質の基板が4インチ・レベルまで供給されています．これでSiC-SBDの普及が始まりました．

● SiC，GaNトランジスタの展望

最後に，実用フェーズに入りつつあるGaN-HJFET

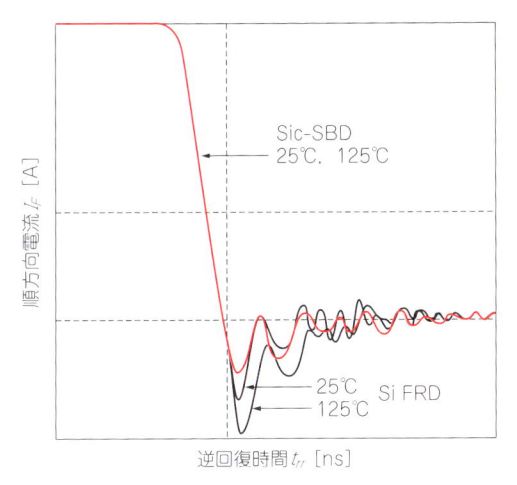

図22 RJS6004TDPP-EJのリバース・リカバリ特性

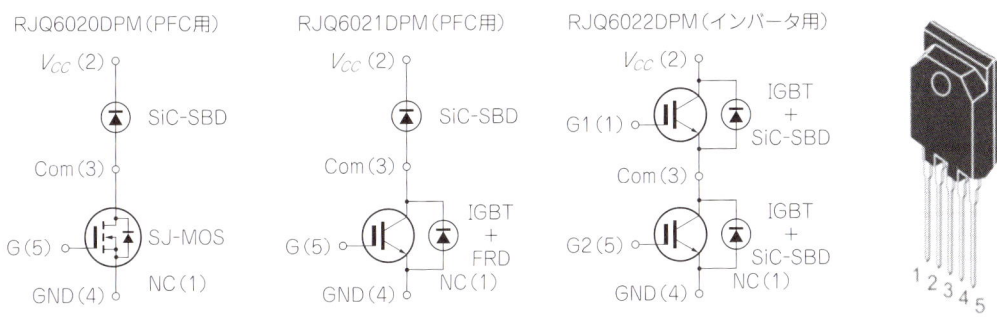

図23 SiC-SBD複合デバイス・シリーズ(ルネサス エレクトロニクス)

図24 新材料半導体とは

新素材半導体デバイス 41

およびSiC-MOSFET，J-FETについて簡単に紹介して終わりましょう．

これらには共通の課題が大きく二つあります．
(1) ノーマリ・オフの実現(GaN-HJFET，SiC-JFET)
(2) 信頼性の確保(GaN-HJFET，SiC-MOSFET)

最初のノーマリ・オフは，パワー・エレクトロニクス機器からの強い要求です．ノーマリ・オフとは，制御端子(ゲート)に電圧がかかっていない(ゼロ電位)のときに，デバイスがOFFとなるタイプを言います．大電力を扱うパワー・エレクトロニクス機器にとって，何らかの原因で制御電圧がかからなくなった際，デバイスはOFF側にフェール・セイフする必要があるのです．

有力な解決方法として，性能の良い低圧MOSFETと組み合わせてカスコード・デバイスにする方法を紹介しましょう(図25)．SiC-JFETは(2)の課題をもっていないので，この方法は特に有効です．これから本格的な普及のトップを切ると期待される方法です．

このように，オフ電圧としてSi-MOSFETはJFETの閾値程度の電圧しかかからないので，性能の良い低圧MOSFETを使えます．ほとんどの電圧は新材料SiC-JFETが受けもちますので，性能の良い高耐圧のFETを実現できます．同様の方法で，GaN-HJFETのノーマリ・オフ化も可能ですが，ほかの方法(MOS構造とのハイブリッド化やリセス導入など)によるノーマリ・オフ化の検討も進んでいます．

課題(2)にも触れましょう．GaN-HJFETは，電流コラプス(ドレインに高電圧ストレスを掛けるとドレイン電流が減少する=オン抵抗が増える現象)，SiC-MOSFETは良質なMOS界面を得ることが難しい点が信頼度上の課題です．いずれの場合も性能とのトレードオフに苦しみながらも，さまざまな解決法が検討され本格実用の直前まできています．

周辺アナログ回路の基本の基本

ディジタル電源には，主役のマイコンとパワー・デバイスのほかに，周辺アナログ回路が必ず必要になります．なかでもパワー素子を駆動するドライバ素子は，主役のマイコンやDSPに劣らず，重要になります．

本節では，ディジタル回路設計者の方にも参考にしていただけるように，これらの周辺アナログ回路のうち，IGBTやパワーMOSFETのゲート駆動回路の基本を改めて紹介します．

ディジタル制御電源の技術は電源回路以外にも，さまざまな製品に応用されていますので，ここでは太陽光発電用パワー・コンディショナを例に取り上げて説明していきます．パワー段の取り扱いや絶縁の考えかたは，他のディジタル電源やPFC，インバータなどにも共通するものがあります．

図26に，太陽光発電用パワー・コンディショナの基本ブロック例を示します．

● IGBTとパワーMOSFETのゲート駆動回路は高速/大電流の充放電回路

まず，IGBTやパワーMOSFETのゲートを見ていきましょう．図27のとおり，IGBTやパワーMOSFETの各端子間には容量成分があり，ゲート回路は見かけ上，容量に見えます．IGBTのゲートは，この見かけ上の容量を急速に充放電することでゲート電圧を上昇/下降させ，IGBT固有の閾値電圧を越える/下回ることで，IGBTのコレクタ-エミッタ間がON/OFFします．

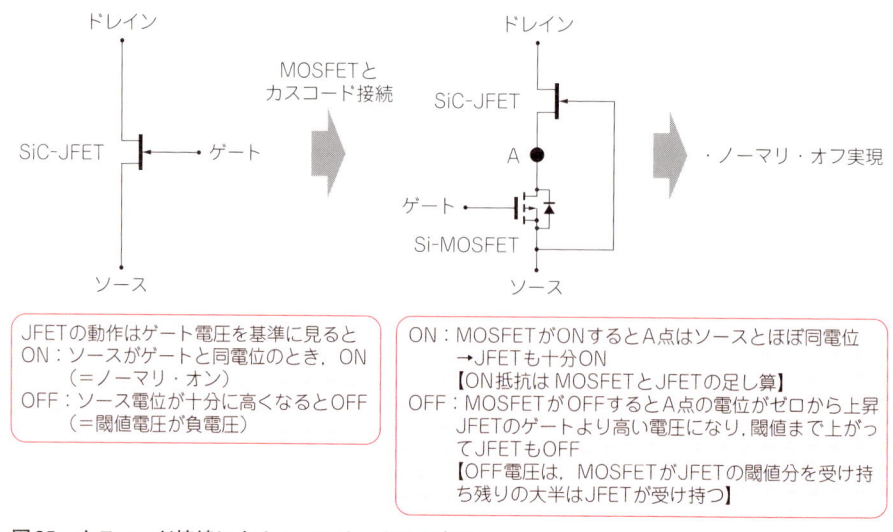

図25 カスコード接続によるノーマリ・オフの実現

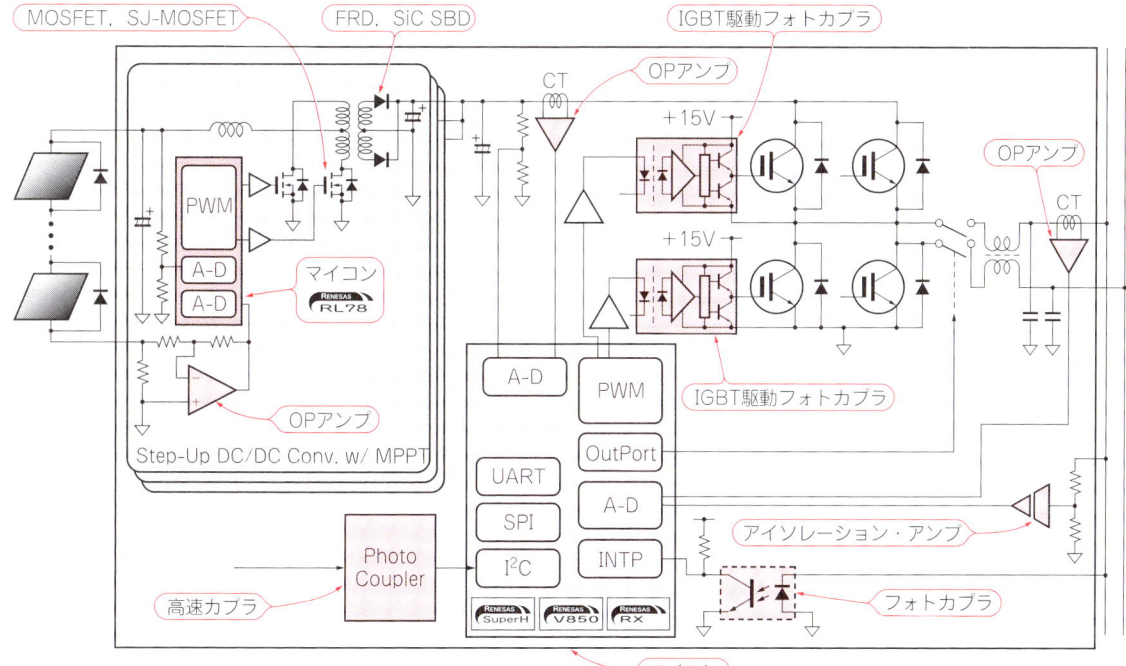

図26 太陽光発電用パワー・コンディショナの基本ブロック例

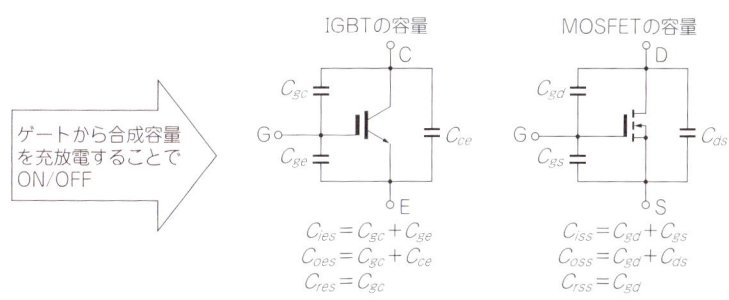

図27 IGBTのゲートは見かけ上は容量

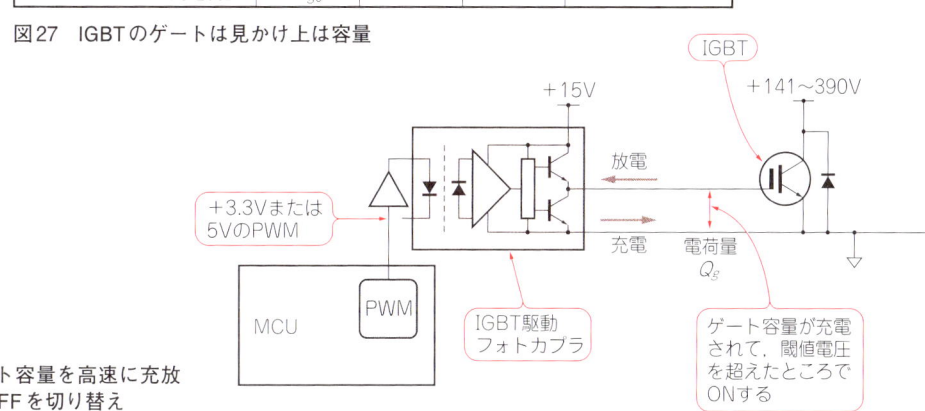

$C_{ies} = C_{gc} + C_{ge}$
$C_{oes} = C_{gc} + C_{ce}$
$C_{res} = C_{gc}$

$C_{iss} = C_{gd} + C_{gs}$
$C_{oss} = C_{gd} + C_{ds}$
$C_{rss} = C_{gd}$

ルネサスIGBT RJH60V3BDPPの例

項　目	記号	標準	単位	測定条件
入力容量	C_{ies}	880	pF	$V_{CE} = 25V$
出力容量	C_{oes}	60	pF	$V_{GE} = 0V$
帰還容量	C_{res}	35	pF	$f = 1MHz$
総電荷量	Q_g	60	nC	$V_{GE} = 15V$
ゲート-エミッタ間電荷量	Q_{ge}	9	nC	$V_{CE} = 300V$
ゲート-コレクタ間電荷量	Q_{gc}	35	nC	$I_c = 17A$

図28 IGBTのゲート容量を高速に充放電することでON/OFFを切り替え

特集　マイコンによるディジタル制御電源の設計

周辺アナログ回路の基本の基本

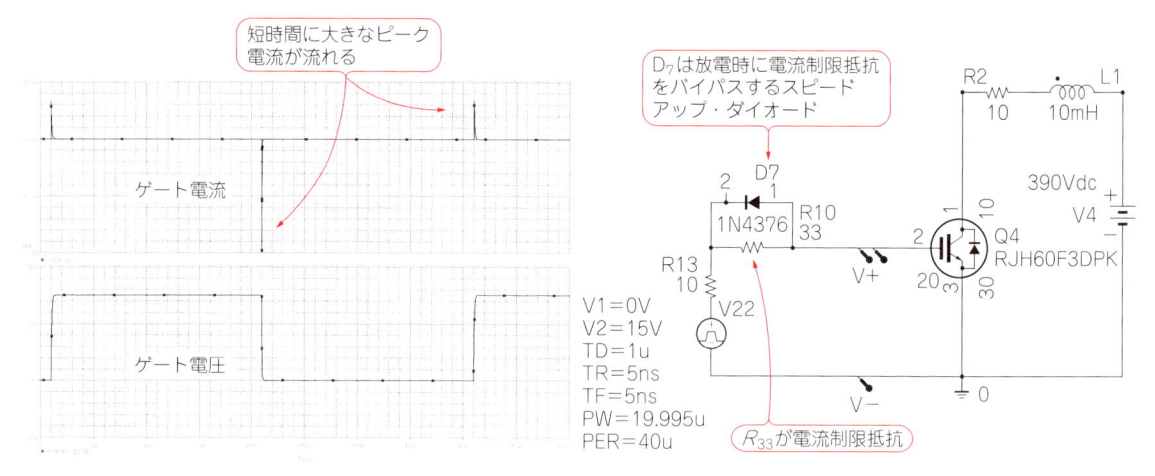

図29　IGBTの駆動電圧/駆動電流波形のシミュレーション

これはパワーMOSFETの場合でも同じです．データシートの例を参照すると，一般的な600V/17A級のIGBTでも結構大きな容量をもっています．

IGBTをマイコンから駆動する場合は，**図28**のような回路構成にします．マイコンから出力されるPWM信号は，一般に3.3Vまたは5VのCMOSレベルで，電流も数mAしか供給できません．一方，IGBTのゲートは15V程度まで，パワーMOSFETは12V程度まで上昇させる必要があり，前述の容量を高速に充放電するため，瞬間的に大きな電流（数百mA～数A程度）を流します．

マイコンのI/Oポートから直接大電流は流せないので，例えば**図28**の例のようにIGBT駆動フォトカプラなどを使用して，充放電に必要な電圧と電流を供給します．そのときの電流波形をシミュレーションで見ると，**図29**のようになります．

これを見ると，例えばエアコンの場合はスイッチング周波数は8～25kHzと低めですが，ONまたはOFFする瞬間はごく短い時間に大きな電流が流れており，この瞬間は高周波電流が流れているのと等価になります．

パワー・デバイスをスイッチングする回路は，一見すると低い周波数で駆動しているように見えても，実は高速/大電流の回路が混在しているのです．

したがって，回路基板の設計も注意が必要になります．瞬間的に大きな駆動電流を流す部分の基板配線が

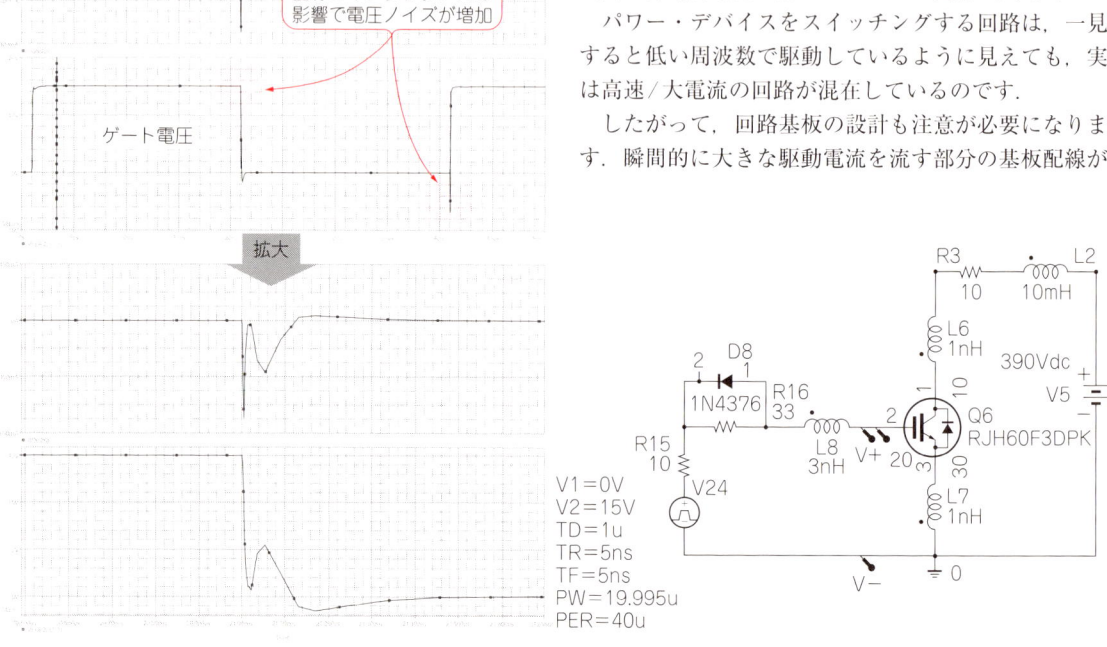

図30　基板配線のインダクタンスの影響

44　第3章　パワー・デバイスと周辺アナログ回路

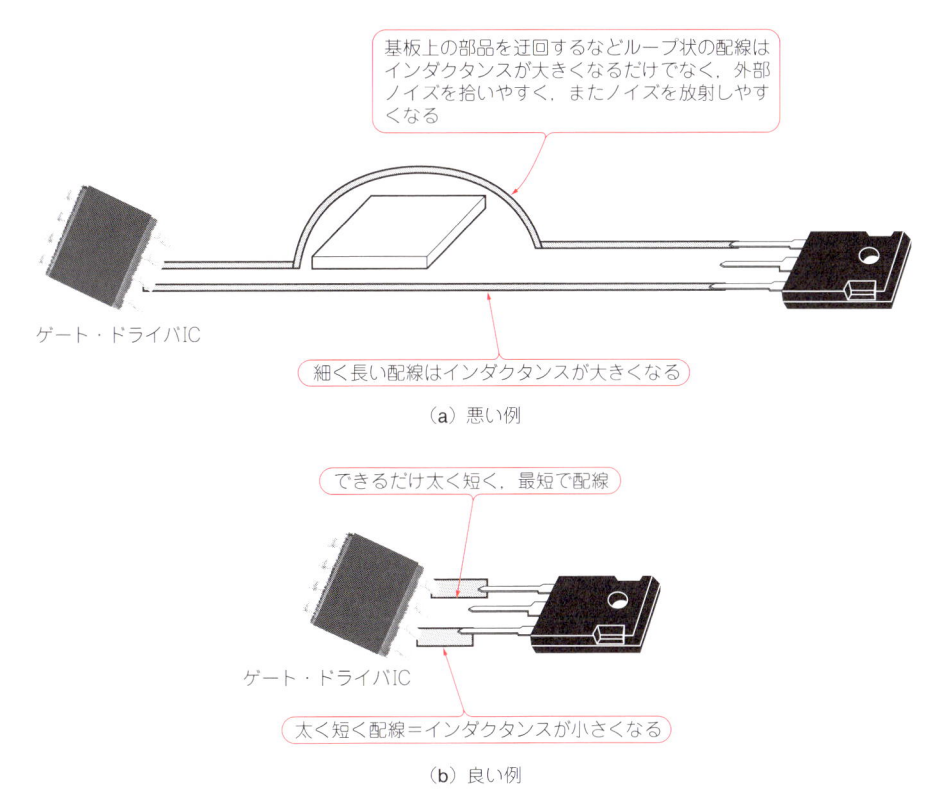

(a) 悪い例
- 基板上の部品を迂回するなどループ状の配線はインダクタンスが大きくなるだけでなく，外部ノイズを拾いやすく，またノイズを放射しやすくなる
- 細く長い配線はインダクタンスが大きくなる
- ゲート・ドライバIC

(b) 良い例
- できるだけ太く短く，最短で配線
- 太く短く配線＝インダクタンスが小さくなる
- ゲート・ドライバIC

図31 ゲート駆動回路の基板配線のイメージ

長く，寄生インダクタンスなどがあると，オーバーシュートを発生させ，さらに振動が加わって不要輻射ノイズを増加させます．この様子をシミュレーションを使って，インダクタの影響を見てみると，図30のようになります．

図30を見ると，数nHの微小なインダクタンスが存在するだけでも，その影響は小さくないことがわかります．現実の基板では，これ以外にも寄生容量なども分布して存在するため，さらに複雑になります．

このような不要なノイズをできるだけ発生させないように，駆動回路やパワー・デバイス周辺の基板配線は太く最短で配線し，かつ電流がループ状に流れないように注意して設計します（図31）．

● ゲート駆動抵抗とゲート駆動波形の関係

実際の基板で観測した，ゲート波形とブリッジ回路の出力電流波形の例を図32に示します．細心の注意を払って基板を設計しても，配線のインダクタンス成分を完全になくすことはできませんし，そもそも負荷がインダクタンスである場合が多いので，このようなオーバーシュートを含んだ波形になります．

スイッチング自体によるオーバーシュートを抑えるには，IGBTやパワーMOSFETのゲートに直列に挿入された電流制限抵抗を大きくして，スイッチング・スピードを遅くします．図33がゲート直列抵抗を変えたときの波形の変化の様子です．抵抗値が大きく，ゲートを充放電する電流が小さくなるほどスイッチング速度が遅くなり，オーバーシュートが抑えられています．ただし，スイッチング速度が遅くなると，図33の赤色の部分の面積が増え，損失が増加します．オー

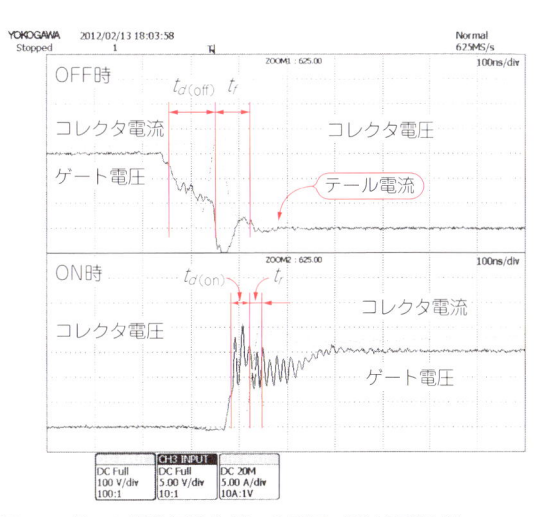

図32 ゲート駆動回路とゲート電圧／電流波形の例

バーシュートと，この損失のバランスを見ながら，最適な抵抗値を設定する必要があります（図34）．

● ハーフ・ブリッジ構成では貫通電流とデッド・タイムに注意

図34のようなハーフ・ブリッジ構成では，もう一つ，上側IGBTと下側IGBTが同時にONにならないように注意する必要があります．上下のIGBTを交互にON/OFFを入れ替えるようなスイッチング動作の場合，上下のIGBT（またはパワーMOSFET）が同時にONしている時間が生じ，電源からグラウンドに大きな電流が流れてしまいます．これが貫通電流（shoot-through current）です．

図35は，ハーフブリッジ回路の電圧/電流波形の関係です．図35(a)では，上下のIGBT（パワーMOSFET）が同時にONしている期間に一瞬大きな電流が流れています．これを防止するために，図35(b)のタイミング図のように，上下のIGBTが同時にOFFになる時間（デッド・タイム）を挿入します．

デッド・タイムはマイコン側でPWMを発生させる際にソフトウェア的に入れることできますが，ゲートを駆動するアナログ回路部分に立ち上がり時のみ遅延させる回路を入れる場合もあります（図36）．

● ブリッジ構成の駆動回路の上側と下側の遅延時間の差がデッド・タイムを狂わせる

上記の例で，マイコン側もしくは外部回路でデッド・タイムを作ると書きましたが，図26の回路例の場合は，下側のゲート駆動はマイコンからゲート・ドライバICなどを介して駆動することも可能ですが，

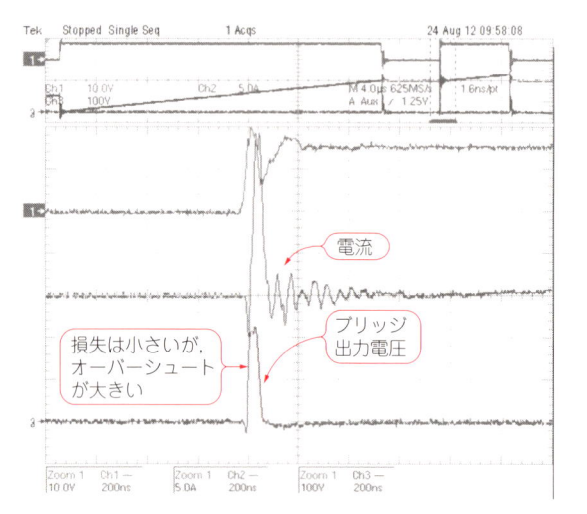

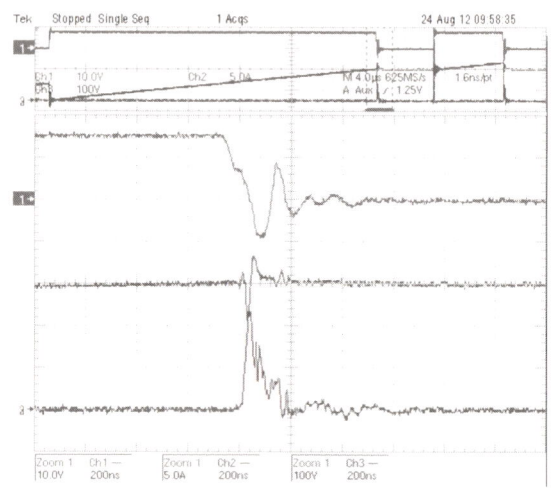

(a) ゲート抵抗5Ω

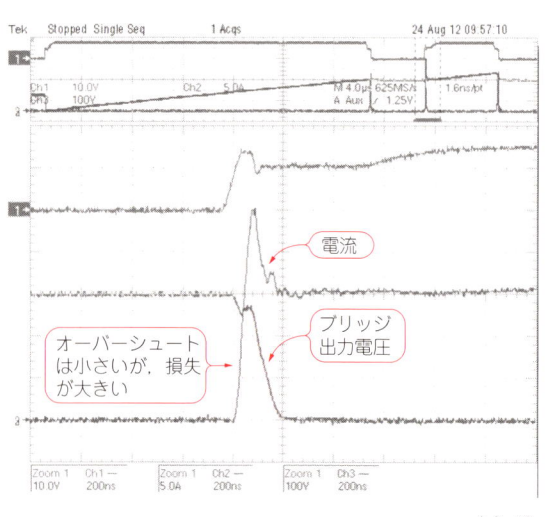

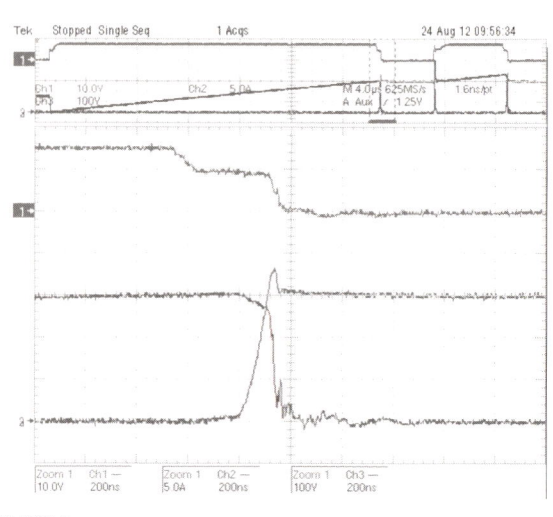

(b) ゲート抵抗50Ω

図33　ゲート抵抗を変えた場合の電圧/電流波形

上下の遅延差を最小にするため，同じ種類のIGBTゲート駆動用フォトカプラを使用することが最適です．

最近のIGBT駆動フォトカプラは，各個体間の遅延時間の許容差が保証されており，最大120 ns程度の差になっています．デッド・タイムが長いインバータの場合（1～2 μs程度）などには，特に問題になりませんが，スイッチング周波数の高い電源などで，デッド・タイムが短い場合には注意しておく必要があります．

● IGBT駆動素子の用途別使い分け

IGBTやパワーMOSFETのゲート駆動デバイスはフォトカプラの他にも表5のようなものがあり，それぞれの特徴を活かして使い分けられます．

● 定番の駆動デバイス…IGBTゲート駆動用フォトカプラ

フォトカプラは図37のように発光側にLEDを，受光側に光を電気信号に戻す受光素子を配置し，発光素子と受光素子の間を光を通す透明樹脂を充填し，外部を遮光樹脂で封止した構造になっています．

発光側から出力されたLEDの光が透明樹脂を通って受光素子に達すると出力がONする仕組みになっており，外部の光を遮光樹脂が遮断しており，LED側と受光側は完全に電気的絶縁をした構造となっています．

IGBTゲート駆動用フォトカプラは，受光素子に大電流を流せるゲート駆動回路を集積したもので，図38のような特性をもっています．

IGBT駆動フォトカプラの特性例のなかに，瞬時同相除去電圧（50 kV/μs以上）という項目があります．これは，入力側と出力側の間に急峻な電圧変動があっ

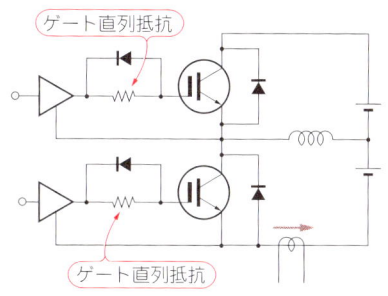

特集　マイコンによるディジタル制御電源の設計

図34　ハーフ・ブリッジ・ゲート駆動回路

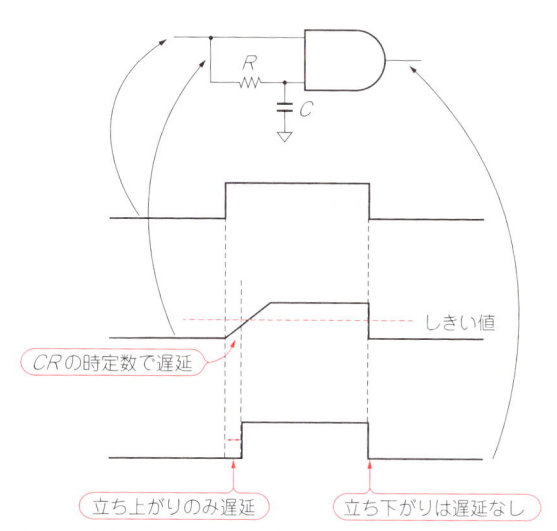

図36　外部遅延回路によるデッド・タイムの生成

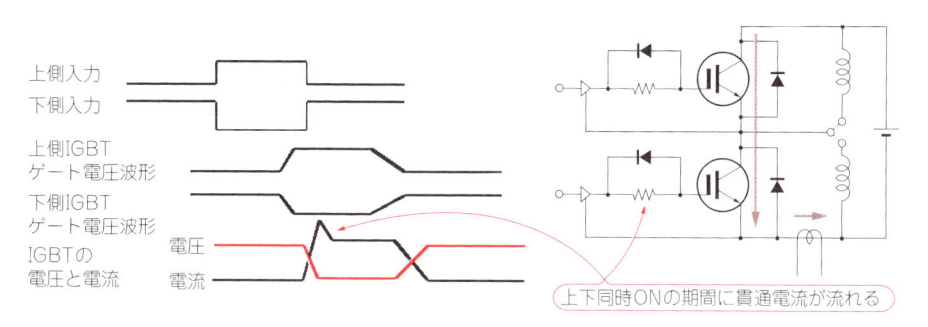

（a）デッド・タイムがない場合

（b）デッド・タイムを挿入した場合

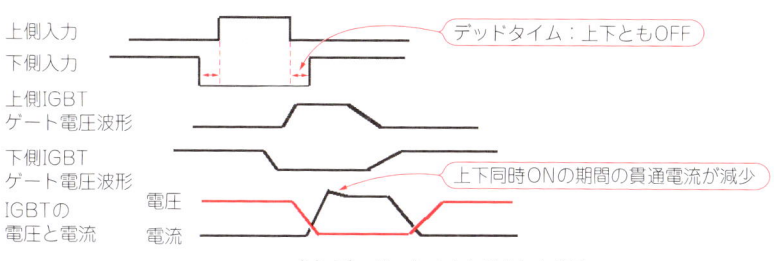

図35　デッド・タイム挿入による貫通電流の低減

周辺アナログ回路の基本の基本　47

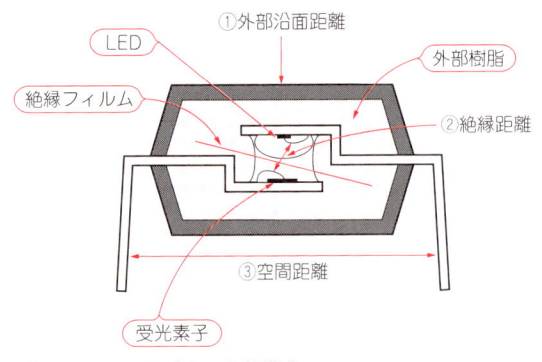

ても出力が誤動作しにくいという特性を示します．値が大きいほど優れた製品となります［例：PS9307L（ルネサス エレクトロニクス）など］．

　フォトカプラは発光素子としてLEDを使用しているため，LEDに流す電流が大きいほど，さらに高温で使用した場合にはLEDの輝度の低下が大きくなる特性（経年変化）をもっています．この経年変化を考慮して，LEDの電流は最適値（一般的には10 mA程度）を設定します．

　一般に，フォトカプラは5 kVの絶縁耐圧をもっていますが，基板上の端子の距離が近いと，その部分で放電してしまう場合があります（**写真1**）．そのため，端子間の距離（沿面距離）を長くとったパッケージで製品化されているものがあり，特に高電圧に対する配慮をする場合に選択されます（**図39**）．

図37　フォトカプラの内部構造

表5　IGBTやパワー MOSFETの駆動デバイス

駆動デバイス	概要	駆動電流	フローティング電圧	特徴/補足
IGBT駆動フォトカプラ	高速フォトカプラに駆動回路を内蔵	0.6～4 A	3.5～5 kV	温度は125℃まで
パルス・トランス	小型のトランス	巻き線に依存	トランスに依存	きれいな矩形波にはならない
ゲート・ドライバIC	高耐圧のモノリシックIC	0.2～4 A	～1200 V程度	小型，集積化が容易

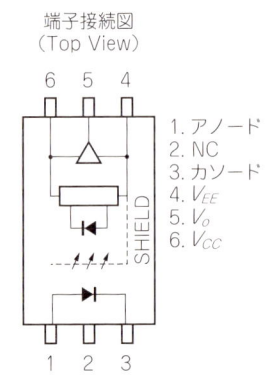

端子接続図 (Top View)

1. アノード
2. NC
3. カソード
4. V_{EE}
5. V_O
6. V_{CC}

瞬時同相除去電圧は急激な電圧変に対する耐量を保証するもの．
高速スイッチングの場合には重要な特性

電気的特性（特に指定のないかぎり V_{EE} = GND および「推奨動作条件」参照）（T_a = 125℃）

	項　目	略　号	条　件	MIN.	TYP.[注1]	MAX.	単位
発光	順電圧	V_F	I_F = 10 mA, T_A = 25℃	1.3	1.56	1.8	V
	逆電流	I_R	V_R = 3 V, T_A = 25℃			10	μA
	入力容量	C_{IN}	f = 1 MHz, V_F = 0 V		30		pF
受光	ハイ・レベル出力電流	I_{OH}	V_O = (V_{CC} - 4 V)[注2]	0.2			A
			V_O = (V_{CC} - 10 V)[注3]	0.4	0.7		
	ロウ・レベル出力電流	I_{OL}	V_O = (V_{EE} + 2.5 V)[注2]	0.2			A
			V_O = (V_{EE} + 10 V)[注3]	0.4	0.7		
	ハイ・レベル出力電圧	V_{OH}	I_F = 10 mA, I_O = 100 mA[注4]	V_{CC} - 3.0	V_{CC} - 1.7		V
	ロウ・レベル出力電圧	V_{OL}	I_F = 0 mA, I_O = 100 mA		0.4	1.0	V
	ハイ・レベル供給電流	I_{CCH}	I_F = 10 mA, I_O = 0 mA		1.2	2.0	mA
	ロウ・レベル供給電流	I_{CCL}	I_F = 0 mA, I_O = 0 mA		1.3	2.0	mA
伝達特性	スレッショホールド入力電流（L→H）	I_{FLH}	I_O = 0 mA, V_O > 5 V		2.1	5.0	mA
	スレッショホールド入力電圧（H→L）	V_{FHL}	I_O = 0 mA, V_O < 5 V	0.8			V

スイッチング特性（特に指定のないかぎり V_{EE} = GND および「推奨動作条件」参照）

項　目	略　号	条　件	MIN.	TYP.[注1]	MAX.	単位
伝達遅延時間（L→H）	t_{PLH}	R_g = 47 Ω, C_g = 3 nF, f = 50 kHz,	40	75	175	ns
伝達遅延時間（H→L）	t_{PHL}	Duty比 = 50%[注2], I_F = 10 mA,	40	90	175	ns
パルス幅ひずみ（PWD）	|t_{PHL} - t_{PLH}|	V_{CC} = 30 V			90	ns
2部品間の伝達遅延時間差（PDD）	t_{PHL} - t_{PLH}		-120		120	ns
立ち上がり時間	t_r				30	ns
立ち下がり時間	t_f				30	ns
瞬時同相除去電圧（出力：H）	|CM_H|	T_A = 25℃, I_F = 10 mA, V_{CC} = 30 V, V_{CM} = 1.5 kV	50			kV/μs
瞬時同相除去電圧（出力：L）	|CM_L|	T_A = 25℃, I_F = 0 mA, V_{CC} = 30 V, V_{CM} = 1.5 kV	50			kV/μs

2部品間の時間差保証

図38　IGBTゲート駆動用フォトカプラの特性例

● 小型軽量のゲート・ドライバICは小型化やモジュール化に一役

ハーフ・ブリッジ接続されたIGBTやMOSFETを駆動するドライバとして，IGBTゲート駆動用フォトカプラのほかに，高耐圧ゲート・ドライバICがあります（図40）．

高耐圧ハーフ・ブリッジ・ドライバは，一つの高耐圧ICの中に，グラウンド電位から数十～1200Vまで浮かせて使用できる上側駆動回路と，下側IGBTを駆動するロー・サイド駆動回路が集積されています．上側駆動回路へは高耐圧のレベル・シフタで，制御信号が伝えられます．

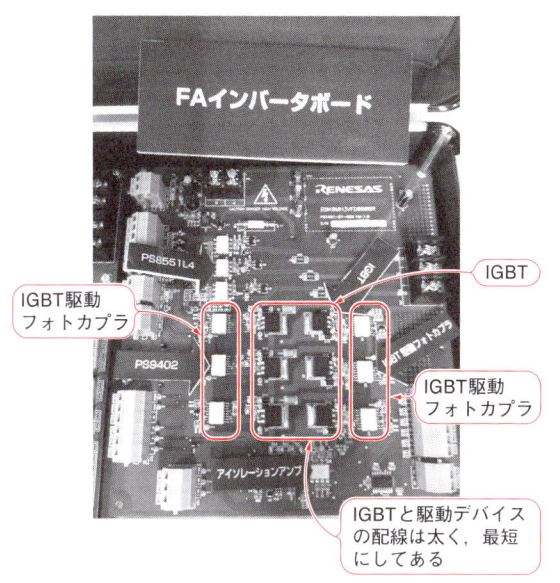

■ PS9905のおもな仕様
2.5A IGBTドライバ

	主要特性	単位
T_{stg}	$-40\sim+125$	℃
T_a	$-40\sim+110$	℃
B_V	7.5	KV$_{RMS}$
V_{IORM}	1600	V$_{peak}$
沿面距離	14.5	mm

1: N.C.
2: Anode
3: Cathode
4: N.C.
5: VEE
6: N.C.
7: Vo
8: Vcc

■ 外形
長沿面／小型パッケージ
13.8　1.27
6.4
14.5mm

■ 用途
・太陽光パワー・コンディショナ
・汎用インバータ
・ACサーボ，など

写真1　高電圧モータ駆動ボードのパワー段周辺

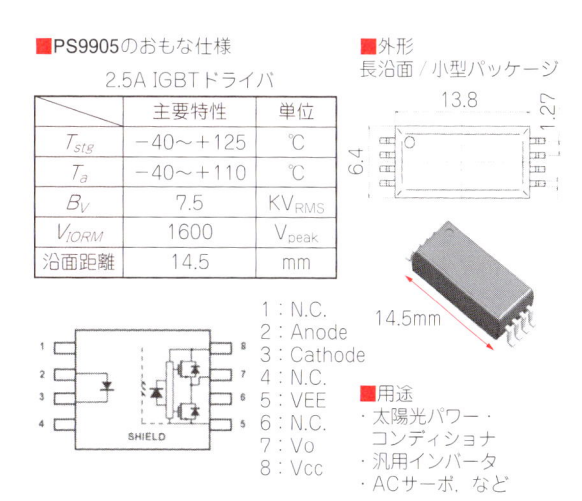

図39　長沿面距離パッケージ製品例

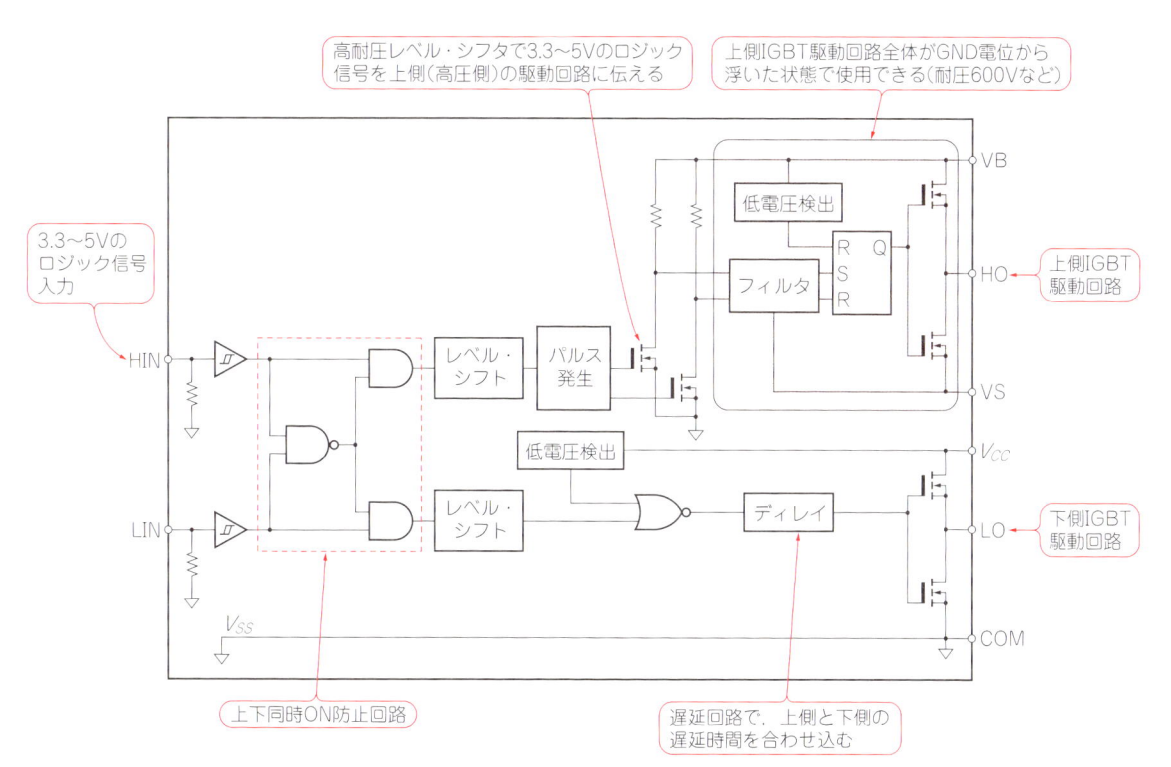

図40　ハーフ・ブリッジ・ドライバの内部構成

周辺アナログ回路の基本の基本　49

(a) ロー・サイドがON

（注: ブートストラップ容量を充電）

(b) ハイ・サイドがON

（注: ブートストラップ容量に溜まった電荷で上側駆動回路の電源を供給）

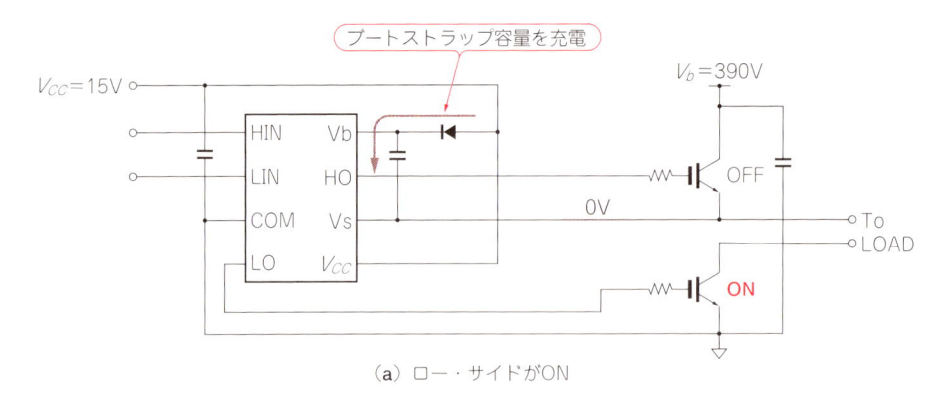

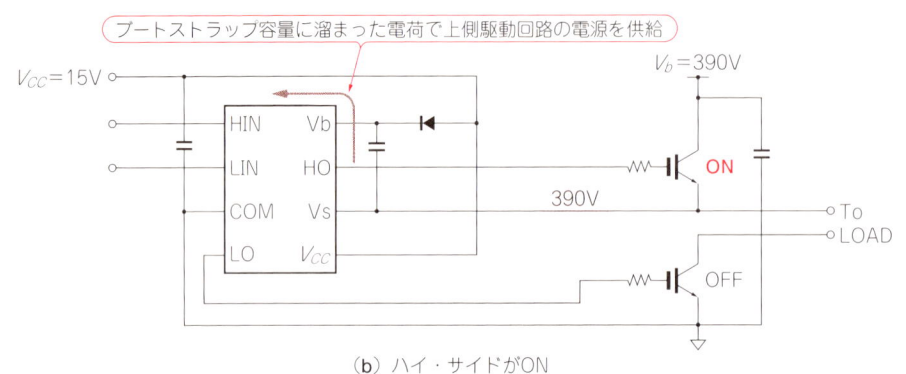

図41 高耐圧ドライバICとブートストラップ動作

ロー・サイドの回路には遅延回路が組み込まれ，上下の駆動回路の遅延時間を合わせ込んであります．同じICチップの中に構成されているため，遅延時間の精度が良く，小型にできます．IPM（Inteligent Power Module）などと呼ばれるパワー・モジュールに組み込む場合などに有利になります．反面，CMOS構造のICであるために，グラウンド電位以下の負電圧でラッチアップを起こす可能性がないわけではなく，保証された負電圧の範囲内で使用するように注意する必要があります．よく使われるIR社のIR2136の例では，負電圧耐量は−25Vまで保証されています．

また，高耐圧ハーフ・ブリッジ・ドライバICでは，図41のようなブートストラップ回路がよく使用されます．上側駆動回路の基準になるVS端子は，IGBTのON/OFF動作によってGND電位から電源電圧（390Vなど）まで変動します．そのため，上側の回路用に独立した別電源が必要になりますが，図41(a)のようにVS端子がGND電位のときにブートストラップ容量を充電しておき，図41(b)のようにVS端子が高電位になった期間には，この容量に蓄えられた電荷で上側駆動回路の電源を供給します．こうすることで，独立した別電源を省略し，シンプルな回路構成とすることができます．

*　　　　*　　　　*

ここまで，周辺アナログ回路のうち，特にキーになるIGBTやパワーMOSFETのゲート駆動回路をかいつまんで紹介しました．本記事がディジタル回路設計者の方にも，すこしでも参考になれば幸いです．

◆参考文献◆
(1) 宮崎 利裕：パワーMOSFETの特性と技術トレンド，グリーン・エレクトロニクスNo1，CQ出版社．
(2) IGBTアプリケーションノート：R07AN0001JJ0101，㈱ルネサス エレクトロニクス．

第4章

安定性の評価と位相補償のディジタル制御
初心者のためのフィードバック制御

鈴木 元章
Motoaki Suzuki

特集 マイコンによるディジタル制御電源の設計

　フィードバック制御では，出力を目標値に近づけるために，出力結果を入力側に戻して，出力に反映するというループを繰り返します．このループがきちんと設計されていないと，安定した出力は望めません．特に電源回路では，出力が安定せずに製品仕様よりも過大な電力が出力された場合には，重大な事故につながります．

　本章では，フィードバック制御を行うために必要な，安定性を保証するための評価方法を説明し，その評価方法に基づいた位相進み遅れ補償器のディジタル制御の設計をします．制御特性の設計や評価をする方法は，過渡応答や伝達関数から求める方法などがありますが，ここでは周波数特性を用い，制御特性の設計や評価を行います．

フィードバック制御について

　フィードバック制御とは，出力を入力側に戻す操作のことです．フィードバック制御のうち，出力と入力を比較し，差を取ることをネガティブ・フィードバック制御(負帰還制御)と呼びます．

　制御の世界では，一般的にネガティブ・フィードバック制御を使うため，ネガティブ・フィードバック制御を，単にフィードバック制御と呼ぶことがあります．ここでもそれに倣い，フィードバック制御と呼ぶこととします．

● フィードバック制御の目的
　フィードバック制御では，出力(制御量)を一定に保つために，図1のように，制御量と目標値を比較して誤差を検出し，制御器で操作量を調整することで制御対象の出力の増減を行います．このループの制御により，制御量が目標値に収束するように動作します．

● 負帰還制御とは
　フィードバック制御は，制御量の変動を制御器の入力に負帰還制御することが特徴です．この負帰還制御により，制御器は，目標値と制御量の偏差を少なくする方向に制御を行い，制御量の安定を保ちます．

　図1にある制御量や操作量などのループ内の情報に，遅延がなければ問題はありませんが，現実的には遅延が発生します．遅延時間が一定以上長くなると，ある周波数で，制御量が発散して不安定になる場合があります．周波数特性を見ることで，この制御量の発散が発生するかどうかを評価することができます．

制御工学の基礎知識

　フィードバック制御を評価するためには，制御工学の基礎知識が必要です．詳細は制御工学の専門書に任せるとして，ここでは本稿で使用する単語，記号の定義と簡単な説明をします．

● 伝達関数
　伝達関数は，入力と出力の関係を表す関数です．時間領域ではなく周波数領域における関係式となり，ラプラス演算子sで表されます．「すべての初期値をゼロにしたときの出力信号と入力信号の比」と定義され，入力を$Y(s)$，出力を$U(s)$とした場合，伝達関数$G(s)$は，式(1)で表されます．

$$G(s) = \frac{G(s)}{Y(s)} \cdots\cdots\cdots\cdots\cdots\cdots\cdots\cdots\cdots\cdots (1)$$

● ブロック線図
　ブロック線図は，信号の流れと各要素の機能を表し，四つの部品から構成されます．
(1) 矢印付きの線分：信号の流れを表す
(2) 要素：伝達関数で表す
(3) 加え合わせ点：信号の和／差を表す

図1 フィードバック制御のブロック線図

制御工学の基礎知識　51

(4) 引き出し点：信号の分岐を表す

　ブロック線図は，上記の(1)～(4)の部品を，記号を用いて，システムを図式化します．システムを図式化することで，信号の流れや機能を明確化でき，数式化された各要素は，その機能を定量的に評価することができます．図1に示したのは，フィードバック制御を表すブロック線図です．

　図1には，フィードバック制御で使われる用語も記されています．各用語の説明は以下です．
▶ 制御対象：文字どおり，制御の対象となるものです．電源制御では，電源回路が制御対象となります．
▶ 制御器：制御対象を操作し，制御対象の動作を安定させる機能をもちます．
▶ 目標値：制御量が目標とする値です．
▶ 偏差：目標値から制御量を引いた値です．偏差がゼロになるということは，制御量が目標に達したということです．制御器は，常にこの偏差がゼロになるように，操作量を調整します．
▶ 操作量：制御器からの出力，または制御対象への入力のことです．制御器はこの操作量を調節して，制御対象からの出力を調整します．
▶ 制御量：制御対象からの出力です．制御器からの入力で変化します．

● 周波数特性とボード線図

　周波数特性とは，ある周波数の正弦波を入力信号としたときに，出力信号の振幅と位相がどれだけ変化するかを表したものです．周波数特性を表現するには，ボード線図（Bode plot）を使います．

　ボード線図は，周波数と振幅の関係を表したゲイン線図と，周波数と位相の関係を表した位相線図の組み合わせで使われます．ボード線図の例として，図2のLCフィルタの周波数特性をボード線図で描いたものを図3に示します．

　このボード線図は共振周波数$\omega = 1.45\times10^3$［rad/sec］にピーク・ゲインをもち，位相が180°回る特徴を示しています．この例で示しているのはLC共振回路ですので，ボード線図はLC共振回路が共振点をもつことや，その周辺のゲインと位相の特徴を表しています．

　このLC回路のステップ応答は，図4になります．共振周波数で振動が発生しています．このように，ボード線図で表された周波数特性から，ステップ応答などの時間応答特性の概要も知ることができます．

フィードバック制御の周波数特性の評価

● 周波数特性の意味

　周波数特性とは，ある周波数の正弦波の入力と出力の関係ですが，我々が扱う信号は，すべてが正弦波ではありません．

　しかしながら，一般的に連続した繰り返し信号は，いくつかの周波数の正弦波の和として表現できます．これは，入力と出力の関係を表す周波数特性は，その正弦波の和で構成される信号の特性も表現できるということです．

● 安定性の目安

　フィードバック制御の安定性を評価するため，制御器に信号を入力してから，出力結果を入力側に戻すまでの周波数特性を評価します．図5に，信号を制御器に入力してから，出力結果を入力側に戻すまでのブロック線図を示します．

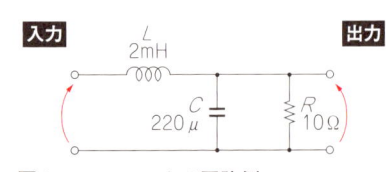

図2　LCフィルタの回路例

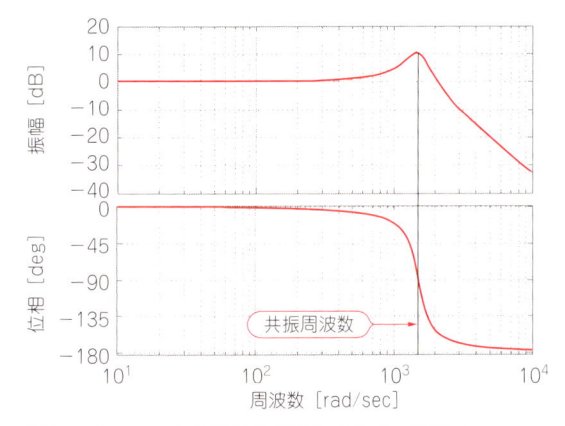

図3　LCフィルタの周波数特性を表すボード線図

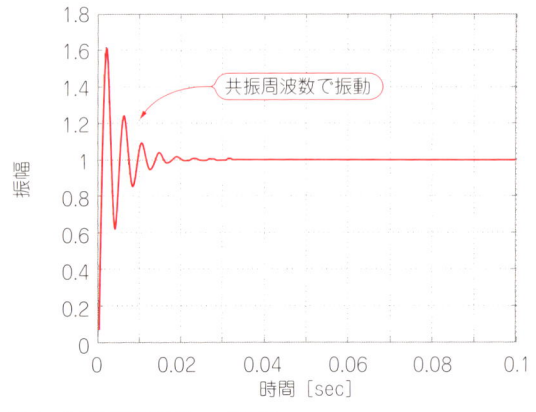

図4　LC回路のステップ応答

図5のブロック線図の伝達関数$G(s)$は，式(2)となります．

$$G(s) = G_C(s) \cdot G_P(s) \cdots\cdots\cdots\cdots (2)$$

伝達関数$G(s)$は，一巡伝達関数または開ループ伝達関数と呼ばれます．図5のブロック線図の伝達関数を開ループ伝達関数と呼ぶのに対して，図1のブロック線図の伝達関数は，図5のブロック線図のループを閉じた形なので，閉ループ伝達関数と呼ばれます．閉ループ伝達関数は，式(3)となります．

$$G(s) = \frac{G_C(s) \cdot G_P(s)}{1 + G_C(s) \cdot G_P(s)} \cdots\cdots\cdots\cdots (3)$$

安定性は，一巡伝達関数の周波数特性で評価することができます．

評価するポイントは，位相が180°遅れる信号のゲインが0 dBに対してどれだけ余裕（ゲイン余裕）があるか，ゲインが0 dBの信号の位相が180°に対してどれだけ余裕（位相余裕）があるかを求めます．

図6は，ゲインが0 dBより大きく，位相遅れが180°の正弦波を入力した例です．

図6で示すように，ゲインが0 dBより大きく，かつ，位相遅れが180°の正弦波を入力した場合，出力は発散し不安定になります．位相遅れ180°の周波数でゲインが0 dBよりできるだけ小さく，また，ゲインが0dBの周波数で位相遅れが180°よりできるだけ離れていれば，より安定した出力が得られます．

● 積分器を使ったフィードバック制御

それでは，一巡伝達関数のボード線図を確認しながら，簡単なフィードバック制御の設計をします．図2のLCフィルタを制御対象とし，制御器に簡単な積分器を使ったフィードバック制御を考えます．

▶安定性

積分器の伝達関数を式(4)，ボード線図を図7に示します．

$$G_C(s) = \frac{50}{s} \cdots\cdots\cdots\cdots (4)$$

ボード線図を見ると，ゲイン交差周波数を50 rad/sec，傾きが-20 dB/decのゲイン特性をもち，-90°の一定な位相特性をもちます．

制御対象のLCフィルタのステップ応答の図4は，共振周波数$\omega = 1.45 \times 10^3$ [rad/sec]で振動していたので，共振周波数でゲインが十分にマイナスになるように積分器を設定しました．また，積分器のゲイン交差周波数は，伝達関数の式(4)の分子の値になります．

積分器とLCフィルタを直列結合した一巡伝達関数のボード線図を，図8に記します．

一巡伝達関数のボード線図より，ゲイン余裕と位相余裕を確認すると，以下になります．

　　ゲイン余裕：19.2 dB，位相余裕：89.4°

ゲイン余裕，位相余裕ともにプラスなので，このフィードバック制御の出力は安定です．図9にステップ応答を示します．フィードバック制御が安定であり，ステップ応答に振動は見られません．

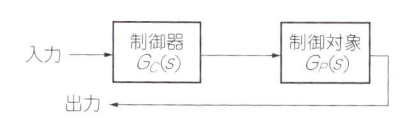

図5　信号を制御器に入力して出力結果を入力側に戻すまでのブロック線図

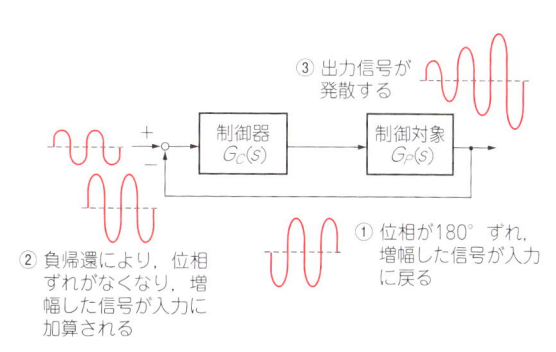

図6　出力が発散する様子

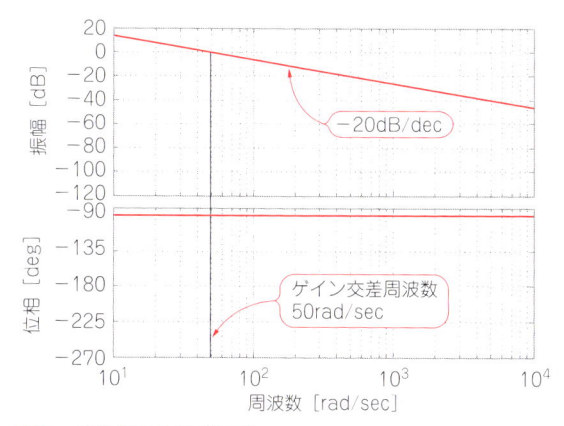

図7　積分器の周波数特性

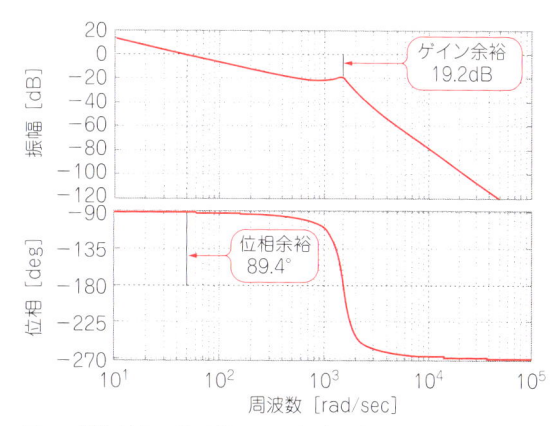

図8　制御対象＋積分器の一巡伝達関数の周波数特性

フィードバック制御の周波数特性の評価

▶応答性

　安定性以外の制御器の性能には，応答性があげられます．応答性とは，出力が目標値に対してどれだけ早く追従できるかを表します．応答性の良い制御は，出力の変動などに素早く追従できる制御とも言えます．応答性の評価も，安定性の評価と同じく，周波数特性で評価できます．

　それでは，安定性が確認できている式(4)の伝達関数の積分器を元に，応答性の改善を図ります．積分器のゲイン交差周波数を100 rad/secに設定し，応答特性を改善させます．制御器の伝達関数は式(5)となります．

$$G_C(s) = \frac{100}{s} \quad \cdots\cdots\cdots\cdots\cdots (5)$$

　一巡伝達関数のボード線図を図10に，ステップ応答を図11に示します．ステップ応答を確認すると，図9と比較して，ステップ応答の立ち上がりが早くなり，応答性が良くなったと言えます．ボード線図より，ゲイン余裕と位相余裕を確認すると，以下になり，安定性も保たれています．

ゲイン余裕：13.2 dB，位相余裕：88.8°

　さらに応答性を良くするために，積分器のゲイン交差周波数を500 rad/secと設定します．ボード線図は図12となります．ボード線図より，ゲイン余裕，位相余裕ともにマイナスになって安定性が損なわれています．

ゲイン余裕：-0.104 dB，位相余裕：-2.13°

　このときのステップ応答は，図13になります．出力が発散し不安定になっています．

　このように，応答性をよくするためには，一巡伝達関数の制御帯域を広げて，ゲインを大きくする必要があります．一方，ゲインを高くすると，応答性が良くなる代わりに，前述の安定性の評価で示したように，安定性が損なわれる恐れがあります．安定性と応答性は，一般的に相反するもので，そのバランスを取ることが制御器の設計ともいえます．

マイコンで発生する制御の遅れ

　定電圧を出力するスイッチング電源の制御を例にし

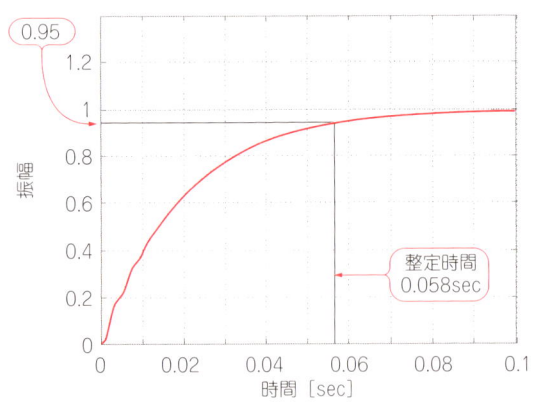

図9　制御対象＋積分器のステップ応答

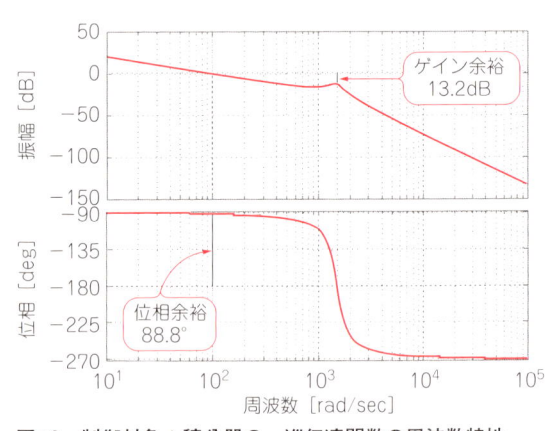

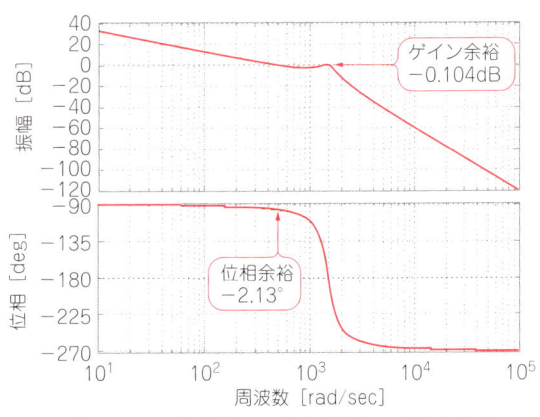

図10　制御対象＋積分器の一巡伝達関数の周波数特性
積分器のゲイン交差周波数を100 rad/secに設定

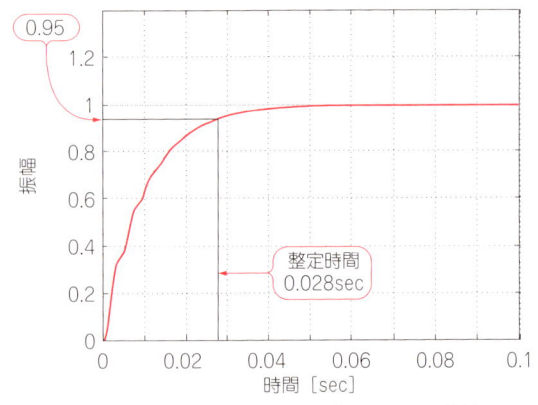

図11　制御対象＋積分器の閉ループのステップ応答
積分器のゲイン交差周波数を100 rad/secに設定

図12　制御対象＋積分器の一巡伝達関数の周波数特性
積分器のゲイン交差周波数を500 rad/secに設定

た場合，制御する電源回路は，アナログ回路を使ったフィードバック制御も，マイコンを使ったフィードバック制御も変わりはありません．しかし，出力を取り込み，スイッチング波形を生成する制御器に大きな違いがあり，この違いはループ内の遅れとなり，制御特性に影響を与えます．

マイコンを使ってスイッチング電源を制御する場合，制御器は大きく三つのブロックに分けられます．

▶ A-D変換器：出力電圧を安定化させるために，出力電圧の電圧値を一定のサンプリング周期で計測します．出力電圧はA-D変換器で計測されます．

▶ 演算器：計測された出力電力は，演算器により，出力電圧と目標電圧の差が計算されます．この差がなくなるように，PWMのONとOFFの時間比率を調整します．

▶ PWM：スイッチング・デバイスへ，パルス信号を出力します．

A-D変換器で電圧を計測し，PWMに出力するまでにはある時間が必要となり，少なくともPWMの1周期以上の遅れが発生します．この遅れは，周波数特性の位相の遅れとなり，周波数が高くなるに連れて，位相の遅れが大きくなります．

位相の遅れは，制御の安定性に影響し，安定性を損なう要因となります．制御の特性から考えると，遅れは短ければ特性が良くなります．つまり，A-D変換時間と制御演算時間はできるだけ短いほうがよく，ディジタル制御器にマイコンを使う場合は，A-D変換時間と制御演算時間を考慮してマイコンを選定する必要があります．

位相進み/遅れ補償器のディジタル制御設計

前節で積分器を使った制御器を設計しましたが，本節では，単純な積分器よりも良い特性を得られる「位相進み/遅れ補償器」を使い，マイコンのソフトウェアで制御できるディジタル制御の設計をします．制御対象は，前節で使用したLCフィルタを例にします．

前節までで扱っていた伝達関数は，すべて連続空間（アナログ）で表した伝達関数です．ディジタル制御の設計では，離散空間（ディジタル）での設計が必要となります．ここでは，ディジタル制御の設計方法として，連続空間（アナログ）で設計し，それを離散化した結果を確認します．

● 位相遅れ進み補償器

位相進み遅れ補償器の伝達関数 $G_C(s)$ は式(6)となります．

$$G_C = G_{DC} \frac{\left(1+\dfrac{s}{\omega_{zi}}\right)\left(1+\dfrac{s}{\omega_{zd}}\right)}{\left(1+\dfrac{s}{\omega_{pi}}\right)\left(1+\dfrac{s}{\omega_{pd}}\right)} \quad \cdots\cdots(6)$$

● 直流ゲイン

式(6)の G_{DC} は直流ゲインと呼ばれます．直流ゲインを大きくすることで，応答性や定常特性を改善することが可能です．

● 位相進み補償器

位相進み補償器の伝達関数は式(7)となり，ボード線図は図14となります．

ω_{zi} [rad/sec]は位相進み補償器のゼロ周波数，ω_{pi} [rad/sec]は位相進み補償器のポール周波数と呼ばれ，これらの周波数によって補償器のゲイン特性と位相特性が決まります．

$$\frac{\left(1+\dfrac{s}{\omega_{zi}}\right)}{\left(1+\dfrac{s}{\omega_{pi}}\right)} \quad \cdots\cdots\cdots\cdots\cdots\cdots\cdots\cdots\cdots\cdots(7)$$

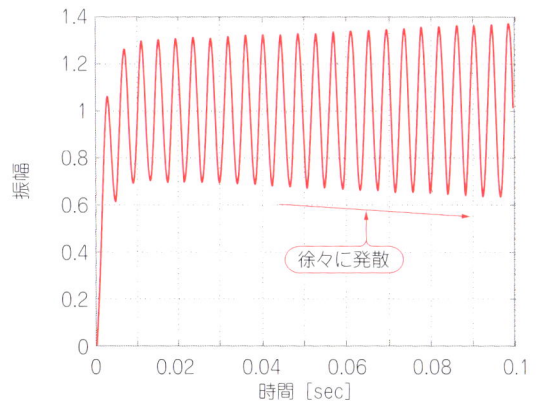

図13 制御対象＋積分器の閉ループのステップ応答
積分器のゲイン交差周波数を 500 rad/sec に設定

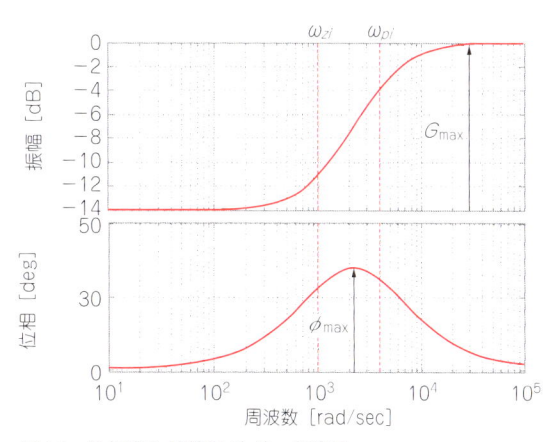

図14 位相進み補償器のボード線図

位相進み/遅れ補償器のディジタル制御設計

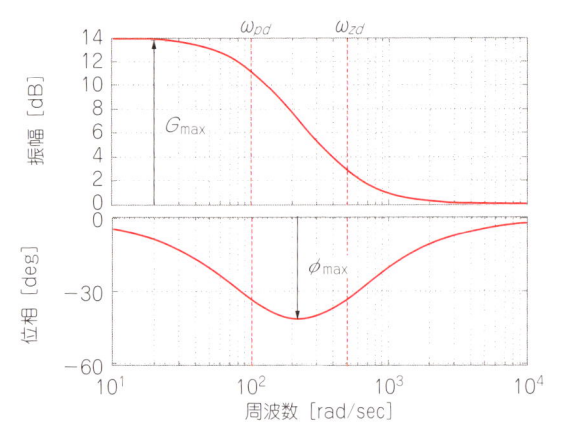

図15 位相遅れ補償器のボード線図

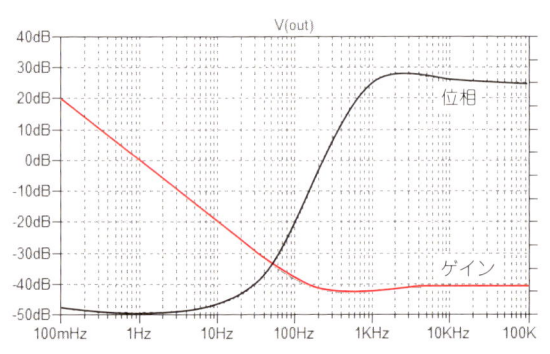

図17 連続空間で設計した位相進み/遅れ補償器のボード線図

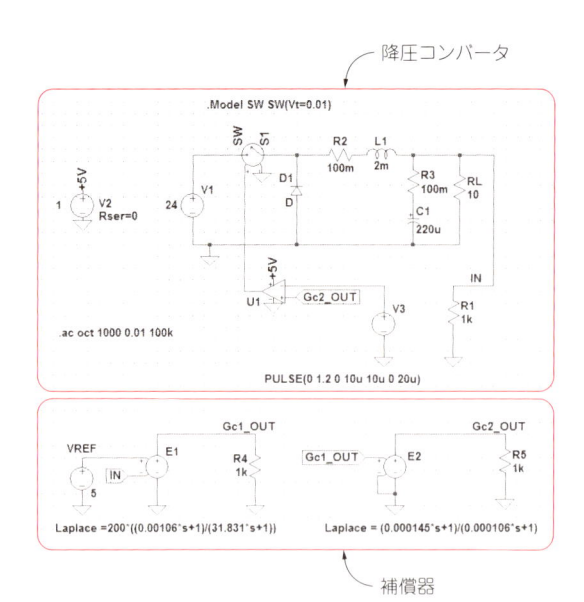

図16 LTspiceでのモデル

位相進み補償器は，周波数ω_{max}で最大ϕ_{max}の位相余裕を増加させます．これにより，直流ゲインで応答性を改善したあとに，不足した位相余裕を回復させることが可能となります．

$$\omega_{max} = \frac{1}{\sqrt{\frac{1}{\omega_{pi}\omega_{zi}}}}$$

$$\phi_{max} = \sin^{-1}\frac{\frac{\omega_{pi}}{\omega_{zi}} - 1}{\frac{\omega_{pi}}{\omega_{zi}} + 1}$$

また，ω_{zi}とω_{pi}を折れ点とし，高周波のゲインを増加させます．

$$G_{max} = 20\log\left(\frac{\omega_{pi}}{\omega_{zi}}\right)$$

● 位相遅れ補償器

位相遅れ補償器の伝達関数は式(8)となり，ボード線図は図15となります．

ω_{zd} [rad/sec] は位相遅れ補償器のゼロ周波数，ω_{pd} [rad/sec] は位相進み補償器のポール周波数と呼ばれ，これらの周波数によって補償器のゲイン特性と位相特性が決まります．

$$\frac{\left(1 + \frac{s}{\omega_{zd}}\right)}{\left(1 + \frac{s}{\omega_{pd}}\right)} \cdots\cdots\cdots (8)$$

位相遅れ補償器は，ω_{zd}とω_{pd}を折れ点とし，低周波のゲインを最大G_{max}増加させます．低周波数帯のゲインを大きくすることで，定常偏差を小さくします．

位相遅れ補償は，位相余裕を減少させるため，安定性を損なわないように，値を設計する必要があります．図2のLCフィルタを例にすると，共振周波数$\omega = 1.45 \times 10^3$ [rad/sec] 付近から上の周波数帯域で，傾き20/degで位相が減少します．この周波数帯域で位相余裕を減少させると，安定性を損なう恐れがあるので，位相遅れ補償の零点を，制御対象の共振周波数$\omega = 1.45 \times 10^3$ [rad/sec] よりも小さく設定します．

● LTspiceによる連続系のシミュレーション

連続空間で設計した位相進み/遅れ補償器の設計結果を，シミュレーションします．ここでは，連続系のシミュレータとしてLTspiceを使用します．LTspiceとは，リニアテクノロジー社が提供するSpice系電子回路シミュレータです．

LTspiceで作成した降圧コンバータ・モデルを図16に示します．連続空間で設計した位相進み/遅れ補償器の伝達関数は，式(9)となり，ボード線図は図17となります．

$$G_C = 200 \times \frac{(1 + 0.00106s)(1 + 0.000145s)}{(1 + 31.831s)(1 + 0.000106s)} \cdots (9)$$

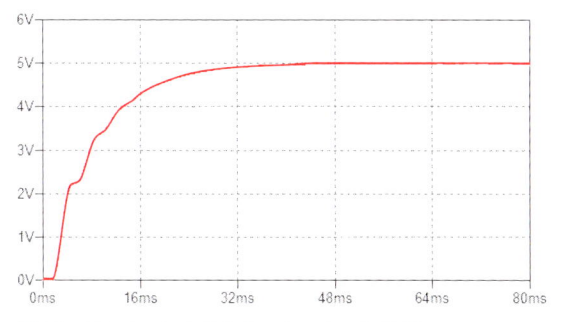

図18 LTspiceによるシミュレーション結果

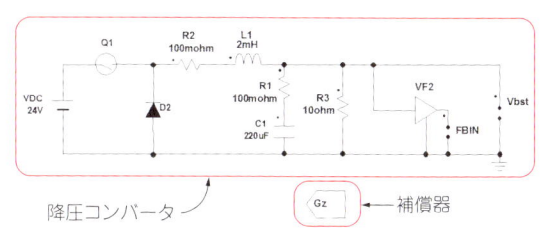

図19 SCATで作成したモデル

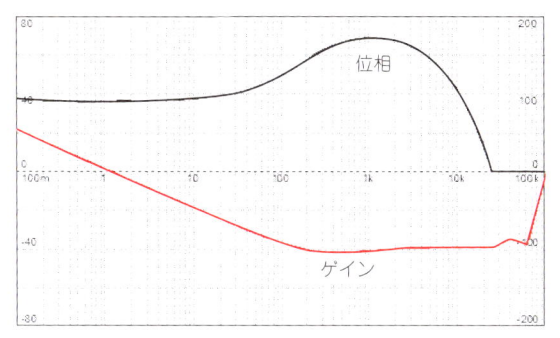

図20 周波数特性

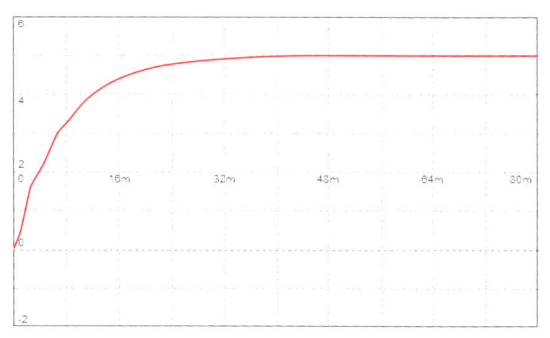

図21 離散化した補償器をモデルに接続して取得した出力電圧波形

このモデルは，入力電圧24Vから出力電圧5Vに降圧するモデル例です．設計した式(9)の制御器をモデルに実装して出力電圧波形を確認します．出力波形を図18に示します．時定数は約8ms，整定時間は約50msです．オーバーシュートもなく，定常偏差も少ない安定した制御といえます．

● SCATによる離散系のシミュレーション

次に，前項と同様の方法で，離散空間で設計した位相進み遅れ補償器の設計結果をシミュレーションし，連続系のシミュレーション結果と比較します．

離散系のシミュレーションには，㈱計測技術研究所のSCATを使います．SCATで作成したモデルを図19に示します．図19中のG_zが離散空間の補償器で，このブロックの中に出力電圧の検出処理，離散系の伝達関数，スイッチング信号の更新処理が組み込んであります．

まず，連続空間で設計した位相進み遅れ補償器を離散化してみます．離散化にはいくつかの方法がありますが，本稿では双一次変換を用いて離散化します．双一次変換で離散化した伝達関数は，式(9)中のsを，

$$\frac{2}{T_S}\frac{1-z^{-1}}{1+z^{-1}} \cdots\cdots\cdots (8)$$

に置き換えることで得られます．式中のT_Sはサンプリング周期です．双一次変換で式(9)を離散化した伝達関数は，式(10)となり，ボード線図は図20となります．

$$G_z = 200 \times \frac{(a - a \times z^{-1})(1.336 - 1.164 \times z^{-1})}{(1 - z^{-1})(1 - 0.8276 \times z^{-1})}$$
$$a = 0.000033 \cdots\cdots\cdots\cdots\cdots (10)$$

連続空間で設計した周波数特性と比較すると，位相が180°反転しています．これは，SCATで周波数特性を確認した際に負帰還で実行したためです．それを踏まえたうえで比較してみると，ある周波数より高い領域を除いて，大きな違いは見られません．不一致が現れる周波数より高い領域は，サンプリング定理により離散化によって再現できなくなった領域です．この領域はゲインが大きくマイナスになっているため，応答に影響がない領域といえます．

次に，離散化した補償器をモデルに接続して取得した出力電圧波形を図21に示します．図18と比較すると，シミュレーション開始直後の波形に少し差がありますが，LTSpiceとSCATのモデルで採用したスイッチング部の違いによって現れた特性です．時定数は約8ms，整定時間は約50msとなり，連続系と同じシミュレーション結果になりました．

このように，離散空間で設計した補償器を使用してモデルを評価するには離散系のシミュレータを使用したほうがより正確ですが，連続系のシミュレータを使用しても同じように評価することができます．

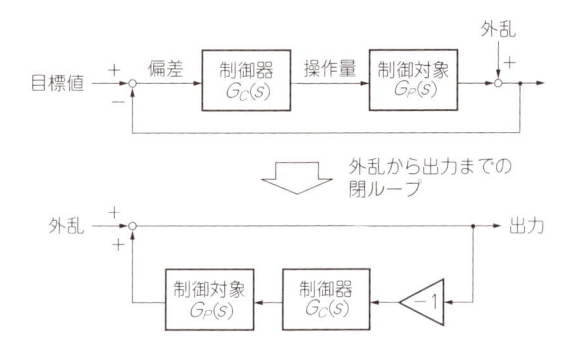

図22 外乱のある制御ループのブロック線図

その他の制御性能を改善する手段

● スイッチング周波数の高周波数化

制御器の制御帯域は，帯域が広いほうがより特性の良い制御と言えます．制御器の制御帯域は，サンプリング定理により，制御器のサンプリング周波数の1/2以上の帯域で制限され，また，スイッチング周波数以上の周波数でサンプリングしても出力に反映されません．よって，制御器の制御帯域は，スイッチング周波数の1/2の周波数で制限されます．

スイッチング周波数の高周波化によって，制御器の制御帯域は広げられ，高品質な出力電力が得られるようになります．

制御特性のほかに，スイッチング周波数の高周波化により得られるメリットとして以下のようなことが挙げられます．

(1) 各スイッチング周期内で変化する電力を抑えることができ，インダクタやキャパシタなどの部品を小型化，軽量化することができる
(2) スイッチング周波数が可聴周波数領域を越えると，フィルタや高周波トランスの磁歪などによる騒音が発生せず，低騒音化が実現できる

このように，高周波化によって得られるメリットは多く，価格面，機能面で大きな効果が得られます．

一方，高周波化によるデメリットもあります．制御特性を上げるには，より高速な性能をもつ演算器が必要となります．また，一定の期間に発生するスイッチング回数が増えることで，スイッチング損失が増加し，変換効率を低下させ，ノイズの発生源にもなります．

● 外乱に対する周波数特性

実際の制御対象では，出力を乱す外的な要因（外乱）が発生し，制御に影響を与えます．例えば，電源回路では回路上のノイズや接続先の負荷の変動などの外乱が発生し，出力が不安定になることがあります．ここでは，フィードバック制御での外乱の影響を考えます．

図22は，図1のブロック線図に外乱を加えたものです．外乱から出力までの伝達関数は，式(11)となります．

$$G_{QR}(s) = \frac{1}{1 + G_C(s) \cdot G_P(s)} \quad \cdots\cdots\cdots\cdots (11)$$

出力に対して，外乱の影響を小さくするには，$G_{QR}(s)$のゲインを小さくすることで可能です．$G_{QR}(s)$のゲインを小さくするとは，このフィードバック制御の一巡伝達関数$G_C(s) \cdot G_P(s)$のゲインを大きくすることと同じです．つまり，外乱の影響を小さくしようとすると，安定性が悪くなります．

このように，今回の例にしたフィードバック制御（制御器を制御対象に直列につなげるため直列補償と呼ばれる）では，安定性と外乱の影響はトレードオフの関係であり，それぞれ独立に設計することはできません．これを改善するためには，ループの構造を変えたり，フィードフォワード制御を加えたりするなど，より複雑な制御を行う必要があります．また，目標応答特性と外乱応答特性を独立して設計できる，2自由度制御と呼ばれる制御方法などもあります．

まとめ

フィードバック制御の特性は，まずはボード線図を見ることが基本と考え，基礎として周波数特性の基本的な知識を説明し，それに基づいたフィードバック制御の設計方法を記しました．

近年，本稿でも取り上げたディジタル制御によって，アナログ制御では困難だった複雑な制御が可能になると言われています．最後に取り上げた外乱に対する制御なども，ディジタル制御によって効果的な方法が適用されると考えられます．

第5章

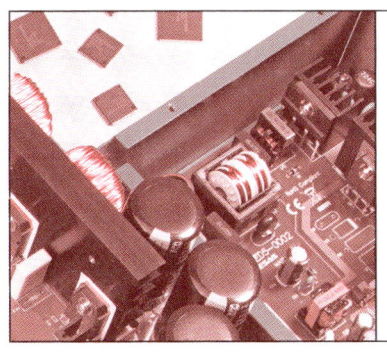

統合開発環境CubeSuite＋と
オンチップ・デバッギング・エミュレータE1

ディジタル制御電源に最適な ソフトウェア開発環境

福田 圭介
Fukuda Keisuke

マイコンを用いて回路などを制御する場合は，プログラムを作成してマイコンへ書き込む必要があります．プログラムを作成するためには，エディタやコンパイラ，デバッガおよびエミュレータなどのツールが必要になります．また，マイコンへの書き込みには，フラッシュ・プログラマといったツールが必要になります．

本稿では，それのツールのうち，ソフトウェア・ツールを統合した開発環境CubeSuite＋や，フラッシュROMへの書き込み，デバッグ機能を有したオンチップ・デバッギング・エミュレータE1といった開発ツールと，その使用方法を紹介します．

マイコン開発に必要な工程やツール

まず，マイコンを使ったシステムを開発するうえで必要な工程を表1に示します．仕様検討，設計/開発，デバッグ/評価，量産の四つの工程に分けることができます．開発を実施するにはさまざまなツールを使用しますが，各工程で必要なツールが異なります．

例えば，設計/開発工程では，C言語などのプログラミング言語を記述するエディタや，プログラミング言語をマイコンが理解できる機械語に変換するコンパイラなどが挙げられます．

デバッグ/評価の工程では，デバッグを行う際にマイコンを実装したセットとユーザのパソコンを接続するエミュレータや，エミュレータを動作させるためのデバッガなどが挙げられます．

エディタやコンパイラ，デバッガといったソフトウェア・ツールは，統合開発環境として統合されているのが一般的です．

プログラム開発の流れ

もう少し具体的にプログラム開発の手順を説明します．図1に開発手順を示します．

● 仕様検討

まず，ユーザ・システムにどのような機能を実装するのかを検討します．次に，検討した機能を実現するために，ボードなどのハードウェア仕様と，使用するマイコンの周辺機能の設定方法を検討します．

また，マイコンを動かすために必要なプログラムを

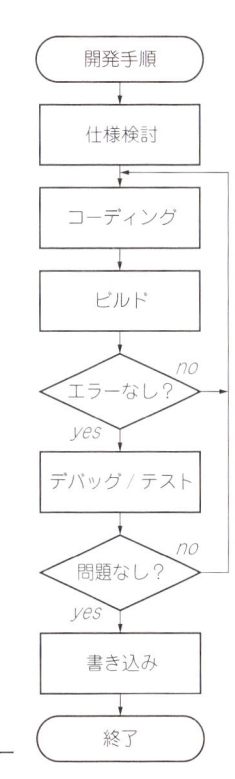

表1 マイコン開発工程とツール例

工程	ソフトウェア・ツール	ハードウェア・ツール
仕様検討	ソフトウェア自動生成ツール	—
設計/開発	エディタ コンパイラ	—
デバッグ/評価	デバッガ シミュレータ	エミュレータ ターゲット・ボード
量産	—	プログラマ

(統合開発環境で統合されていることが多い)

図1
開発手順のフロー

開発手順 → 仕様検討 → コーディング → ビルド → エラーなし？ (no→コーディング, yes↓) → デバッグ/テスト → 問題なし？ (no→コーディング, yes↓) → 書き込み → 終了

出力するソフトウェア自動生成ツールを使い，周辺機能のプログラムを用意しておくと，次のコーディング作業の効率が上がることがあります．

● コーディング

仕様が決まったら，C言語などを使用してプログラムを作成します．この作業をコーディングといい，エディタを使って実施します．

● ビルド

コーディングが終了したら，機械語に変換するためにビルドを実行します．ビルドは，コンパイラやアセンブラによって実行されます．

もし誤った文法でコーディングした箇所があると，ビルドは正常に終了せず，コンパイラなどがエラーを出力します．そのときはエラーと判定された箇所を修正し，再度ビルドを実行します．ビルドが正常に終了するまで，これを繰り返します．

● デバッグ，テスト

ビルドが正常に終了したら，ユーザ・パソコンとユーザ・システムをエミュレータで接続し，デバッガを用いてプログラムが仕様どおりに動作しているかを確認します．

動作に問題がある場合は，デバッガ上で原因を調査し，プログラムを修正します．この作業をデバッグといいます．デバッグが終了したら，システム全体として仕様を満たしているかテストします．

● プログラムの書き込み

デバッガを使用したテストを完了し，システムとして動作が問題ないようであれば，プログラマを使用して作成したプログラムをマイコンへ書き込みます．

マイコンへプログラムを書き込んだ後，エミュレータを接続せずにシステムを動作させて最終テストを行い，問題がなければ開発は完了です．

ディジタル電源開発をサポートする開発環境

これまで，マイコンを使用したプログラム開発においては，開発工程ごとにさまざまな開発ツールが必要であることを説明しました．マイコン制御によるディジタル電源開発でも同じことが言えます．そのため，複数のツールを統合して効率よく開発を進められるような環境が求められます．

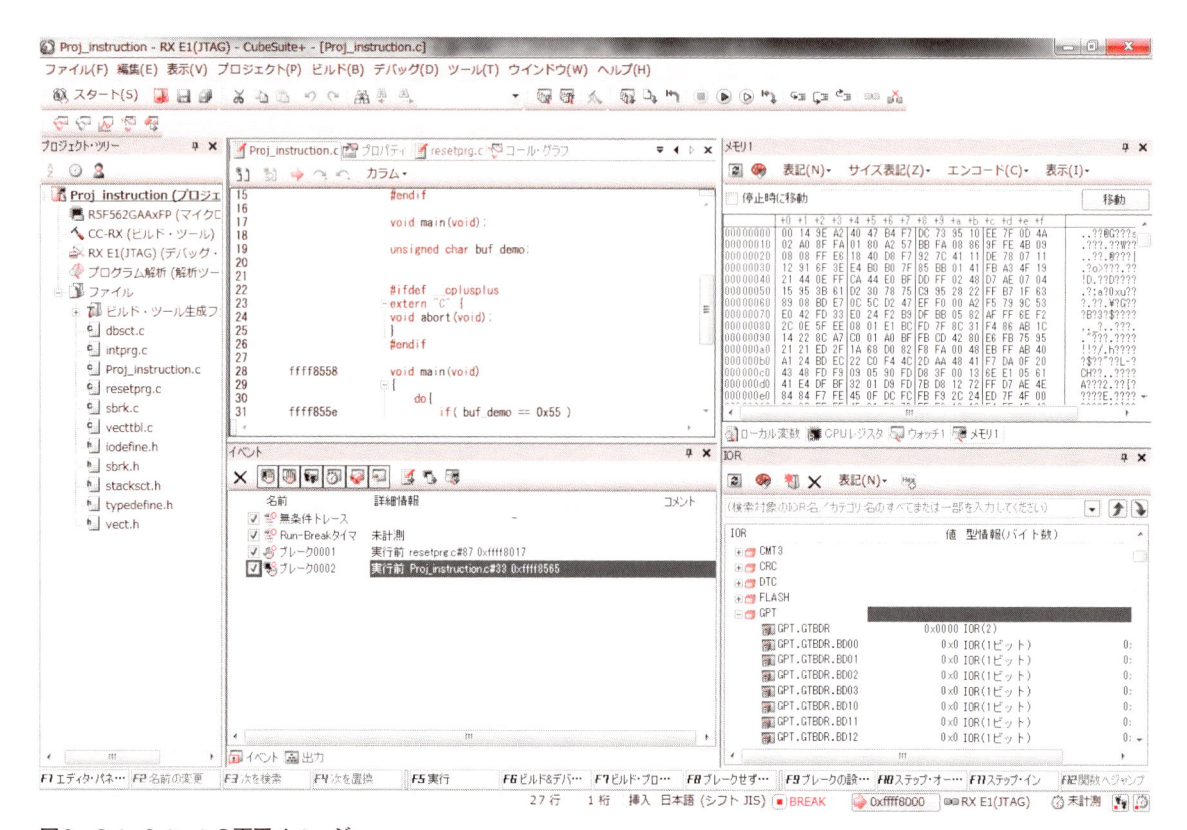

図2　CubeSuite＋の画面イメージ

● 組み込みシステム開発全体を強力に支援する統合開発環境CubeSuite＋

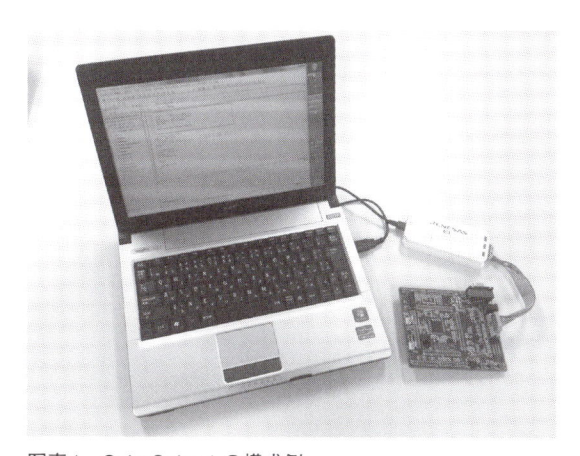

"CubeSuite＋"は，ルネサス純正の統合開発環境で，コーディングからビルド／デバッグに至るまで，アプリケーション開発に必要なソフトウェア・ツールを統合した製品です．本製品は一度インストールするだけですぐ使用できる状態になります．

RXファミリやRL78ファミリ，V850，78K0R，78K0などのルネサス社のマイコンをサポートしています．これに加えて，E1などのハードウェア・ツールと組み合わせることで，より高度なデバッグにも対応できます．

図2にCubeSuite＋の画面イメージを，写真1に構成例を示します．

● ルネサス主要マイコンに対応したオンチップ・デバッギング・エミュレータE1

写真2のE1は，ルネサス社の主要マイコンに対応しており，基本的なデバッグ機能を有した低価格の購入しやすい開発ツールで，フラッシュ・プログラマとしても使用可能なオンチップ・デバッギング・エミュレータです．

前述のCubeSuite＋と組み合わせて使用すれば，デバッガとして使用することができます．また，ユーザ・システムとの接続が簡単なため，小規模開発やマイコン評価などにとても有効です．

E1をより便利に使用するために，さまざまな変換コネクタも用意されています．エミュレータ接続用コネクタのピン数やピッチを変換する変換コネクタや，ユーザ・システムとホスト・パソコンのGND間に電位差がある場合に使用するアイソレータなどがあります．特にアイソレータは，ディジタル電源開発において，ユーザ・パソコンとターゲット・ボードを絶縁することができるため効果的です．写真3にアイソレータの外観を示します．

● CubeSuite＋，E1，CPUボードを1パッケージにしたRenesas Starter Kit

Renesas Starter Kitは，統合開発環境，エミュレータ，そしてマイコンを実装したCPUボードが同梱されているため，本キットを用意するだけで実開発と同様にコーディングやデバッグが行えます（写真4）．ラインアップも豊富なため，さまざまなマイコンの評価や初期開発を行うことができます．

また，フラッシュ書き込みソフトウェアを使用して，CPUボード上のマイコンへプログラムすることも可能です．

写真1　CubeSuite＋の構成例

写真2　オンチップ・デバッギング・エミュレータE1の外観

写真3　E1用アイソレータの外観

ディジタル電源開発をサポートする開発環境

写真4　Renesas Starter Kit

CubeSuite＋とE1を組み合わせた開発手法

　統合開発環境のCubeSuite＋とオンチップ・デバッギング・エミュレータE1を用いた開発手法を説明します．開発を行うためには，まずCubeSuite＋上にプロジェクトを作成し，C言語ソース・ファイルを作成したプロジェクトへ登録する必要があります．そして，プロジェクトに登録されたファイルをビルドし，マイコンへ書き込むためのロード・モジュール・ファイルを作成します．

　それでは，ロード・モジュール・ファイル作成までを順番に説明していきます．ここでは，すでにCubeSuite＋がユーザ・パソコンにインストールされていると仮定して説明します．

● 新しいプロジェクトを作成する

　プログラムを作成するまえに，まずはCubeSuite＋上にプロジェクトを作成します．図3のスタート画面の「新しいプロジェクトを作成する」欄にある［GO］ボタンをクリックします．

　次に，表示されたプロジェクト作成ウィンドウより使用するマイコン（図中では「マイクロコントローラ」と表記）を選択します．ここでは，例としてRXを選択します．するとCubeSuite＋がサポートするRXファミリの型番一覧が，「使用するマイクロコントローラ」エリアに表示されます．例として，図4ではRX62GグループのR5F562GAAxFPを選択します．

　使用するマイコンを選択したら，プロジェクトの種類，プロジェクト名，プロジェクトの作成場所を指定します．図4に設定例を示します．例では「プロジェクトの種類」に「アプリケーション」を指定します．CubeSuite＋が提供するビルド・ツールを使用してC言語ソース・ファイルからロード・モジュール・ファイルを生成する場合に選択します．

　また，スタートアップ・ファイルやCPU周辺機能のレジスタ定義ファイルなどを自動で生成します．入力を完了し，［作成］ボタンをクリックすると新規プロジェクトを生成します．

● プロジェクトをビルドする

　プロジェクトの作成を完了すると，図5のように，画面左側のプロジェクト・ツリーに自動生成されたファイルが登録されています．ここに登録されたファイルがビルド対象になります．

　ユーザが作成したC言語ソース・ファイルをビルドする場合には，エクスプローラなどから追加するファイルをプロジェクト・ツリーの空白部分にドラッグ＆ドロップします．フォルダ単位で行うことも可能です．

　図6のように，プロジェクト・ツリーのビルド・ツールを選択すると，共通オプションやコンパイル・オ

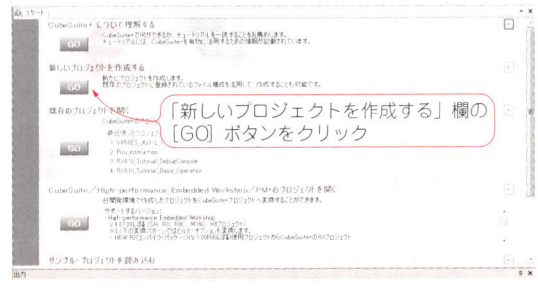

図3　スタート画面

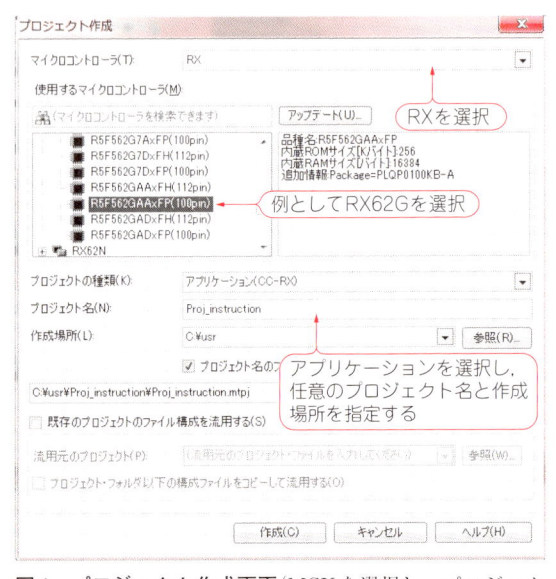

図4　プロジェクト作成画面（MCUを選択し，プロジェクト内容を指定する）

62　第5章　ディジタル制御電源に最適なソフトウェア開発環境

プションなどの一覧が表示されます．プロジェクトへC言語ソース・ファイルを登録後，ユーザの環境に合わせて設定を変更します．

オプションの設定が終了したらビルドを実行します．図7は，リビルドを実行した際の出力情報です．リビルドは，プロジェクトに登録したファイルをすべてビルドします．このほかにも更新したファイルのみのビルドや，プロジェクトに登録したファイルを更新した際に自動的にビルドを実行するラピッド・ビルドなどがあります．

もし，ビルド実行後にエラーが出力された場合は，該当箇所を修正したあとに再度ビルドを実行します．すべてのエラーを修正するとビルドが正常に終了し，ロード・モジュール・ファイルが生成されます．

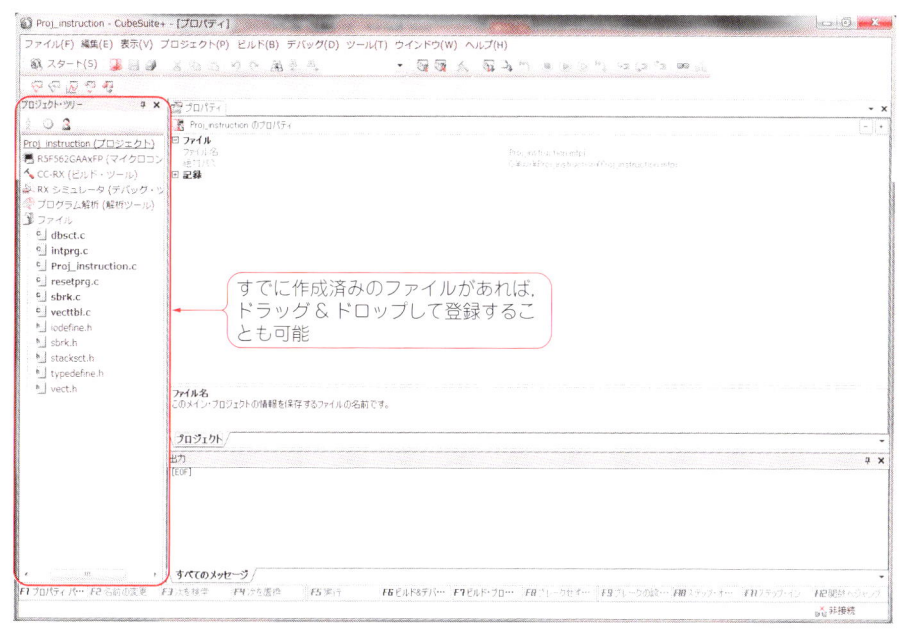

図5　ビルド対象ファイルの登録

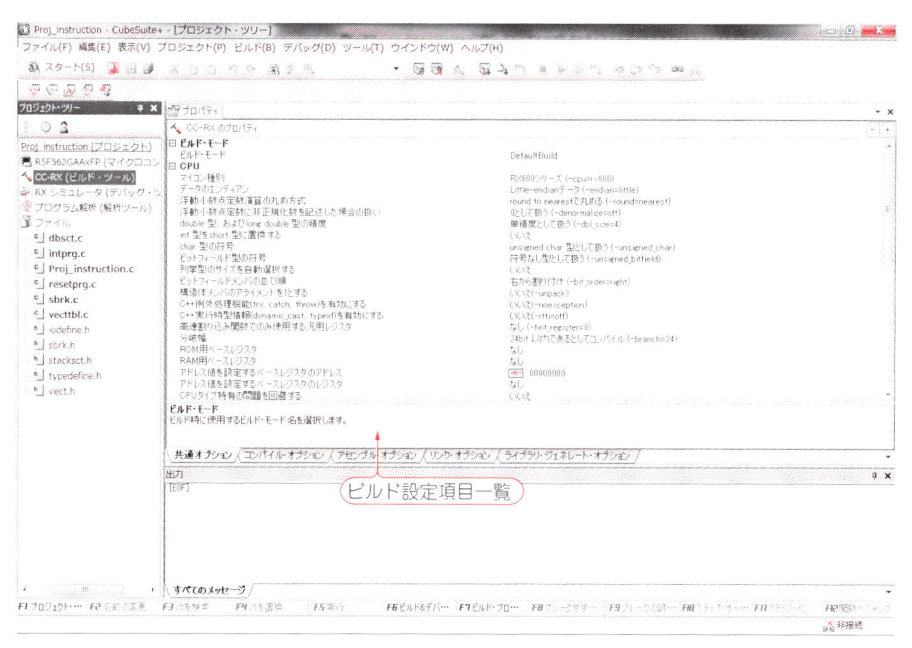

図6　オプション設定一覧

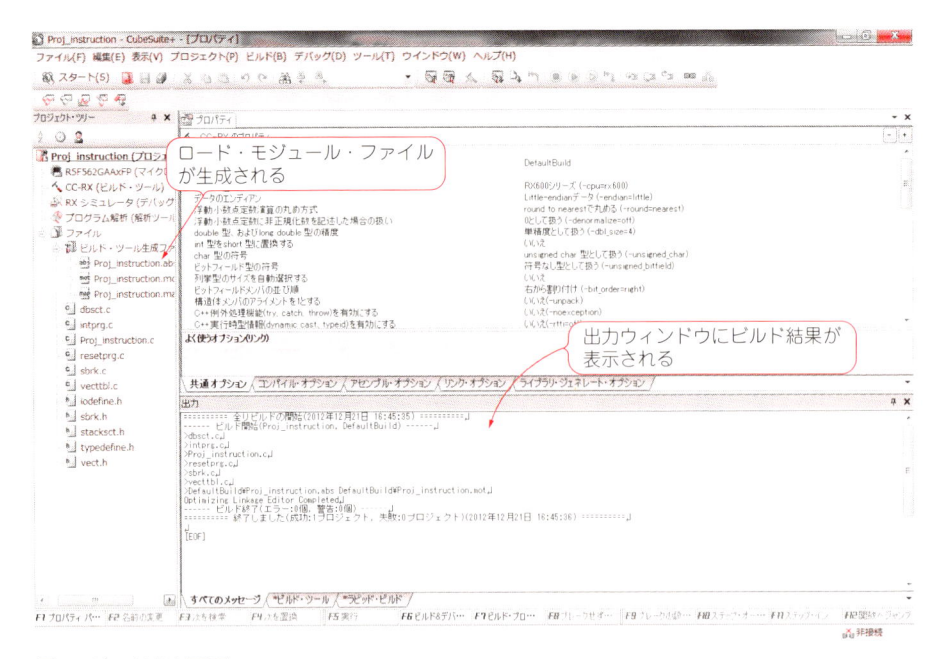

図7 ビルド出力画面

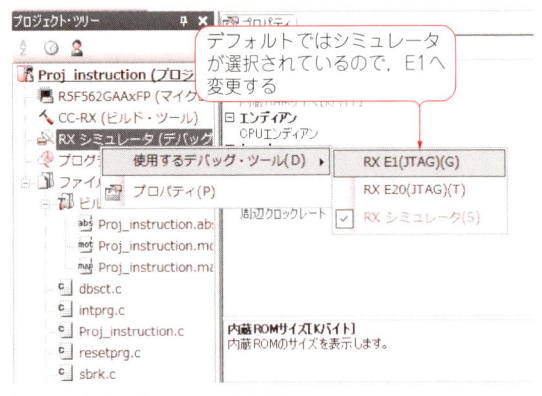

図8 デバッグ・ツールの選択

E1を使用してデバッグを行う

● CubeSuite＋とデバッグ・ツールの接続

　正常にビルドを終了して生成されたロード・モジュール・ファイルをマイコンへ書き込むために，ユーザのホスト・パソコンとターゲット・システムをE1で接続し，CubeSuite＋のプロジェクト・ツリーからE1の動作環境設定を行います．

　図8のように，プロジェクト・ツリー上のデバッグ・ツールを右クリックすると，使用するデバッグ・ツールを選択することができるので「RX E1(JTAG)」を選択します．

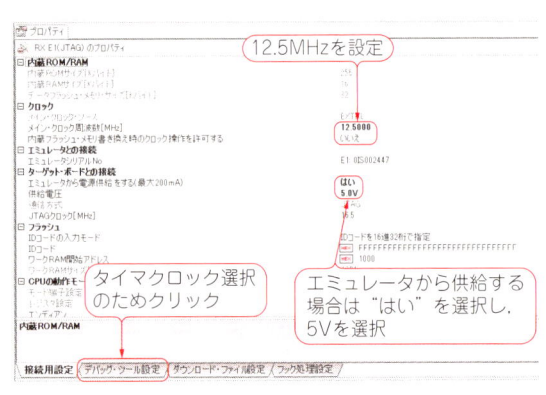

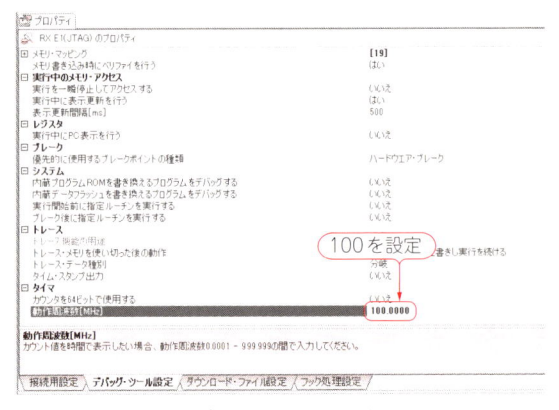

（a）接続用設定

（b）デバッグ・ツール設定画面

図9 接続用設定

64　第5章　ディジタル制御電源に最適なソフトウェア開発環境

デバッグ・ツールをE1に変更すると，図9のようにデバッグ・ツールのプロパティ・パネルが表示されます．まずは，マイコンに接続しているメイン・クロック発振の周波数を設定します．RX62Gの場合，サポートする入力クロック周波数は8～12.5 MHzなので，今回は12.5を設定します．

E1からターゲット・ボードに電源供給する場合は，図9(a)のように「エミュレータから電源を供給する」を「はい」に変更し，供給電圧を指定します．外部から電源を供給する場合は「いいえ」のままにしてください．

また，プログラム実行時間の計測といったタイマ計測機能を使用するためには，「デバッグ・ツール設定」タブの「タイマ」カテゴリのクロック設定も必要です．E1でのタイマ計測機能では，CPUの動作クロックを使用して計測を行います．ここでは，CPUの動作クロックとして100（100 MHz）を設定します［図9(b)］．

必要な設定が終了したらCubeSuite＋とE1を接続します．「デバッグ」メニューから「デバッグ・ツールへ接続」を選択すると，E1との通信を開始します．デバッグ・ツールとの接続に成功すると，メイン・ウィンドウのステータス・バーが図10(a)のように変化します．「デバッグ」メニューの「デバッグ・ツールから切断」を選択するとE1との接続が解除され，図10(b)のように元のステータス・バー表示へ戻ります．

● プログラムのダウンロードおよび実行

接続が成功したら，ビルド実行後に生成されたロード・モジュール・ファイルをダウンロードします．図11のように「デバッグ」メニューから「デバッグ・ツールへダウンロード」を選択すると，ロード・モジュール・ファイルのダウンロードが始まります．

ダウンロードが終了したら，まずはCPUをリセットします．CPUリセットは，デバッグ・ツール・プロパティ・パネルの「ダウンロード・ファイル設定」で設定を変更することにより，ダウンロード後に自動的に実行することも可能です．リセット後に「デバッグ」メニューから「実行」を選択すると，プログラムを実行します．実行中のプログラムを停止する場合は，「デバッグ」メニューから「停止」を選択します．

プログラムの停止は，ブレーク・ポイントを設定することでも可能です．ブレーク・ポイントは，実行中のプログラムを任意の箇所で停止させる場合に使用します．

ブレーク・ポイントには，ソフトウェア・ブレークとハードウェア・ブレークの2種類があります．

ソフトウェア・ブレークは，指定したアドレスの命令コードを一時的にブレーク用の命令に書き換え，その命令を実行した際にプログラムを停止します．プログラムが意図した関数を実行しているかどうかを確認する場合などに使用します．

ハードウェア・ブレークは，デバッグ・ツールがプログラム実行中にブレーク条件を逐次確認し，条件を満たした際にプログラムを停止します．例えば，変数や周辺機能のレジスタにプログラムから指定した値を書き込んだ際にプログラムを停止することができます．複数のハードウェア・ブレークを組み合わせることも可能です．

ブレーク・ポイントを設定する場合は，図12(a)のようにエディタ・パネル/逆アセンブル・パネルにおいて，ブレーク・ポイントを設定したい箇所のメイン・エリア/イベント・エリアをクリックします．図12(b)のように，変数やソース・ファイル上の任意の行でコンテキスト・メニューを開いても設定できます．また，ブレーク・ポイントが設定されたメイン・エリア/イベント・エリアにて右クリックをすると，ブレーク・ポイントの種類を選択することができます．

ハードウェア・ブレークのブレーク条件を編集する場合は，「表示」メニューから「イベント」を選択すると表示されるイベント・パネル上で変更します［図13(a)］．編集したいハードウェア・ブレークを選択し，コンテキスト・メニューから「条件の編集…」を選択すると，図13(b)のような編集画面が表示されます．

(a) デバッグ・ツール接続時

(b) デバッグ・ツール解除時

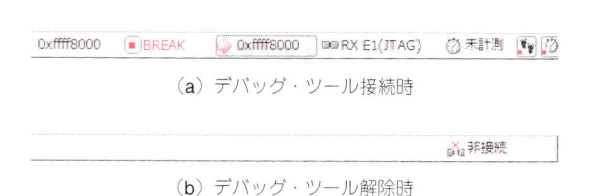

図10 E1との接続成功時のステータス・バー

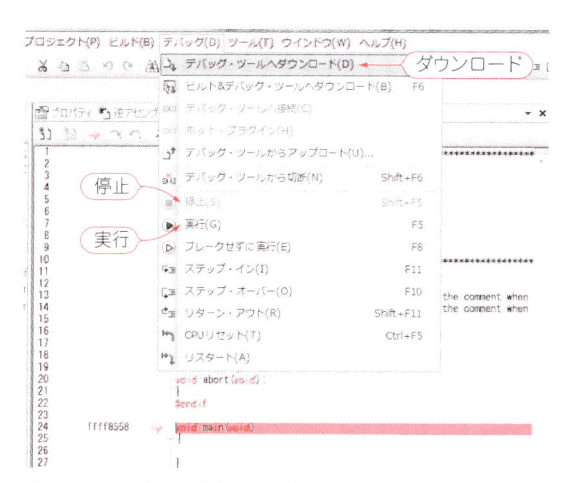

図11 プログラムの実行/停止

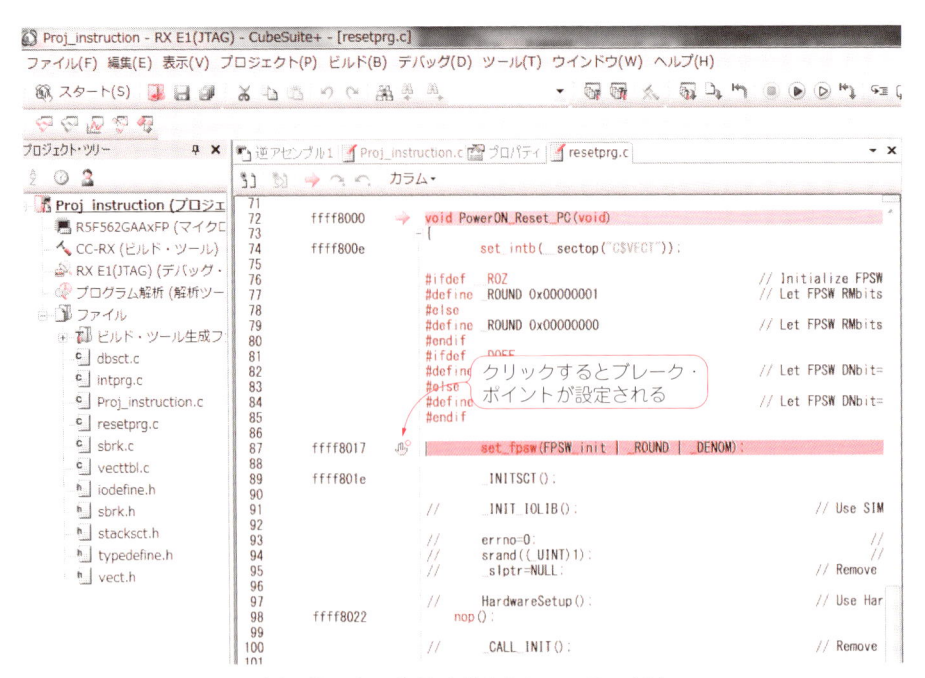

(a) ブレーク・ポイント設定(ソース・ファイル)

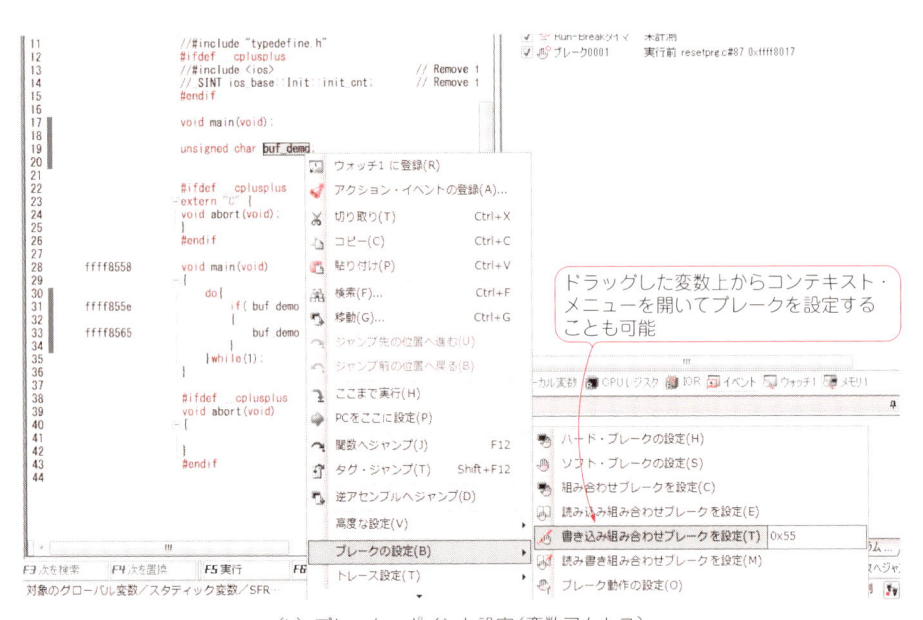

(b) ブレーク・ポイント設定(変数アクセス)

図12 ブレーク・ポイントの設定

● デバッグ中にメモリやレジスタの情報を参照する

　プログラム実行中に変数やレジスタの設定内容を確認することにより，効率的にデバッグを行うことができます．CubeSuite＋はさまざまなデバッグ機能を実装しているので，これらを使用して参照/変更することができます．ここではメモリ・パネル，CPUレジスタ・パネル，IORパネル，ウォッチ・パネル，解析グラフ・パネルに関して説明します．

▶ メモリ・パネル

　メモリの内容を表示，変更することができます(**図14**)．メモリ・パネルは最大4パネルまでオープンすることができます．プログラム実行後にメモリの値が変化すると表示を自動的に更新します．また，リアルタイム表示更新機能を有効にすることにより，プログラム実行中であっても値をリアルタイムで更新することが可能です．

(a) イベント・パネル

(b) ブレーク条件編集画面例

図13 ブレーク条件の編集

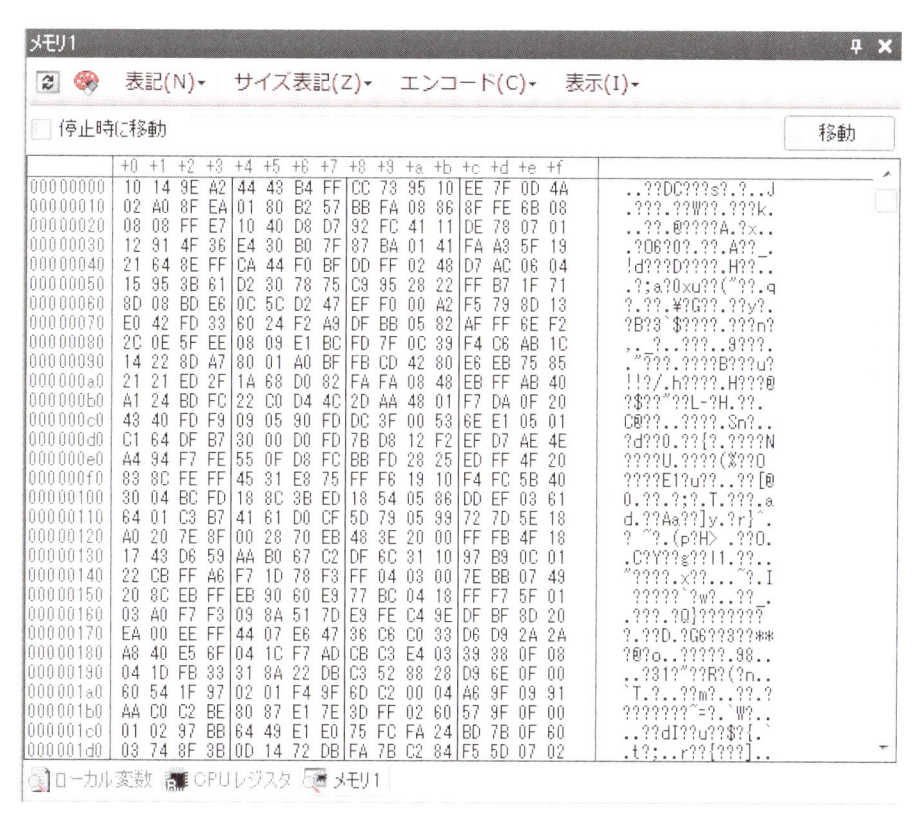

図14 メモリ・パネル

▶CPUレジスタ・パネル

CPUレジスタの内容の表示および値の変更を行うことができます(**図15**).CPUレジスタ・パネル上では,プログラム実行中に値を変更できません.

▶IORパネル

I/O(CPU周辺機能)レジスタの内容の表示および値の変更を行うことができます(**図16**).CPUレジスタ・パネルと同様に,I/Oレジスタ値はプログラム実行中

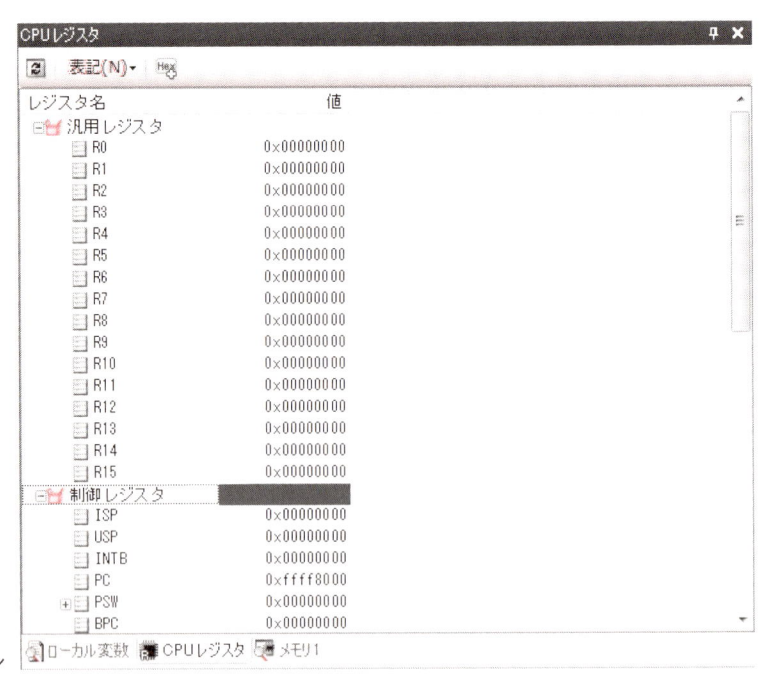

図15
CPUレジスタ・パネル

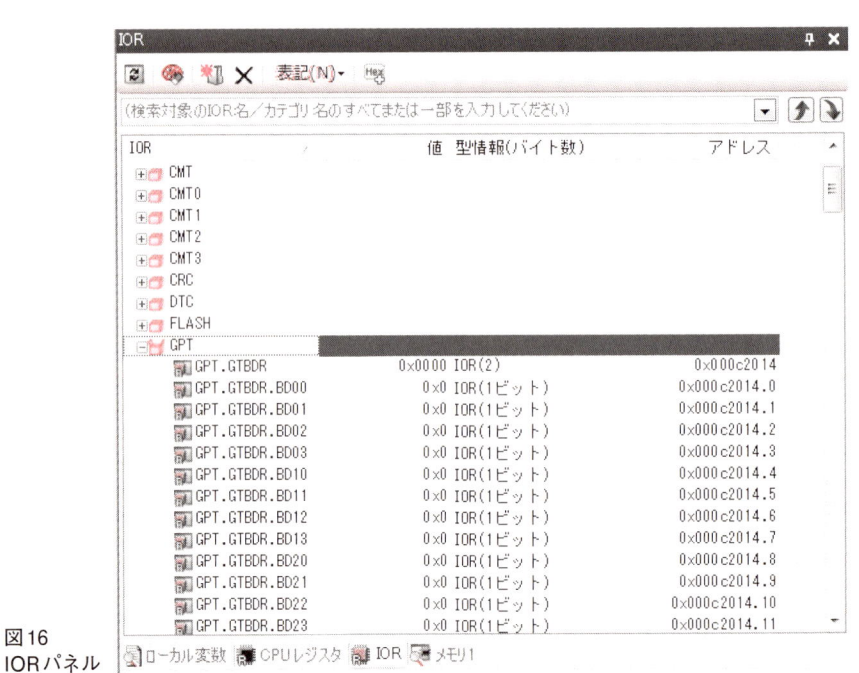

図16
IORパネル

に変更できませんので，後述のウォッチ・パネルに登録することで，リアルタイムに表示/変更することができます．

▶ウォッチ・パネル

プログラムで定義した変数，I/Oレジスタなどをウォッチ・パネルに登録すると，これらの値をデバッグ・ツールから取得し，一括して値を監視することができます（**図17**）．また，プログラムが実行中でも，値の表示を逐次更新することができます．ウォッチ・パネルは最大四つまで表示することができます．

▶解析グラフ・パネル

プログラム実行中に取得した変数情報をオシロスコープのようにグラフ化して表示することができます（**図18**）．変数の登録は，（1）プロパティ・パネル上で設定，（2）IORパネルやCPUレジスタ・パネルから変数をドラッグ&ドロップする，（3）ウォッチ・パ

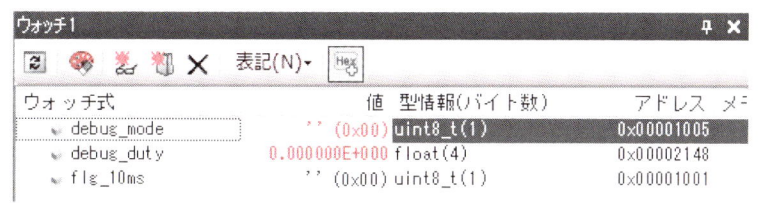

図17 ウォッチ・パネル

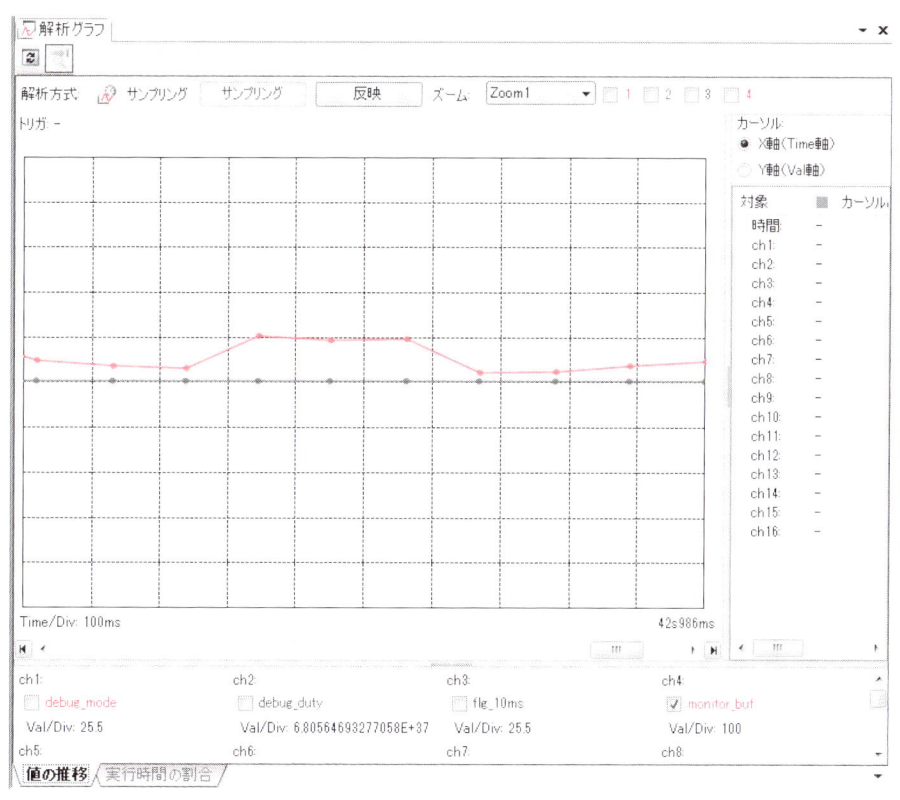

図18 解析グラフ・パネル

ネルに登録した変数を反映する，の3通りがあります．

ディジタル電源開発で注意すべきこと

前節ではCubeSuite＋とE1を使用した開発方法を説明しました．ブレーク・ポイントを設定してプログラムの経路を確認したり，ウォッチ・パネルを用いて変数をモニタすると効率よくデバッグを行えます．

ただし，ディジタル制御電源の開発においては，注意してデバッグを行う必要があります．

マイコンには，タイマ，A-D変換器，通信機能などさまざまな周辺機能が備わっています．これらの機能は，マイコンのCPUから設定を変更しないかぎり，デバッガでプログラムを停止しても動作したままにな

ります．特にタイマが動作した状態でプログラムを停止してしまうと，電源回路にPWM信号が出力されたままになってしまうので，ターゲット・ボードが破損してしまう可能性があります．そのため，周辺機能を停止してからプログラムを停止するといった手順が必要です．

まとめ

本稿では，ディジタル制御電源開発におけるマイコン開発ツールの紹介と，その使用方法を説明しました．使用するマイコンによって開発ツールが異なる場合もありますが，基本的に本稿で説明した内容と同じ方法で開発を進めることができます．

第6章

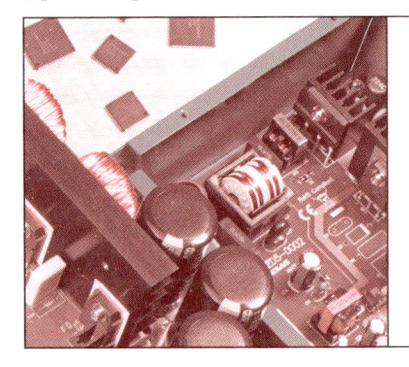

RX62Gグループを使った
ディジタル制御スイッチング電源の開発事例

喜多村 守／福田 圭介
Kitamura Mamoru/Fukuda Keisuke

　本章では，ルネサス エレクトロニクスの電源制御用マイコンRX62Gグループの応用例として，いくつかの開発事例を紹介していきます．

　はじめに，次節以降で解説する開発事例で使用されているマイコン"RX62Gグループ"について，その機能と特徴を説明しておきます．

6-1　ディジタル電源制御用マイコンRX62G

　ディジタル電源制御では，出力電圧をA-D変換し，その値を演算処理してPWM信号に変換します．したがって，マイコンに内蔵されるA-D変換器，CPU，PWMタイマの機能，性能が重要になります．またスイッチング電流を検出してスイッチング・デバイスや負荷を保護するため，高速のアナログ・コンパレータと，それと連動してPWM信号を停止するネゲート機能が重要となります．

● 概要
　図1はRX62Gグループの内部機能のブロック図で，最大仕様を記載してあります．その特徴を以下に示します．

▶おもな仕様
(1) 電源電圧：5V単一（4.0～5.5V）
(2) 最大動作周波数：100MHz
(3) 浮動小数点演算器：単精度浮動小数点演算器
(4) フラッシュROM（プログラム）：128～256kバイト
(5) フラッシュROM（データ）：8～32kバイト
(6) RAM：8～16kバイト

▶内蔵周辺機能
(1) 12ビットA-D変換器：8チャネル
(2) 汎用PWMタイマ：4チャネル
(3) パワーオン・リセット／電圧検出回路
(4) I²Cバス・インターフェース
(5) パッケージ：LFQFP100，LQFP112

● 12ビットA-Dコンバータ
　RX62Gは変換時間1μsの12ビット逐次比較型A-Dコンバータを2ユニット搭載しており，完全に独立してサンプリング・タイミングを設定することができます．また，それぞれのA-Dコンバータ・ユニットは4チャネルの入力があり，そのうち3チャネルを同時サンプリングすることができます（図2）．よって，最大6チャネルの同時サンプリングが可能です．

　さらに，プログラマブル・ゲイン・アンプ，アナログ・ウィンドウ・コンパレータを搭載しており，外付けアナログ部品を低減できる仕様となっています．

▶特徴
(1) A-Dコンバータ・ユニット数：2
(2) 変換時間：1μs
(3) S＆H回路：3ch/1ユニット（3ch同時サンプリン

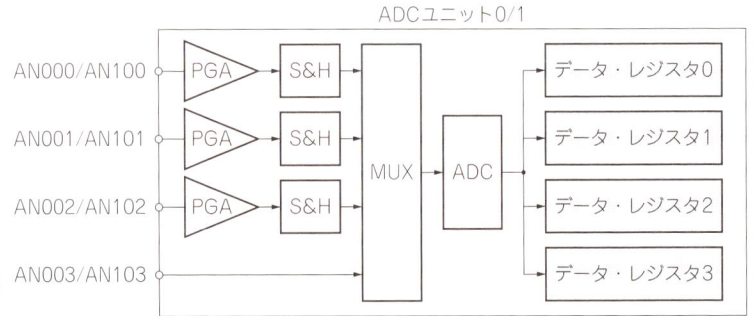

図2　12ビットA-Dコンバータの構成
（1ユニット）

グ可能)
(4) プログラマブル・ゲイン・アンプ(PGA)：3ch/1ユニット
(5) ウインドウ・コンパレータ：3ch/1ユニット

図3は，A-Dコンバータ入力に搭載されているアナログ・コンパレータのブロック図です．その出力でネゲートされる汎用PWMタイマGPTaのPWM出力を図4に示しています．アナログ・コンパレータ機能は(1)Highレベル・コンパレータ，(2)Lowレベル・コンパレータ，(3)ウィンドウ・コンパレータの三つか

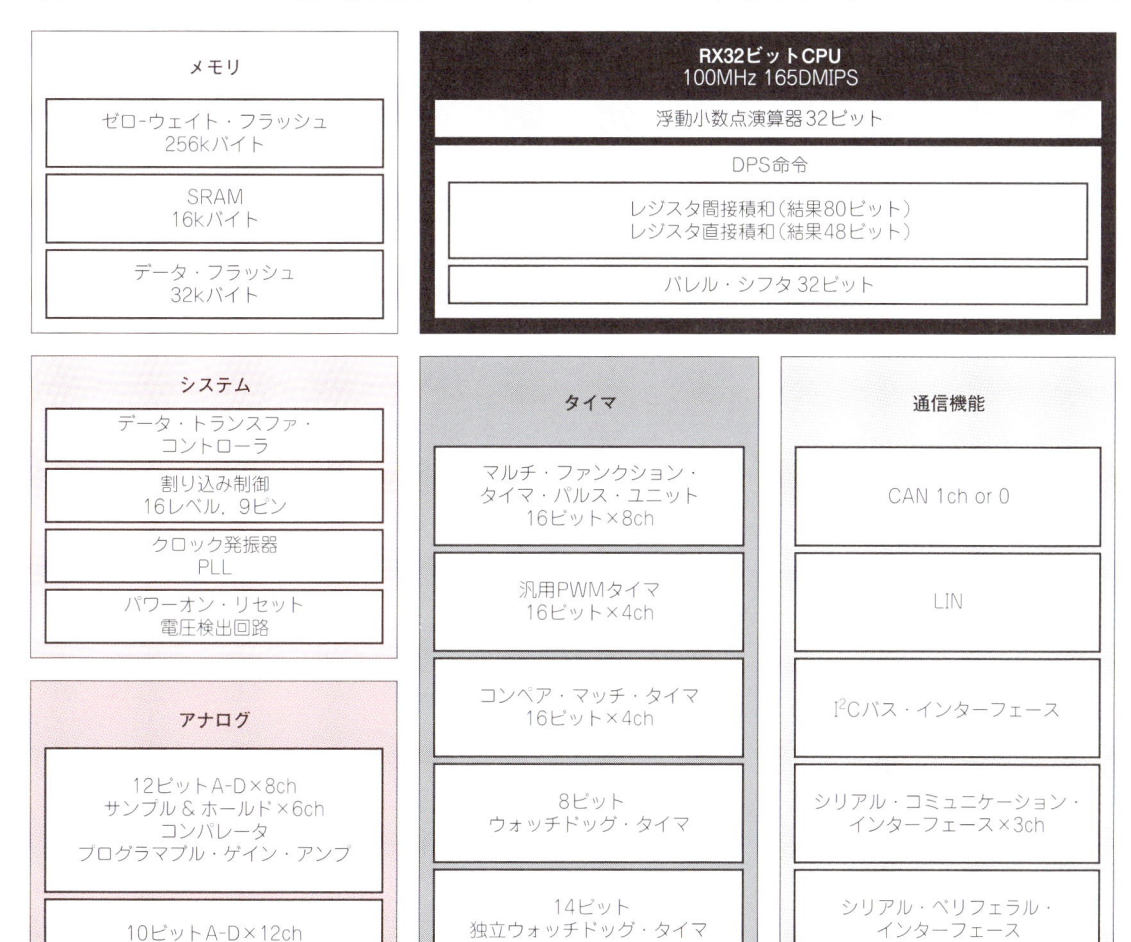

特集 マイコンによるディジタル制御電源の設計

メモリ	RX32ビットCPU 100MHz 165DMIPS
ゼロ・ウェイト・フラッシュ 256kバイト	浮動小数点演算器32ビット
SRAM 16kバイト	DPS命令 レジスタ間接積和(結果80ビット) レジスタ直接積和(結果48ビット)
データ・フラッシュ 32kバイト	バレル・シフタ32ビット

システム	タイマ	通信機能
データ・トランスファ・コントローラ	マルチ・ファンクション・タイマ・パルス・ユニット 16ビット×8ch	CAN 1ch or 0
割り込み制御 16レベル，9ピン	汎用PWMタイマ 16ビット×4ch	LIN
クロック発振器 PLL	コンペア・マッチ・タイマ 16ビット×4ch	I²Cバス・インターフェース
パワーオン・リセット 電圧検出回路	8ビット ウォッチドッグ・タイマ	シリアル・コミュニケーション・インターフェース×3ch

アナログ		
12ビットA-D×8ch サンプル＆ホールド×6ch コンパレータ プログラマブル・ゲイン・アンプ	14ビット 独立ウォッチドッグ・タイマ	シリアル・ペリフェラル・インターフェース
10ビットA-D×12ch		

すべてグループの最大仕様

図1 RX62Gグループの内部機能ブロック図

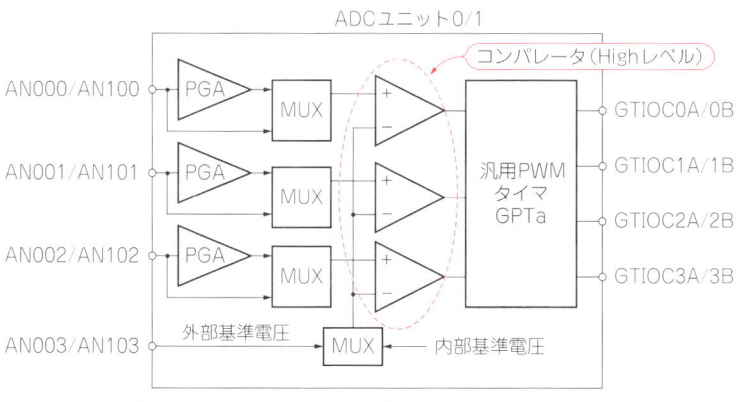

図3 アナログ・コンパレータのブロック構成

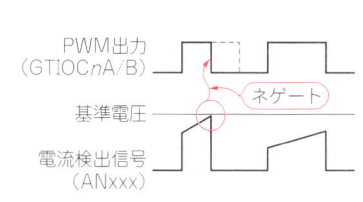

図4 PWM信号のネゲート

ら選択します.

スイッチング電源では，MOSFETなどのスイッチング電流の過電流をパルス・バイ・パルスで検出して，デバイスと負荷を保護します．この場合，基準電圧を越えたことを検知してPWM出力を途中でOFFすることから，Highレベル・コンパレータに設定して使います．基準電圧はAN003/AN1003から入力することもできます.

● 汎用PWMタイマGPTa(General PWM Timer)

PWMタイマを使うディジタル電源は，パルス幅を連続的に変えることができません．ある間隔で不連続に増減します．この間隔を分解能といい，PWMタイマを動かすクロック周波数で細かさが決まります．RX62Gでは10 ns(100 MHz)が最小となり，スイッチング周波数200 kHz程度までは制御できます．それ以上では分解能が粗く滑らかな出力電圧制御ができず，動作が不安定になることがあります．

このためRX62Gでは，10 nsをさらに32分割(5ビット)して312.5 psの最小分解能を得ることができます．この分解能では，スイッチング周波数が1 MHzでも十分に安定な制御が可能です．

▶特徴
(1) 16ビット・タイマ：4 ch($f_{clk(max)}$ = 100 MHz)
(2) 標準モード：最小分解能10 ns(f_{clk} = 100 MHz)
(3) 高分解能モード：最小分解能312.5 ps(f_{clk} = 100 MHz)
(4) 全GPT出力を高分解能モードに設定可能
(5) ON/OFFエッジ独立でデッド・タイム設定可能
(6) 位相シフト制御可能
(7) PFM(周波数変調)可能
(8) アナログ・コンパレータによるPWMネゲート制御可能
(9) A-Dトリガ・タイミング生成：A，B×4 ch

汎用PWMタイマGPTaの基本構成は，内部クロック ICLK(100 MHz)をカウントするカウンタGTCNTと，そのカウント値と比較するデータを設定するレジスタGTCCRnと，これらを比較するコンパレータからなります．コンパレータの出力GTIOCA/BはPWM出力です．これで分解能10 nsのPWM信号を生成できますが，さらに分解能を上げる場合はPWM出力遅延レジスタGTDLYRAに遅延したい値を設定します．

図5は高分解能PWM出力の例です．この例では，今回のPWM出力の立ち上がりエッジの位置が300で，次回を300.6に設定したい場合を表しています．この場合，標準モードでは300.6を表現できませんので，300のままに設定されます．高分解能モードでは立ち上がり出力遅延レジスタGTDLYRAに19(0.6×32 = 19.2)を設定することで，立ち上がりエッジの位置をほぼ要求どおりの300.594とすることができます．

● フィードバック制御器

スイッチング電源のディジタル制御は他のパワー・エレクトロニクス制御に比べ単純ですが，スイッチング周波数が数百kHzと高いことが特徴です．このため出力電圧をA-Dコンバータでディジタル値に変換し，その値を元に演算処理してPWMタイマに適切なパルス幅をセットする作業を，スイッチング周波数に合わせて短時間で実行しなくてはなりません．

RX62Gグループでは，これに対応できるような高性能化が図られています．

▶特徴
(1) 最大動作周波数：100 MHz(1.65 MIPS/MHz)
(2) FPU(単精度浮動小数点)内蔵
(3) DSP演算器：乗除算器，積和演算器(MAC命令)
(4) DTC機能：A-D変換値のダイレクト取り込みなど
(5) 100 MHz動作時フラッシュ・アクセス・ウェイト・ゼロ

〈喜多村 守〉

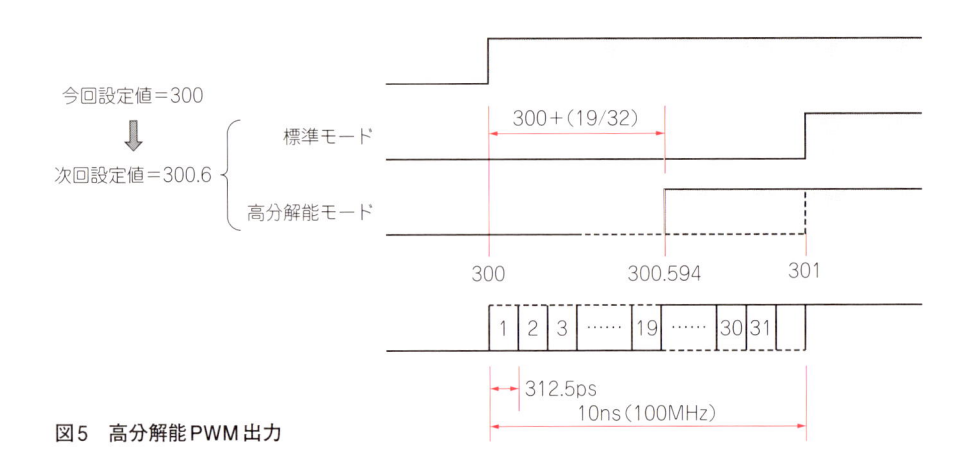

図5 高分解能PWM出力

6-2　RXマイコンを用いた連続シングルPFC回路の設計と試作

　現在では，さまざまな電力帯の電源機器にPFC（Power Factor Correction；力率改善）が適用されるようになりました．PFC回路は，専用ICによるアナログ制御方式が主流ですが，マイコンやDSPを用いたディジタル制御方式も徐々に普及してきています．
　ここでは，RX62Gグループを用いた連続シングル・モードのディジタルPFC回路の設計方法と試作例について紹介します．

マイコンを用いたディジタルPFC制御の動作

● 中電力帯に適した連続シングル・モード
　図6に示す連続シングル・モードのPFC回路は，一つの昇圧回路で構成されるシングル方式であり，昇圧コイルに流れる電流がゼロになるまえにスイッチング素子をONする連続モードで動作します．
　電流がゼロになった時点でスイッチング素子をONする臨界モードと比較すると，コイル電流のピーク値を低くすることができ，昇圧コイルを小型化することができます．また，昇圧コイルに流れる電流リプルも小さくすることができます．
　そのため，臨界シングル・モードは300 W程度までの低電力帯，連続シングル・モードは1 kW程度までの中電力帯に使用することが一般的です．

● PFC回路のディジタル制御
　図7(a)にPFC用ICを用いたアナログ制御のブロック図を，図7(b)にマイコンを用いたディジタルPFC制御のブロック図を示します．アナログ制御の場合は，検出する電圧/電流を補償器へ入力します．その後，補償器の出力とRAMP信号をコンパレータで比較し，PWM信号を生成します．

　ディジタル制御の場合は，まず検出する電圧/電流をA-Dコンバータへ入力して量子化します．次に，量子化した値と目標値の偏差を算出して補償器へ入力します．その後，補償器の出力値から，PWM信号を出力するタイマの設定値を更新します．
　アナログおよびディジタル制御のどちらにおいても，補償器によって電源の特性が決まります．アナログ制御の補償器は，コンデンサの容量や抵抗値を変更することで調整します．そのため，温度や経年劣化によって補償器の特性が変化することがあります．
　ディジタル制御の場合は，補償器をプログラム上で実現し，係数を変更して調整します．そのためアナログ制御の補償器のように，経年劣化などによる特性変化がありません．これはディジタル制御のメリットの一つと言えます．

連続シングルPFCボードの設計例

　PFC回路の設計仕様と，昇圧コイルやスイッチング素子といった主要部品の設計例を説明します．

● ボード構成と設計仕様
　表1に設計仕様を示します．この仕様は一例であり，電源仕様に合わせて調整が必要です．
　写真1は試作した電源ボードの外観です．パワー・ボードとサブボードの2枚構成となっており，パワー・ボードには昇圧コイル，スイッチング・デバイスや出力コンデンサを，サブボードにはマイコンとその周辺回路を実装しています．図8，図9に回路図を示します．

● 昇圧コイル
　本ボードに実装した昇圧コイルのインダクタンスは

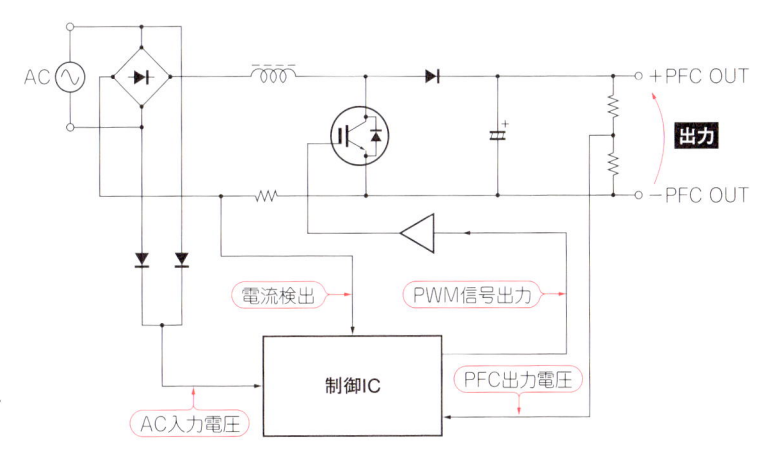

図6　PFC回路の構成（連続シングル・モード）

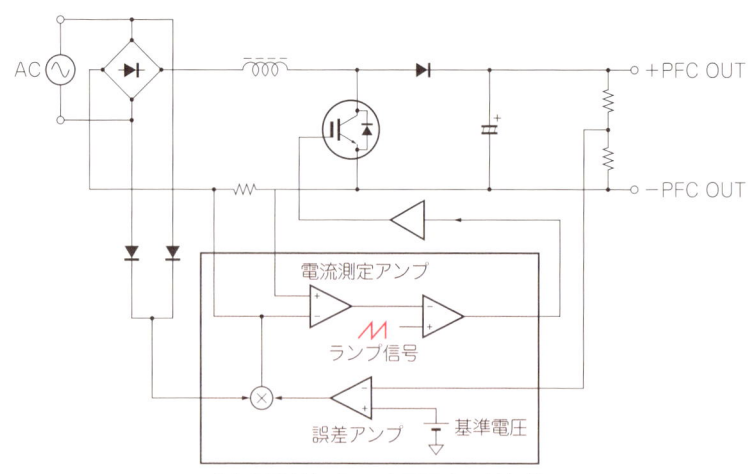

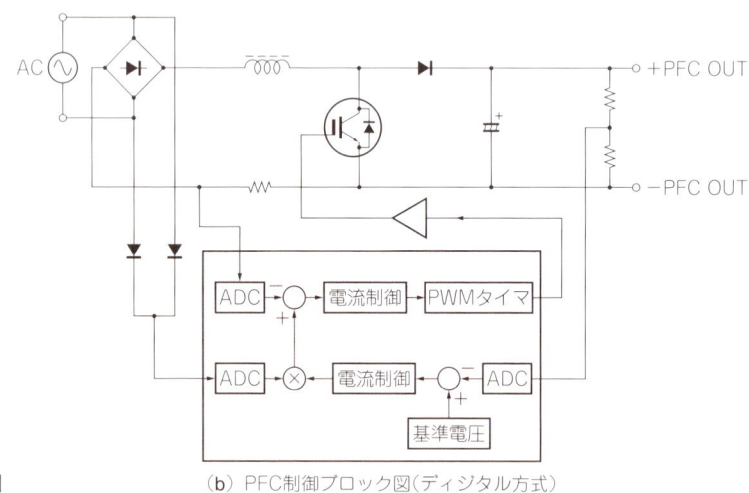

図7 PFC回路の制御ブロック図

(a) PFC制御ブロック図（アナログ方式）

(b) PFC制御ブロック図（ディジタル方式）

写真1 試作ボード外観

表1 設計仕様

項　目	記号	仕　様
入力電圧範囲	V_{AC}	85～264 V
出力電圧	V_{out}	395 V at 0 % Load
最大出力電力	$P_{out(max)}$	750 W
最大出力電流	$I_{out(max)}$	1.9 A
スイッチング周波数	f_{GD}	60 kHz
効率	η	95 %以上
力率	PF	0.98以上
リプル含有率	γ	1
出力保持時間	T_{hold}	20 ms以上（395 V→340 V）

式(1)より算出します．算出結果は約104 μHになるので，100 μHのコイルとします．

$$L = \frac{V_{ac(min)}^2 \times (V_{out} - \sqrt{2} \times V_{ac(min)}) \times \eta \times PF}{\gamma \times f_{GD} \times P_{out(max)} \times V_{out}}$$

$$= \frac{85^2 \times (395 - \sqrt{2} \times 85) \times 0.95 \times 0.98}{1 \times 60 \times 10^3 \times 750 \times 395}$$

$$\simeq 104 \ \mu H \quad \cdots\cdots\cdots\cdots\cdots\cdots (1)$$

● スイッチング素子

式(2)に，コイル電流に流れるピーク電流の計算式を示します．計算すると約20.1 Aとなるので，この値を用いてスイッチング素子の定格を検討します．

$$I_{L(pk)(max)} = \frac{\sqrt{2} \times P_{out(max)}}{PF \times \eta \times V_{AC(min)}} \times \left(\frac{\gamma}{2} + 1\right)$$

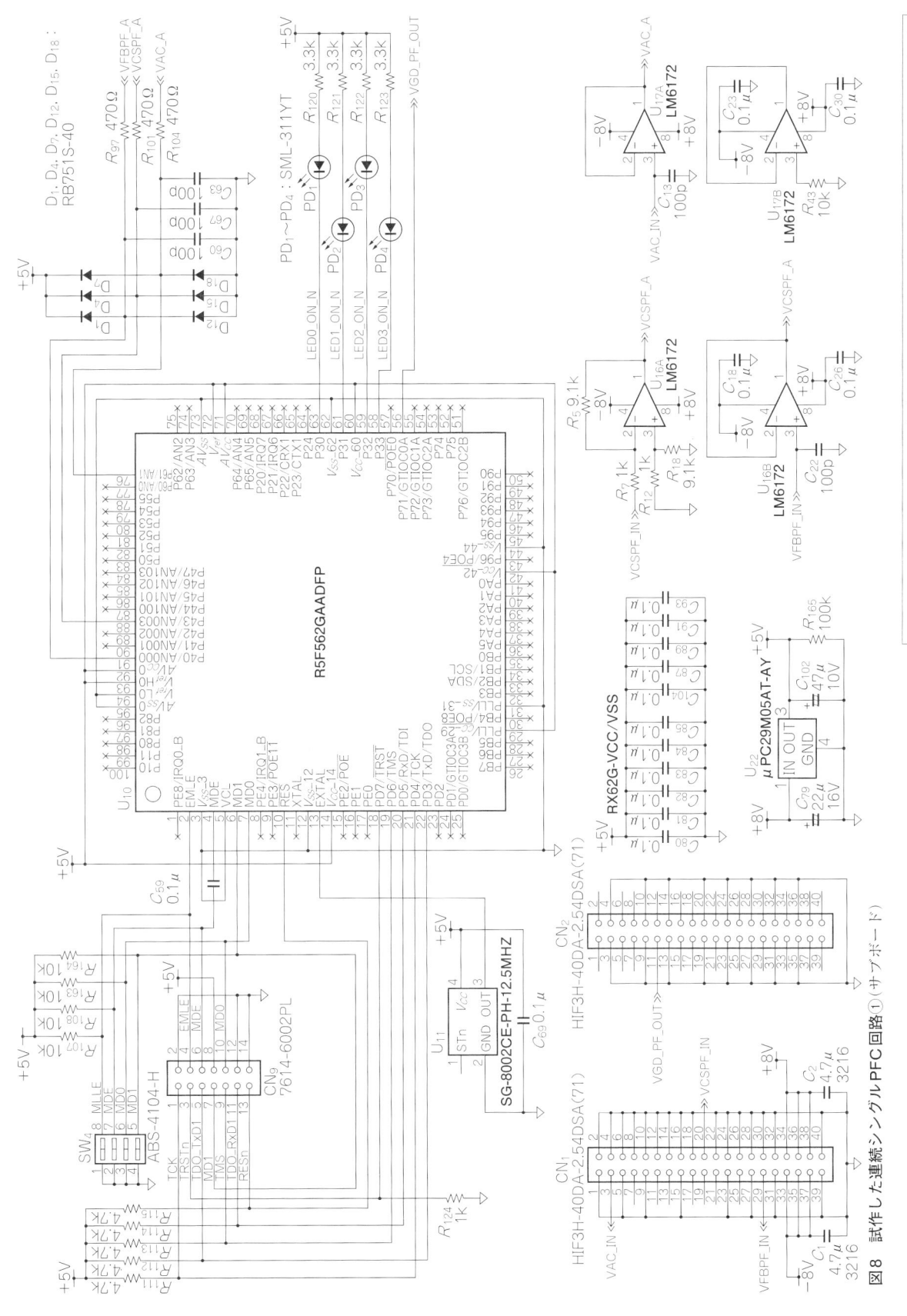

図8 試作した連続シングルPFC回路①(サブボード)

6-2 RXマイコンを用いた連続シングルPFC回路の設計と試作

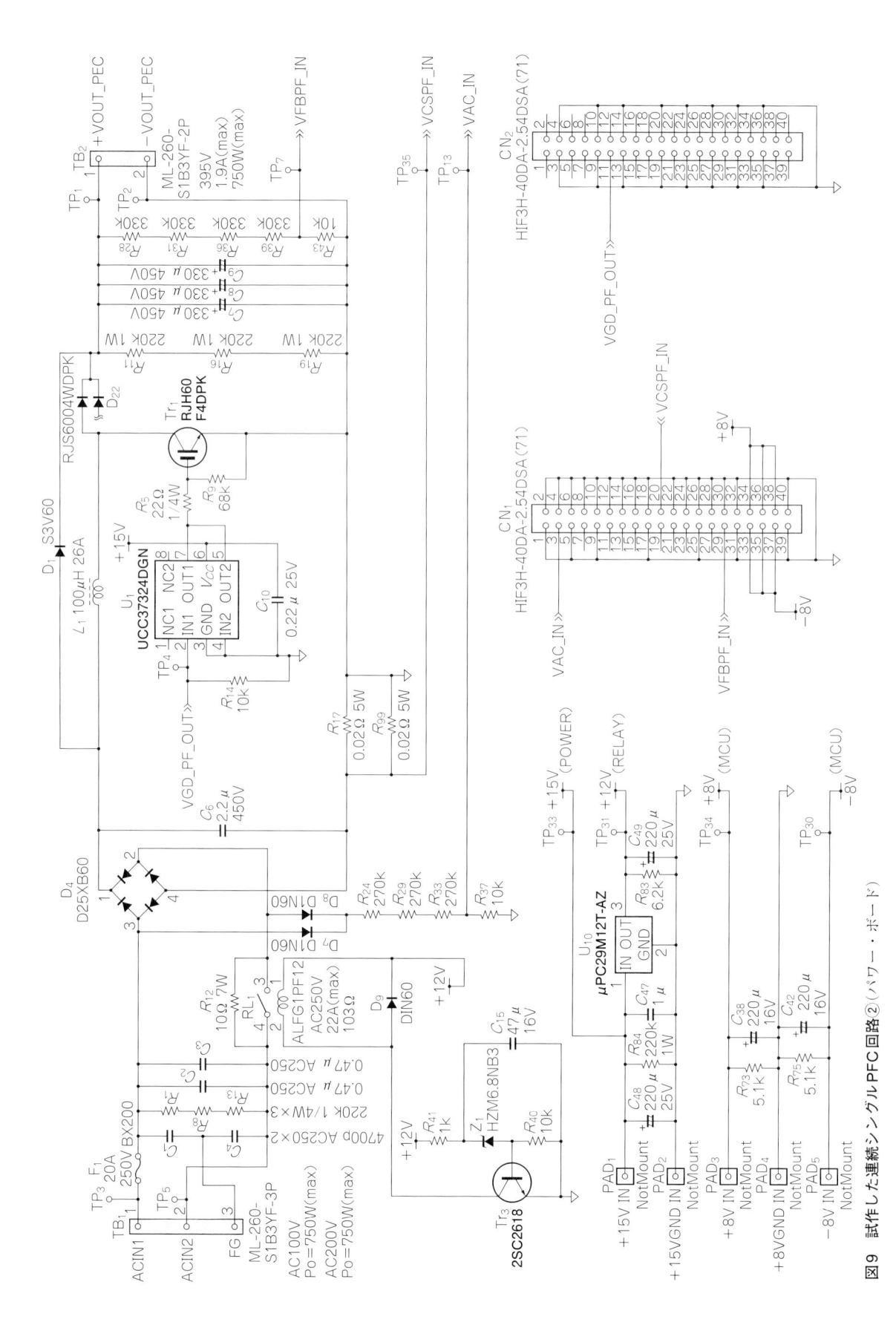

図9 試作した連続シングルPFC回路②(パワー・ボード)

$$= \frac{\sqrt{2} \times 750}{0.98 \times 0.95 \times 85} \times \left(\frac{1}{2} + 1\right)$$

$$\fallingdotseq 20.1 \text{ A} \cdots\cdots\cdots\cdots\cdots\cdots\cdots (2)$$

今回はスイッチング周波数が60 kHzであることと，高効率を得るためにRJK60S7DPK-M0（ルネサス エレクトロニクス）を採用しました．**表2**に代表的な特性を示します．

● 昇圧ダイオード

スイッチング素子がONしたときに，ダイオードに流れるリカバリ電流を避けるため，昇圧ダイオードにはRJS6004WDPK（ルネサス エレクトロニクス）を使用しました．順方向電圧が低く高速な逆回復時間が特徴で，スイッチング損失を大幅に低減することができます．**表3**に代表的な特性を示します．

● 出力コンデンサ

出力コンデンサは出力電圧を平滑することと，瞬停などの影響による電圧を維持する役割をもちます．設計仕様では出力電圧の維持時間を20 ms以上としているため，式(3)より容量を算出すると約742 μFとなります．今回は330 μFを三つ並列接続しました．

表2 RJK60S7DPK-M0のおもな仕様（ルネサス エレクトロニクス）

項　目	記号	定格値	単位
ドレイン-ソース間電圧	V_{DSS}	600	V
ゲート-ソース間電圧	V_{GSS}	＋30，－20	V
ドレイン電流(直流)[注1]	I_D	30	A
ドレイン電流(ピーク)[注1]	$I_{D(pulse)}$	60	A
ボディ・ダイオード電流(直流)[注1]	I_{DR}	30	A
ボディ・ダイオード電流(ピーク)[注1]	$I_{DR(pulse)}$	60	A
アバランシェ電流[注2]	I_{AP}	7.5	A
アバランシェ・エネルギー[注2]	E_{AR}	3.06	mJ
チャネル損失[注3]	P_{ch}	227.2	W
チャネル-ケース間熱抵抗	$\theta_{ch\text{-}c}$	0.55	℃/W
チャネル温度	T_{ch}	150	℃
保存温度	T_{stg}	－55～＋150	℃

注1：$T_{ch(max)}$により制限される
注2：$T_{ch} = 25$℃，$T_{ch} \leq 150$℃
注3：$T_c = 25$℃の場合

(a) 絶対最大定格（$T_a = 25$℃）

項　目	記号	Min	Typ	Max	単位	測定条件
ドレイン-ソース間降伏電圧	$V_{(BR)DSS}$	600	－	－	V	$I_D = 10$ mA，$V_{GS} = 0$ V
ドレイン遮断電流	I_{DSS}	－	－	1	mA	$V_{DS} = 600$ V，$V_{GS} = 0$ V
ゲート漏れ電流	I_{GSS}	－	－	±1	μA	$V_{GS} = +30$ V，-20 V，$V_{DS} = 0$ V
ゲート-ソース間カットオフ電圧	$V_{GS(off)}$	3	－	5	V	$V_{DS} = 10$ V，$I_D = 1$ mA
静的ドレイン-ソース間オン抵抗	$R_{DS(on)}$	－	0.100	0.125	Ω	$I_D = 15$ A，$V_{GS} = 10$ V[注4]
ゲート抵抗	R_G	－	2.0	－	Ω	$f = 1$ MHz，$V_{DS} = 25$ V，$V_{GS} = 0$ V[注4]
入力容量	C_{iss}	－	2300	－	pF	$V_{DS} = 25$ V，$V_{GS} = 0$ V，$f = 100$ kHz
出力容量	C_{oss}	－	3000	－	pF	
帰還容量	C_{rss}	－	10	－	pF	
ターン・オン遅延時間	$t_{D(on)}$	－	27	－	ns	$I_D = 15$ A，$V_{GS} = 15$ V，$R_L = 10$ Ω[注4]
上昇時間	t_r	－	28	－	ns	
ターン・オフ遅延時間	$t_{D(off)}$	－	55	－	ns	
下降時間	t_f	－	9	－	ns	
トータル・ゲート電荷	Q_G	－	39	－	nC	$V_{DD} = 480$ V，$V_{GS} = 10$ V，$I_D = 30$ A[注4]
ゲート-ソース電荷	Q_{GS}	－	15	－	nC	
ゲート-ドレイン電荷	Q_{GD}	－	11	－	nC	
ボディ・ダイオード順方向電圧	V_{DF}	－	1.0	1.6	V	$I_F = 30$ A，$V_{GS} = 0$ V[注4]
ボディ・ダイオード逆回復時間	t_{rr}	－	490	－	ns	$I_F = 30$ A，$V_{GS} = 0$ V，$di_F/d_t = 100$ A/μs[注4]
ボディ・ダイオード逆回復電流	I_{rr}	－	26	－	A	
ボディ・ダイオード逆回復電荷	Q_{rr}	－	7.1	－	μC	

注4：パルス試験

(b) 電気的特性（$T_a = 25$℃）

表3 RJS6004WDPKのおもな仕様(ルネサス エレクトロニクス)

項　目	記号	定格値	単位
ピーク逆電圧	V_{RM}	600	V
平均順方向電流	I_F	20	A
非繰り返しピーク順方向電流	I_{FSM}	120	A
接合部・ケース間熱抵抗	$\theta_{j\text{-}c}$	0.9	℃/W
動作温度	T_j	150	℃
保存温度	T_{stg}	$-55 \sim +150$	℃

(a) 絶対最大定格($T_a=25$℃, 電流は1素子あたりの値)

項目	記号	Typ	Max	単位	測定条件
順方向電圧	V_F	1.5	1.8	V	$I_F=10$ A
逆方向電流	I_R	―	20	μA	$V_R=600$ V
逆回復時間	t_{rr}	15	―	ns	$I_F=10$ A, $di/dt=300$ A/μs

(b) 電気的特性($T_a=25$℃, 電流は1素子あたりの値)

$$C_{out} \geq \frac{2 \times P_{out(\max)} \times t_{hold}}{V_{out}^2 - V_{out(\min)}^2} = \frac{2 \times 750 \times 20 \times 10^{-3}}{395^2 - 340^2}$$

$$\doteqdot 742 \ \mu\text{F} \quad\cdots\cdots\cdots\cdots\cdots\cdots\cdots\cdots\cdots (3)$$

RX62Gを用いたディジタルPFC制御

次に, RX62GによるPFC制御プログラムについて解説します.

ディジタル制御の場合は, アナログ制御のように連続して信号を検出することはできません. そのため, 制御に使用する信号は, A-D変換器を用いて一定周期でサンプリングする必要があります.

● 制御タイミング

図10に制御タイミングを示します. PWMタイマにはGPTaを使用し, カウンタを三角波動作させる三角波PWMモードを選択します. AC入力電圧の検出には, 10ビットA-D変換器を使用し, 連続スキャン・モードで検出します. リターン電流とPFC出力電圧の検出には, 12ビットA-D変換器を使用し, 1サイクル・スキャン・モードで検出します.

ここで, スイッチング周期と12ビットA-D変換器のサンプリング周期を同期させるため, GPTaからA-D変換を開始するトリガを生成します. 図10のようにタイマ・カウンタの山のタイミングでA-D変換トリガを生成し, リターン電流とPFC出力電圧を検出します.

このタイミングで検出することにより, PWM信号のエッジに発生するスイッチング・ノイズの誤検出を防止することができます.

A-D変換が完了したら割り込み処理を実行し, 検出した電流/電圧値からPWM信号のデューティ比を更新します.

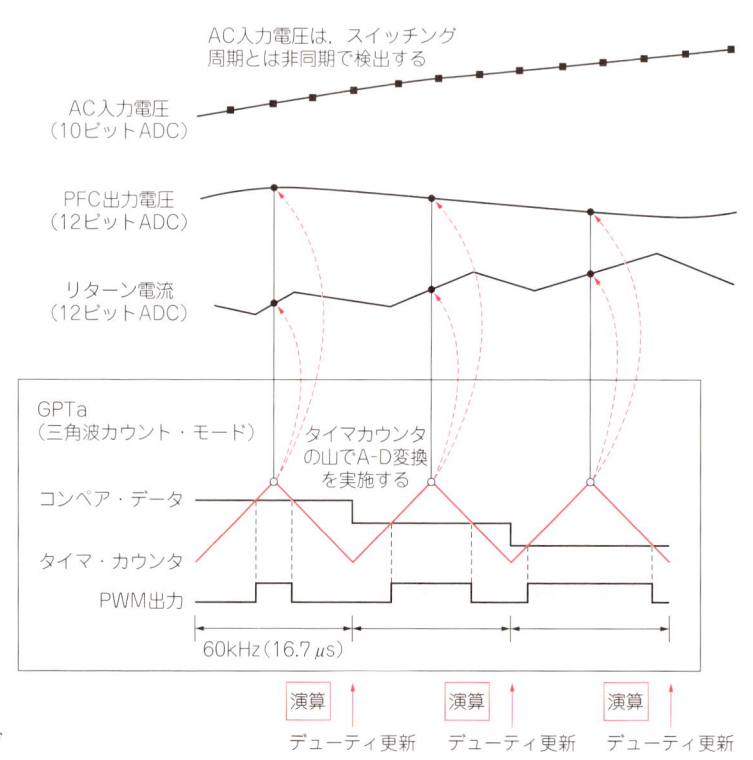

図10 制御タイミング

● 制御ブロック

図11に制御のブロック図を示します．このブロック図は一例であり，ユーザの構成方法により変わります．PFC制御は，PFC出力電圧が目標値で安定するように制御する電圧制御と，AC入力電圧とAC入力電流の位相を合わせるように制御する電流制御があります．

▶ 電圧制御

PFC出力電圧を抵抗分圧してA-D変換器へ入力し，その変換結果とプログラムで設定した目標値から偏差を算出します．算出した偏差を電圧制御器へ入力し，得られた操作量をAC入力電圧と乗算して電流指令値を決定します．

▶ 電流制御

リターン電流をシャント抵抗で検出しOPアンプで増幅したあと，A-D変換器へ入力します．その変換結果と電圧制御とAC入力電圧から算出した電流指令値との偏差を計算し，電流制御器へ入力します．その後，得られた操作量をデューティ比へ変換してPWMタイマを更新します．

▶ 保護機能

保護機能として過電流保護(OCP)と過電圧保護(OVP)を実装しています．

過電流保護は，12ビットA-D変換器が内蔵するコンパレータとGPTのネゲート制御機能を使用します．コンパレータが過電流を検出すると，コンパレータ検出フラグがセットされます．検出フラグがセットされると，GPTのネゲート制御によって出力中のPWM信号を強制的にLowへ変更し，スイッチング素子などの破壊を防止します．また，一度ネゲート制御を実行するとPWM信号はLowのままになるので，スイッチング周期でネゲート制御を解除します．これによりパルス・バイ・パルスによる過電流保護を実現することができます．図12(a)に動作イメージを示します．

過電圧保護は，スタティックOVPとダイナミックOVPの2種類があり，PFC出力電圧のA-D変換値を使用してプログラム上で実行します．スタティックOVPは450Vを越えたときに動作し，PWM出力信号を停止します．ダイナミックOVPは420Vを越えたときに動作し，出力電圧が過電圧になるまえにPWM出力のデューティ比をしぼり，電流を制限することによって過電圧を防止する機能です．図12(b)に動作イメージを示します．

▶ ソフト・スタート

ソフト・スタートは，PFC制御が起動したときに過大な電流が流れることを防止する機能です．起動直後は出力コンデンサの電圧が低いため，出力側が無負荷であったとしても大きな入力電流が流れてしまいます．

そこで，最初は電圧制御の目標値を低く設定しておき，ゆっくりと本来の目標値まで上げることによって，電流の目標値を徐々に上げるように調整します．図

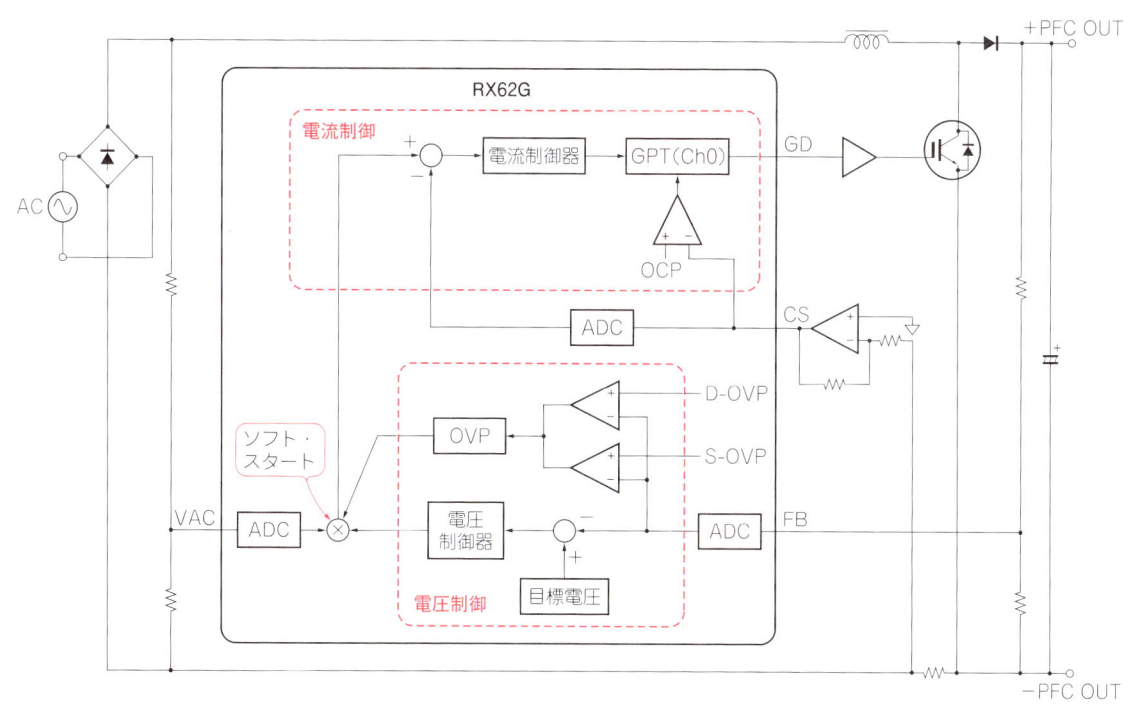

図11 PFC制御のブロック図

6-2 RXマイコンを用いた連続シングルPFC回路の設計と試作

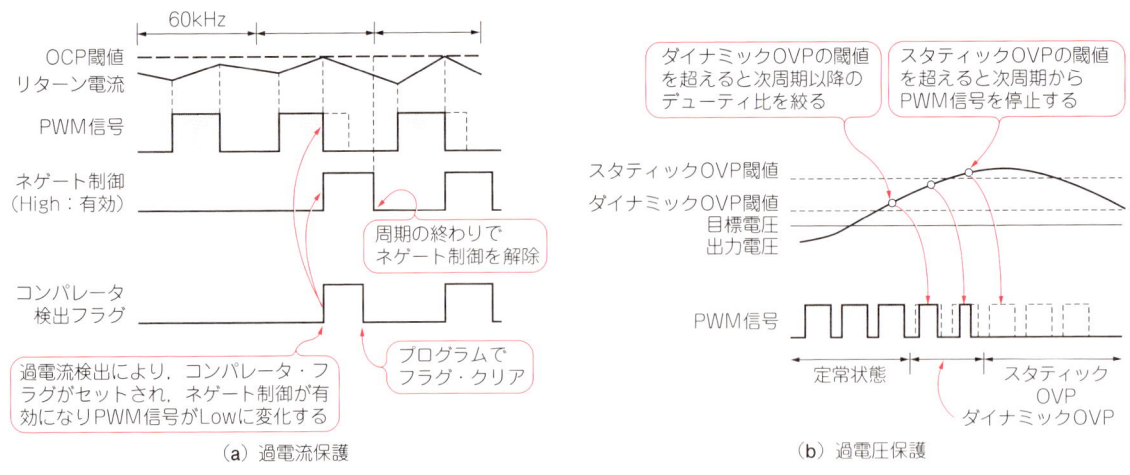

図12　保護機能
(a) 過電流保護
(b) 過電圧保護

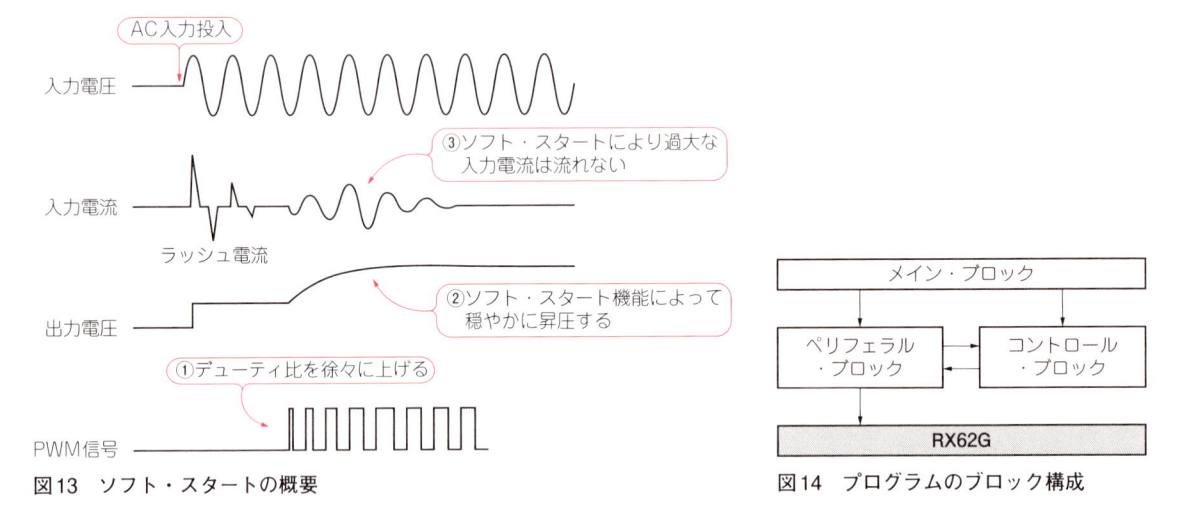

図13　ソフト・スタートの概要

図14　プログラムのブロック構成

プログラムの構成

　図14にディジタルPFC制御のプログラム構成を示します．大きく分けてメイン・ブロック，ペリフェラル・ブロック，コントロール・ブロックの三つに分類できます．
　メイン・ブロックは，PFC制御の動作モードを管理します．このブロックが指定したモードやシーケンス処理に従って，ペリフェラル・ブロックやコントロール・ブロックが動作します．
　ペリフェラル・ブロックは，CPU周辺機能にアクセスするためのブロックです．周辺機能の初期化処理やタイマ設定値更新などの関数群で構成されます．
　コントロール・ブロックは，PFC制御を実行するブロックです．A-D変換値から電圧および電流制御を実行し，更新したデューティ比をペリフェラル・ブロックへ渡します．

● 制御フロー
▶メイン・ブロック
　図15にメイン・ブロックの制御フローを示します．
　マイコンが起動するとメイン・ブロックが実行され，変数やCPU周辺機能の初期化を行います．初期化を完了すると，PFC制御を開始する起動シーケンスを実行します．起動シーケンスが指定したモードに合わせて，コントロール・ブロックが制御器の初期化，ソフト・スタート開始，定常処理へと順に遷移していきます．

▶コントロール・ブロック
　図16にコントロール・ブロックの制御フローを示します．
　本ブロックは，スイッチング周期で実行するA-D変換完了割り込み処理で実行します．処理内容としては，制御器の初期化，ソフト・スタート，定常処理，

図15 メイン・ブロックのフロー

図16 コントロール・ブロックのフロー

図17 初期化フロー

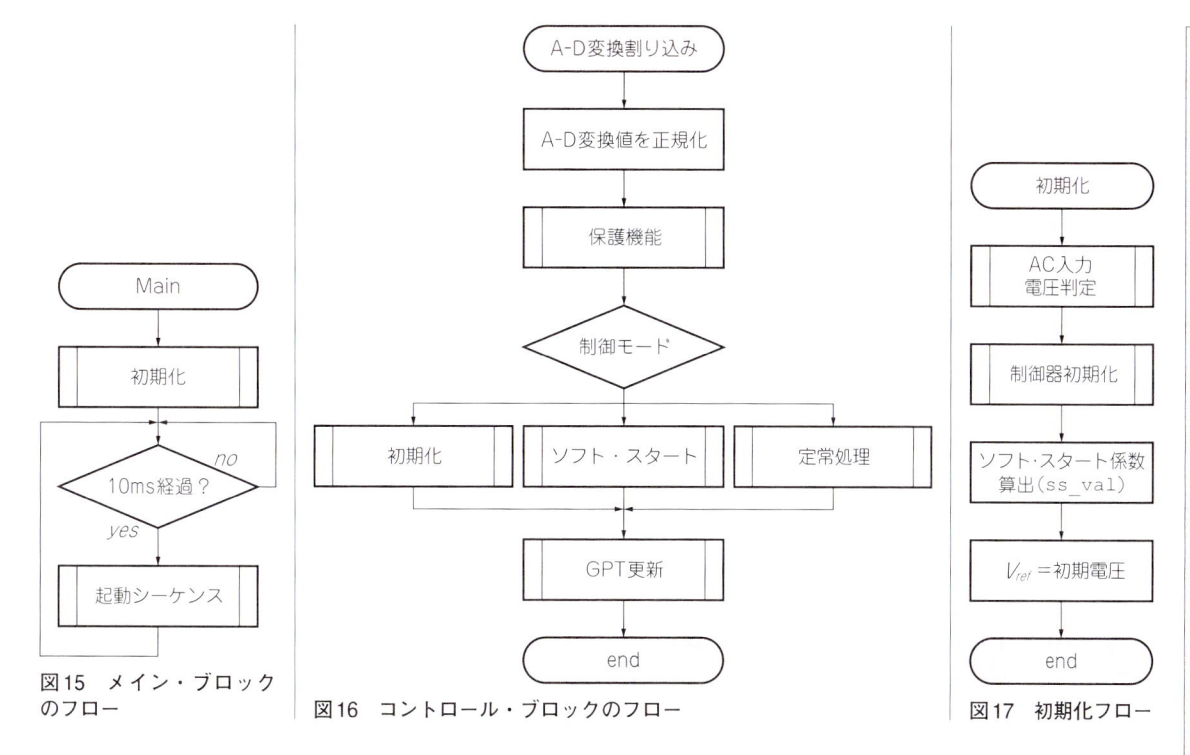

保護機能があります．

(1) 初期化

図17に初期化フローを示します．メイン・ブロックの起動シーケンスが実行されると制御モードが変更され，制御器の初期化を実行します．初期化処理を実行するまえには入力電圧判定処理を実装しており，AC 100/200 V判定を行います．その後，入力電圧に合わせて制御器の設定を行います．また，目標電圧を初期電圧に変更し，ソフト・スタート用の係数も算出しておきます．

(2) ソフト・スタート

図18にソフト・スタートのフローを示します．初期化を完了すると，ソフト・スタート処理を実行します．A-D変換器で検出したPFC出力電圧とリターン電流を用いて，電圧制御と電流制御を実行しつつ，緩やかにPFC出力電圧を昇圧し，過大な入力電流が流れないように制御します．

まず，目標電圧までの立ち上げ時間を決定します．その後，立ち上げ時間とスイッチング周期から加算値を算出し，電圧制御の目標値に毎周期加算します．すると電圧制御の操作量がゆっくりと上昇し，電流制御の目標値が徐々に上昇するので，電流制御器の操作量も緩やかになります．その結果，PWM信号のデューティ比が徐々に大きくなり，過大な入力電流が流れるのを防ぐことができます．

(3) 定常処理

図19に定常処理のフローを示します．ソフト・スタートによって電圧目標値が本来の値まで加算され，出力電圧が目標電圧に達したら定常処理へ移行します．ソフト・スタート処理と同様に，A-D変換器で検出したPFC出力電圧とリターン電流を用いて電圧および電流制御を実施します．異なる点は，電圧制御の目標値が固定となります．

(4) 保護機能

スイッチング周期でA-D変換したPFC出力電圧が過電圧の場合は，過電圧保護機能(OVP)が動作します．図20にフローを示します．

制御器の調整方法

● 位相進み/遅れ補償

本プログラムのコントローラは，古典制御の一つである位相進み/遅れ補償を用いて実現しています(その他の制御方法を使用することも可能)．位相進み/遅れ補償は，過渡特性や安定性を改善する位相進み補償と，定常特性を改善する位相遅れ補償によって構成されます．電流制御および電圧制御にそれぞれ適用します．図21にコントローラのブロック線図を示します．

式(4)に，位相進み/遅れ補償の伝達関数を示します．

$$G_C(s) = G_{DC} \frac{\left(1 + \dfrac{s}{\omega_{zi}}\right)\left(1 + \dfrac{s}{\omega_{zd}}\right)}{\left(1 + \dfrac{s}{\omega_{pi}}\right)\left(1 + \dfrac{s}{\omega_{pd}}\right)} \quad \cdots\cdots\cdots (4)$$

G_{DC}：直流ゲイン

ω_{zi}：ゼロ周波数(位相遅れ補償)［rad/sec］
ω_{pi}：ポール周波数(位相遅れ補償)［rad/sec］
ω_{zd}：ゼロ周波数(位相進み補償)［rad/sec］
ω_{pd}：ポール周波数(位相進み補償)［rad/sec］

式(4)は，連続時間領域で表した伝達関数であり，アナログ制御で使用します．これをプログラムへ実装するためには離散化する必要があり，さらに差分方程式へ変換します．位相遅れ補償器の差分方程式を式(5)，位相進み補償器の差分方程式を式(6)に示します．

$G_{C1}(z)$：
```
Y1[n] = A10 × X1[n]
      + A11 × X1[n-1]
      + B11 × Y1[n-1] ·················· (5)
```

$G_{C2}(z)$：
```
Y2[n] = A20 × X2[n]
      + A21 × X2[n-1]
      + B21 × Y2[n-1] ·················· (6)
```

X1[n]：今回のサンプリングにおける偏差
X1[n-1]：前回のサンプリングにおける偏差
Y1[n]：今回のサンプリングにおける演算結果
Y1[n-1]：前回のサンプリングにおける演算結果
X2[n]：今回のサンプリングにおける入力(Y1[n])
X2[n-1]：前回のサンプリングにおける入力
　　　　(Y1[n-1])
Y2[n]：今回のサンプリングにおける演算結果
Y2[n-1]：前回のサンプリングにおける演算結果

各項の係数は次の式から算出することができます．

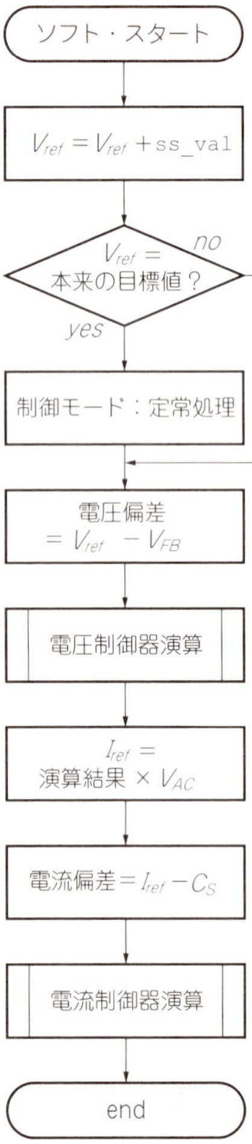

図18　ソフト・スタートのフロー

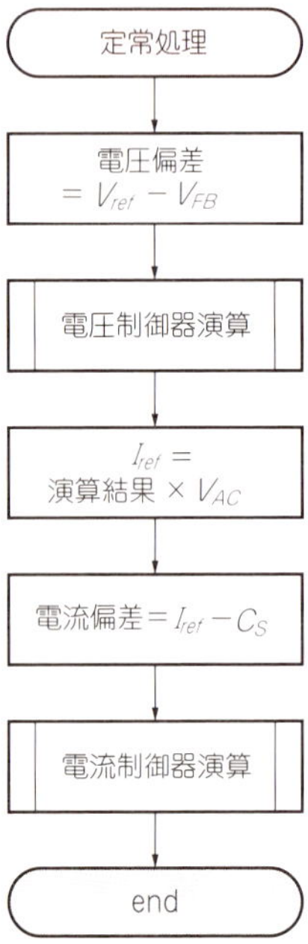

図19　定常状態のフロー

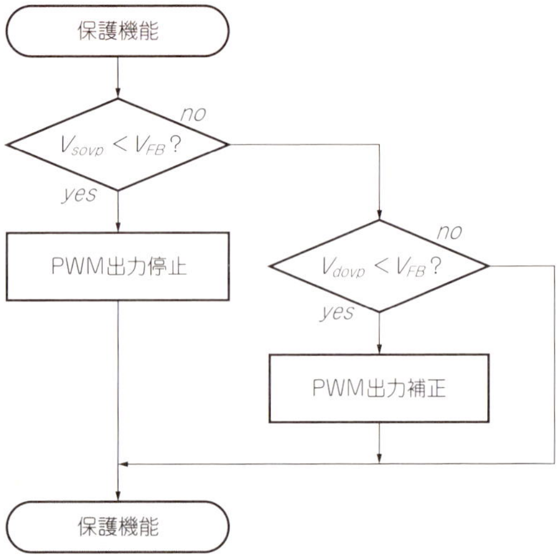

図20　保護機能のフロー

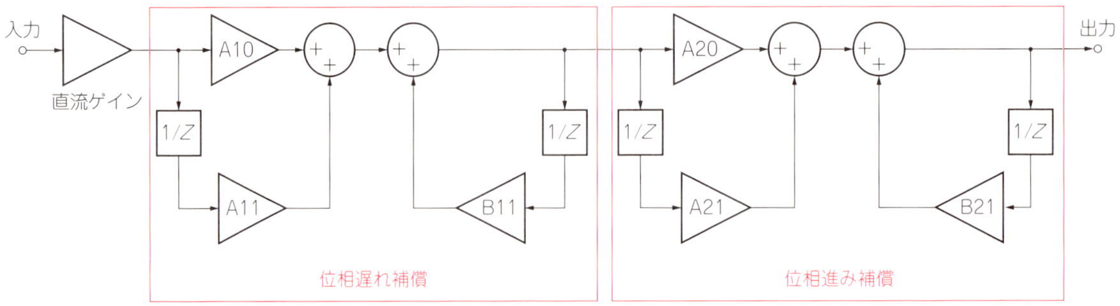

図21　コントローラのブロック線図

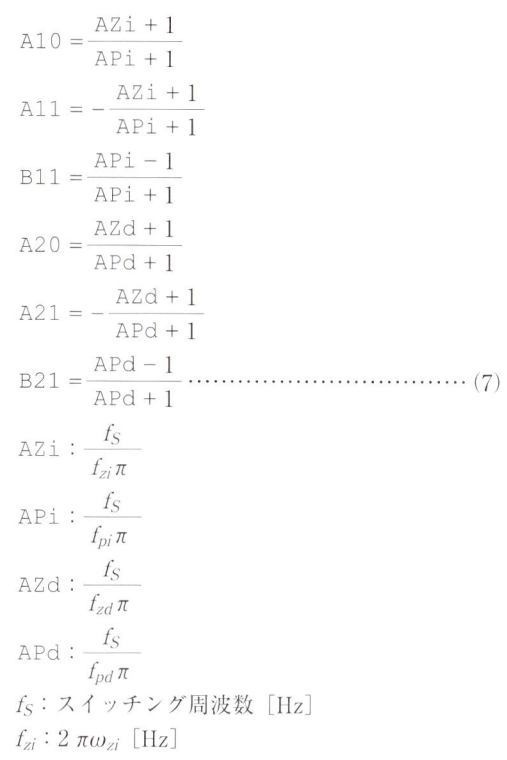

$$A10 = \frac{AZi + 1}{APi + 1}$$

$$A11 = -\frac{AZi + 1}{APi + 1}$$

$$B11 = \frac{APi - 1}{APi + 1}$$

$$A20 = \frac{AZd + 1}{APd + 1}$$

$$A21 = -\frac{AZd + 1}{APd + 1}$$

$$B21 = \frac{APd - 1}{APd + 1} \quad \cdots\cdots\cdots\cdots (7)$$

$$AZi : \frac{f_S}{f_{zi}\pi}$$

$$APi : \frac{f_S}{f_{pi}\pi}$$

$$AZd : \frac{f_S}{f_{zd}\pi}$$

$$APd : \frac{f_S}{f_{pd}\pi}$$

f_S：スイッチング周波数［Hz］
$f_{zi} : 2\pi\omega_{zi}$ ［Hz］
$f_{zd} : 2\pi\omega_{zd}$ ［Hz］
$f_{pi} : 2\pi\omega_{pi}$ ［Hz］
$f_{pd} : 2\pi\omega_{pd}$ ［Hz］

位相進み/遅れ補償は，二つのポール周波数と二つのゼロ周波数を調整することによりA10～B21の各係数を算出し，特性を決めることができます．また，位相遅れ補償器の前には直流ゲインを直列に接続しているため，合計で五つのパラメータを調整して特性を決定します．

● 制御器調整方法

PFCの制御器設計方法を説明します．制御器を設計するまえに，制御対象であるPFC回路の周波数特性を確認する必要があります．そこで，シミュレータを使用して周波数特性を確認します．**図22**（a）に制御対象のデューティ-入力電流間の周波数特性を，**図22**（b）にデューティ-出力電圧間の周波数特性を示します．

● 電流制御器

図22（a）に示した，デューティから入力電流までの周波数特性を制御するコントローラを設計します．

PFC制御における電流制御は，目標値としてAC入力電圧を使用し，入力電圧と電流の位相を合わせるよう制御します．そのため，ゲイン交差周波数をAC入力周波数よりも高い周波数帯に設定します．ただし，あまり高い周波数帯に設定してしまうと，電流波形が発振してしまうので注意が必要です．目安としては，コントローラと制御対象を含めた周波数特性において，1～10 kHzあたりでゲイン曲線が交差するように調整します．調整例を**図23**に示します．

● 電圧制御器

PFC回路は，AC入力電圧を全波整流してDC電圧へ変換するため，出力電圧にAC入力周波数の2倍周波数のリプルが発生しやすくなります．そこで電圧制御器は，この周波数に応答しないようにゲイン交差周波数を低く設計します．ただし，あまり低くしてしまうと負荷急変などによる応答性に影響が出てしまいます．目安はコントローラと制御対象を含めた周波数特性において，1～10 Hzあたりで交差するように調整します．

また，出力負荷が重負荷になった場合に出力電圧が目標電圧から降下しないよう，低周波数帯のゲインを上げて定常特性を改善します．ただし，あまり上げすぎてしまうと出力電圧に発振が起こりやすくなります．**図24**に調整例を示します．

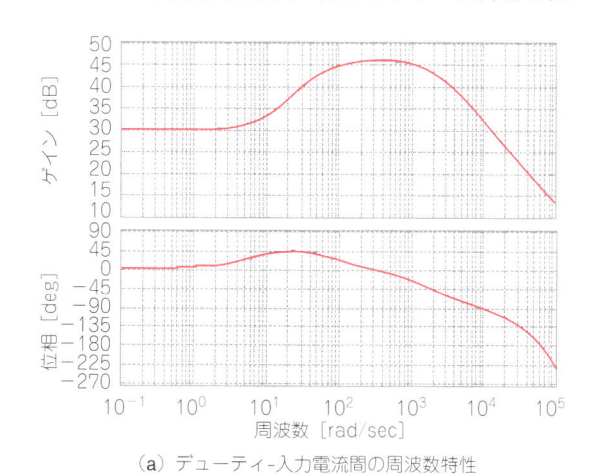

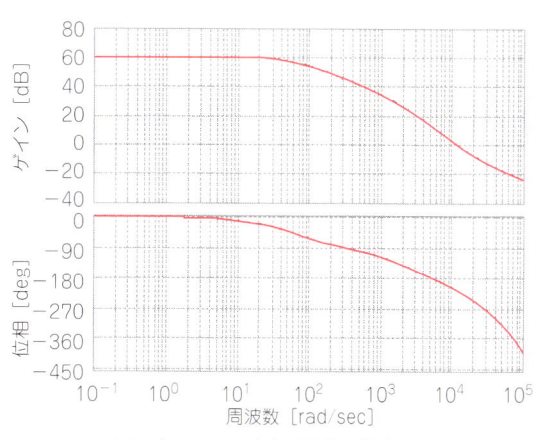

（a）デューティ-入力電流間の周波数特性

（b）デューティ-出力電圧間の周波数特性

図22 制御対象の周波数特性

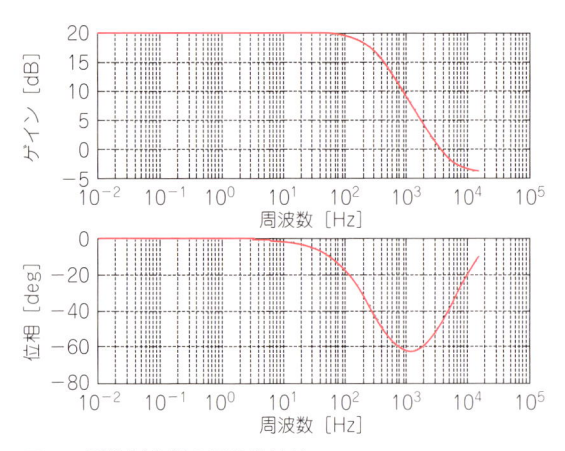

図23 電流制御器の周波数特性

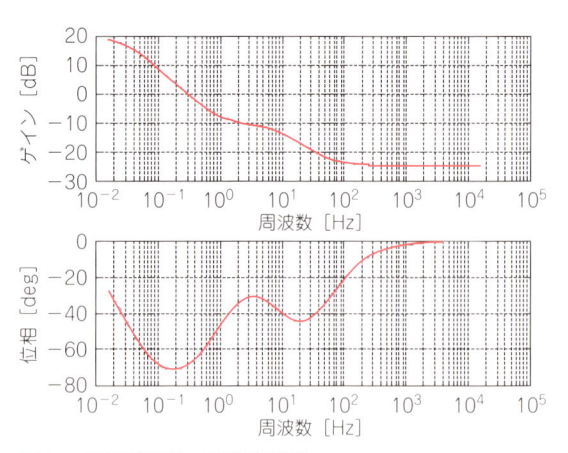

図24 電圧制御器の周波数特性

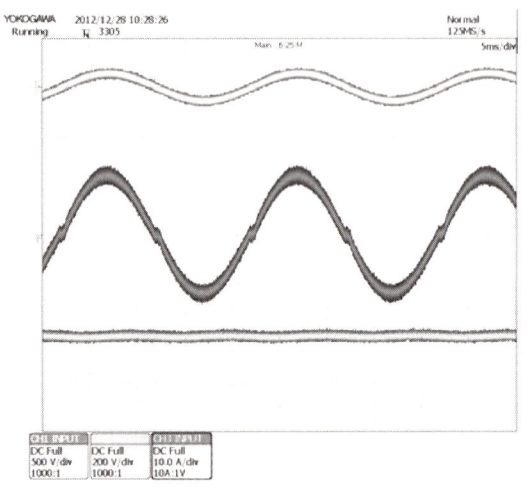

写真2 750W時の定常波形（AC 100 V）
上から，入力電圧（500 V/div），入力電流（10 A/div），出力電圧（200 V/div，5 ms/div）

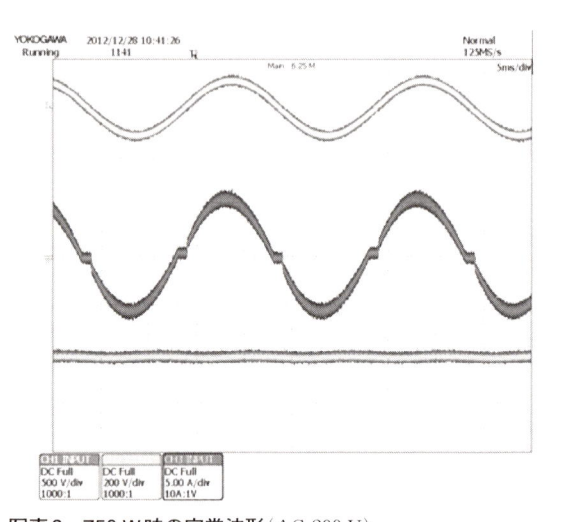

写真3 750W時の定常波形（AC 200 V）
上から，入力電圧（500 V/div），入力電流（5 A/div），出力電圧（200 V/div，5 ms/div）

表4 静特性（AC 100/200 V 入力時）

入力電圧	出力負荷[W]	力率	効率 [%]	出力電圧 [V]
AC 100 V	100	0.944	85.6	394.5
	400	0.992	90.8	394.1
	750	0.997	91.0	393.0
AC 200 V	100	0.803	87.8	394.7
	400	0.956	94.5	394.1
	750	0.983	95.5	393.1

RX62Gによるディジタル PFC制御の測定データ

● 静特性

　AC 100 V/200 V入力における力率，効率，出力電圧を表4に示します．また，定格負荷時の定常波形を写真2，写真3に示します．

● 負荷急変特性

　無負荷と定格負荷を100 ms周期で切り換えたときの波形を写真4，写真5に示します．

まとめ

　アナログ方式のPFC制御では，ICごとに機能が異なる場合や，フェーズ・ドロップ機能やブラウン・アウト機能といったマイコンと組み合わせて実現する機能がありました［参考文献(4)参照］．本稿のようにPFC制御をディジタル方式にすれば，これらをマイコン単体で実現することが可能になり，部品削減や基板の小型化に貢献することができます．

　それ以外にも，ユーザ・パソコンとの通信機能，PFCと後段のDC-DCコンバータなどをワンチップで制御…といったように，ユーザのプログラム次第でさまざまな仕様を実現できることが，ディジタル制御のメリットと言えます．

〈福田　圭介〉

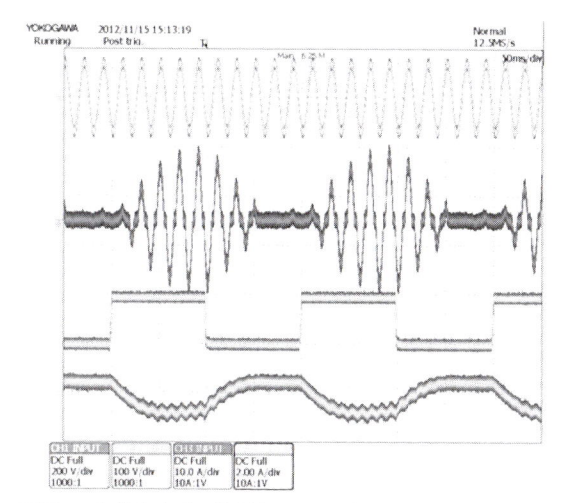

写真4 負荷急変時の波形（AC 100 V）
上から，入力電圧（200 V/div），入力電流（10 A/div），出力電流（2 A/div），出力電圧（100 V/div，50 ms/div）

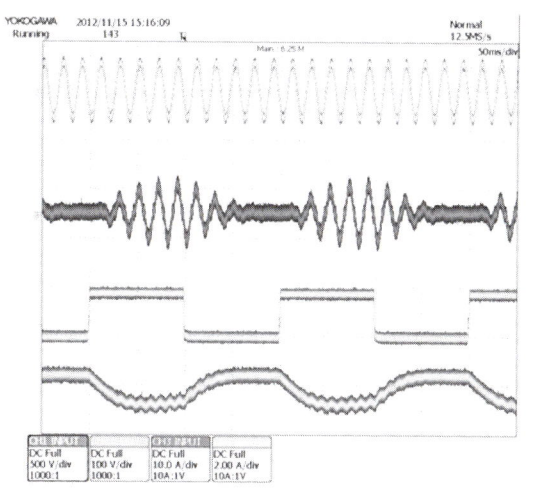

写真5 負荷急変時の波形（AC 200 V）
上から，入力電圧（500 V/div），入力電流（10 A/div），出力電流（2 A/div），出力電圧（100 V/div，50 ms/div）

◆参考文献◆

(1) RX62Gグループ ユーザーズマニュアル ハードウェア編，㈱ルネサス エレクトロニクス．
(2) RJK60S7DPK（MOSFET）データシート，㈱ルネサス エレクトロニクス．
(3) RJS6004WDPK（SiC-SBD）データシート，㈱ルネサス エレクトロニクス．
(4) 喜多村 守：インターリーブ連続モード3kW PFCの設計と試作，グリーン・エレクトロニクスNo.3，p.73，CQ出版社．

6-3 フェーズ・シフト・フル・ブリッジZVS電源の設計と試作

筆者は参考文献(4)で，フェーズ・シフト・フル・ブリッジZVS-PWM方式の制御IC R2A20121SP（ルネサス エレクトロニクス）を使った電源ボード400W，12V，33Aの設計と試作について紹介しました．この回路方式は高効率な電源としてサーバ用電源やバッテリ充電器などに採用されていますが，制御方式についてはアナログ制御のほか，ここ数年でディジタル制御方式の採用も増えています．

本稿では，ルネサス エレクトロニクスのパワー・エレクトロニクス制御用マイコンRX62Gを使い，前回とほぼ同一仕様のフェーズ・シフト・フル・ブリッジZVSコンバータの設計と試作について紹介します．

ディジタル制御とアナログ制御

専用IC R2A20121SPで試作した電源仕様と同じパワー・ステージを，RX62Gを使って試作しました．これにより，同等の性能をマイコンで簡単に得られることや，電源技術者のアイデア次第でもっと高性能化できる可能性を示せると考えています．

● システム構成の比較

電源をアナログ制御する場合とディジタル制御する場合を比較すると図25のようになります．

アナログ制御は，OPアンプによるフィードバック制御器とアナログ・コンパレータ，および基準電圧源から構成されます．ディジタル制御は，A-Dコンバータとソフトウェアもしくはディジタル回路によるフィードバック制御器，PWMタイマ，および（出力電圧）目標値からなります．

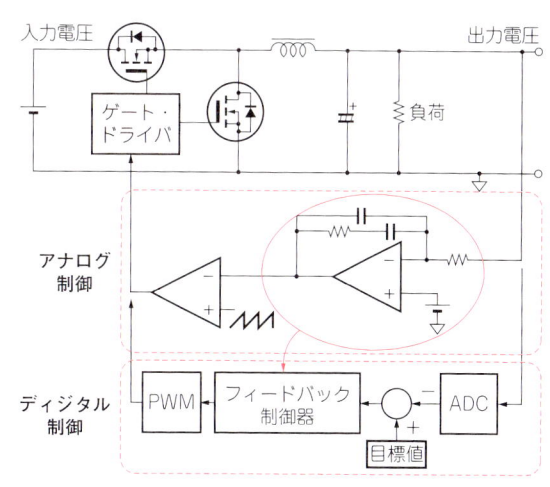

図25 電源システムの比較

アナログ制御はすべてアナログ回路で構成されますが，ディジタル制御ではおもなアナログ回路はA-Dコンバータだけになります．このように回路構成は大きく異なりますが，どちらも電源として十分な性能を得ることができます．特にマイコンを使ったディジタル電源は，設計者が意図する機能を独自に実現できるというメリットがあります．

● 外部回路構成の比較

次に，制御ICの周辺回路について見てみます．アナログ制御では図26(a)のようにコンデンサと抵抗で内蔵機能の調整を行いますが，マイコンでは図26(b)のようにすべてソフトウェアで行いますので，C, R部品が減るうえ，調整が簡単で高精度になります．マイコンでは，設計条件しだいでPFC制御やシステム・コントロールの機能を一つのマイコンに実装することも可能です．

そのほかの外部回路として，マイコンではA-Dコンバータの前段にOPアンプによるバッファ回路が必要になることがあります．MOSFETのドライブは，高出力電源では専用アナログICでもドライブICを使うことが多いため，どちらも同等といえます．

フル・ブリッジZVS-PWM方式

フェーズ・シフト・フル・ブリッジZVS動作について簡単に説明します．詳細な動作については文献(4)を参照してください．

この方式はPWM制御方式ですが，LC共振現象を応用することで，スイッチング・エッジをZVS(Zero Volt Switching)動作させて，スイッチング損失を低減します．

● 回路構成

回路構成は図27のように，1次側がフル・ブリッジ，2次側が同期整流カレント・ダブラとなっています．ハード・スイッチング方式のフル・ブリッジ方式と異なることは，MOSFETのドレイン-ソース間の静電容量を積極的に利用することと，1次巻き線と直列にインダクタンスが入ることです．この静電容量とインダクタンスの働きでZVS動作を実現します．

2次側はZVS動作とは関係がありませんが，同期整流のカレント・ダブラ回路となっており，導通損失を低減しています．

● スイッチングのタイムチャート

この電源方式は，PWM信号をフェーズ・シフト方式で生成します．動作は，対角のMOSFETがそれぞれ同時にON/OFFするのではなく，図28のようにそれぞれのMOSFETはデューティ50％で動作し，G_A/G_Bに対してG_D/G_Cの位相がシフトします．こうすることで，対角のMOSFETが同時にONする期間T_{ON}

(a) アナログ制御

(a) マイコン制御

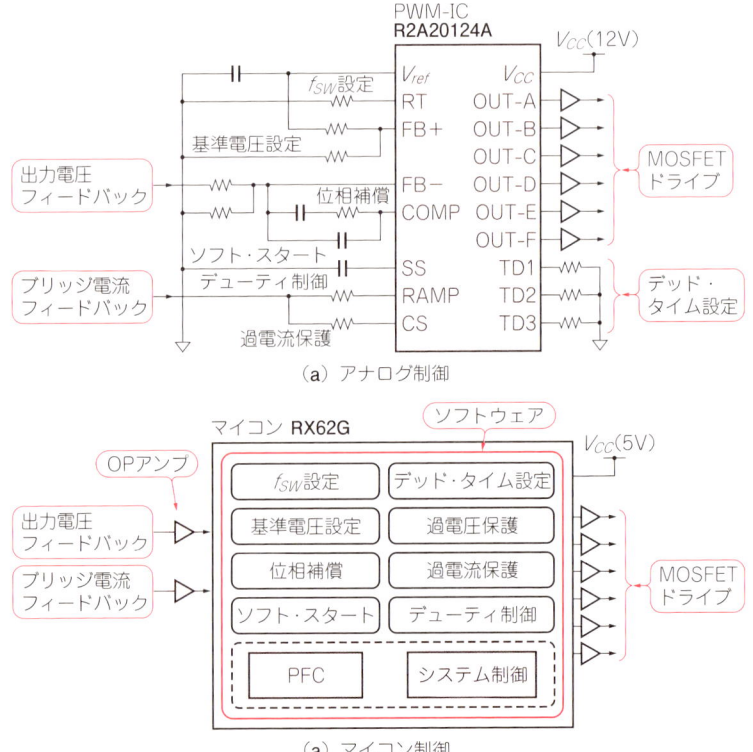

図26 アナログ方式とディジタル方式の外部回路比較

を変えています．

● ZVS（Zero Volt Switching）

スイッチング・エッジでのZVS動作について図29，図30を使って説明します．図30の動作タイミングを見ると，図29の各スイッチがOFFすると，そのスイッチ両端電圧がデッド・タイム期間に徐々に上昇／下降していくことがわかります．その後，スイッチ両端電圧がほぼ0Vになったところでスイッチ電流が流れ始めています．これがZVS動作で，スイッチング損失を低減することができます．

図29①～④は各スイッチがONからOFFに移行するタイミングでの電流の流れを示しており，スイッチ両端のコンデンサが充電されることがわかります．

① S_D OFF：I_{ad}とL_{lk}によってC_CとC_Dを充放電
② S_A OFF：I_{chg1}とL_{lk}によってC_AとC_Bを充放電
③ S_C OFF：I_{cb}とL_{lk}によってC_CとC_Dを充放電
④ S_B OFF：I_{chg3}とL_{lk}によってC_AとC_Dを充放電

　　T_{d1}：S_A-S_B間のデッド・タイム
　　T_{d2}：S_C-S_D間のデッド・タイム
　　I_{AD}：S_A-S_D間の電流（図30のスイッチ電流のみ）
　　I_{CB}：S_C-S_B間の電流（図30のスイッチ電流のみ）

● 同期整流カレント・ダブラ

2次側は同期整流型のカレント・ダブラとなっています．この方式は低出力電圧かつ大出力電流の電源で，導通損失を低減する効果があります．図31は図27の回路での動作タイミングです．2次巻き線に電圧が発生するタイミングで低オン抵抗のMOSFET G_E，G_FをONすれば，ダイオードよりも低損失な整流回路を実現できます．

さらに，2次巻き線に発生する正負極性の電圧を位相をずらして並列接続するため，リプルと電圧，電流の低減を図ることができます．

フル・ブリッジZVS-PWMコンバータの試作

今回試作したボードは，パワー・ボードとマイコン・ボードが分離しています．パワー・ボードの仕様は文献（4）で紹介したR2A210121SPを使用したボードと同じです．主要デバイスも同じですが，マイコンの制御能力を確認するために，スイッチング周波数を2倍の180kHzとしています．表5に，おもな設計仕様を示します．

● 電源ボードの外観とシステム構成

写真6は試作ボードの外観です．マイコン・ボード

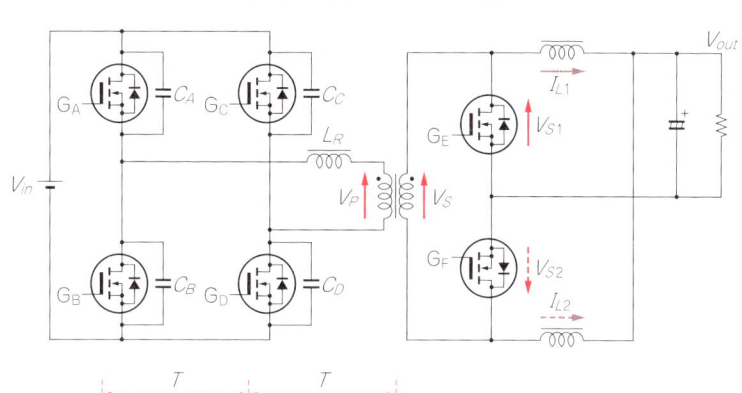

図27　フェーズ・シフト・フル・ブリッジZVSの回路構成

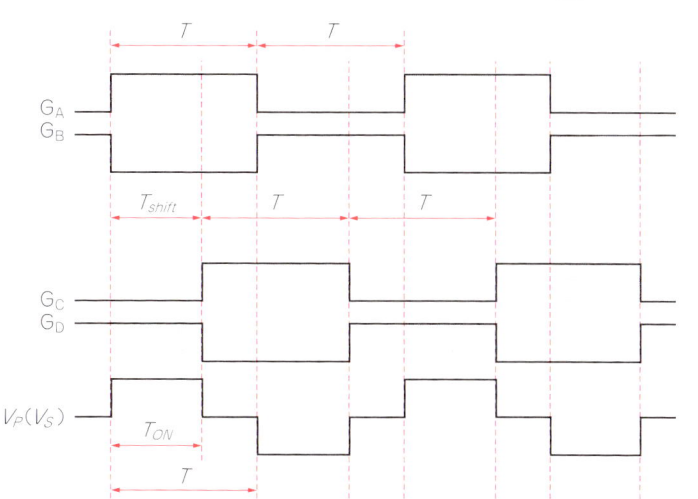

図28　フェーズ・シフト信号

6-3　フェーズ・シフト・フル・ブリッジZVS電源の設計と試作　87

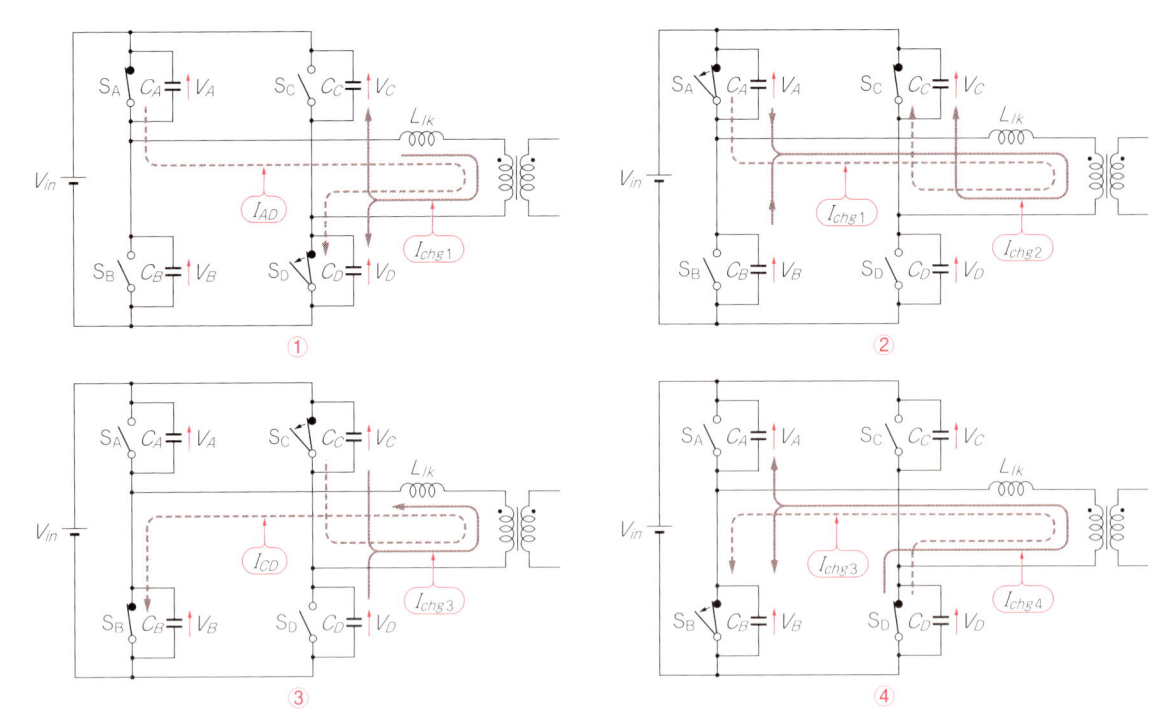

図29 スイッチ状態と電流

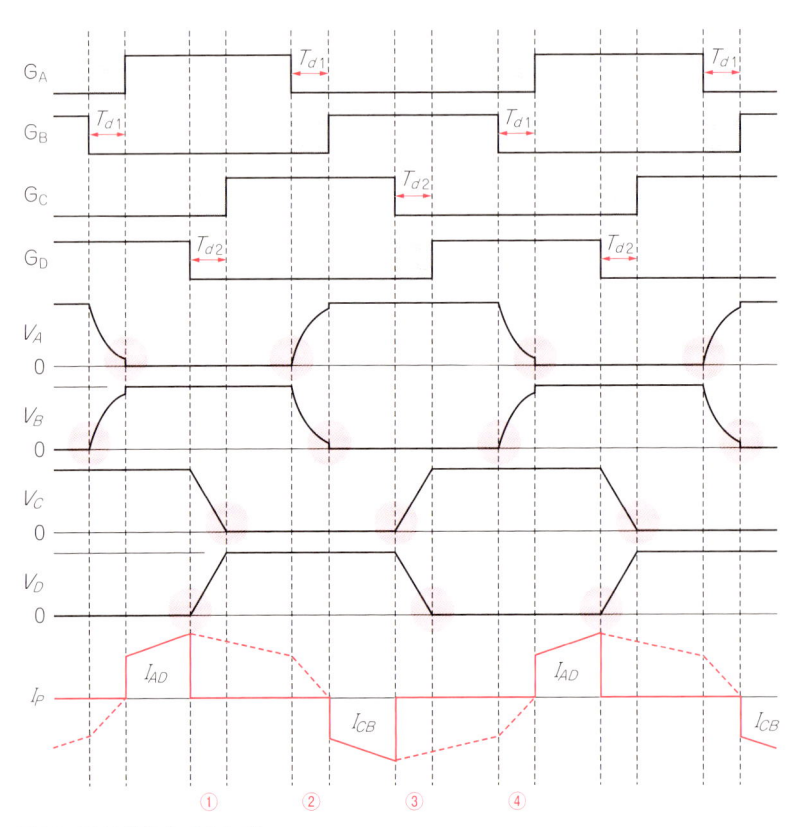

図30 ZVS動作タイミング

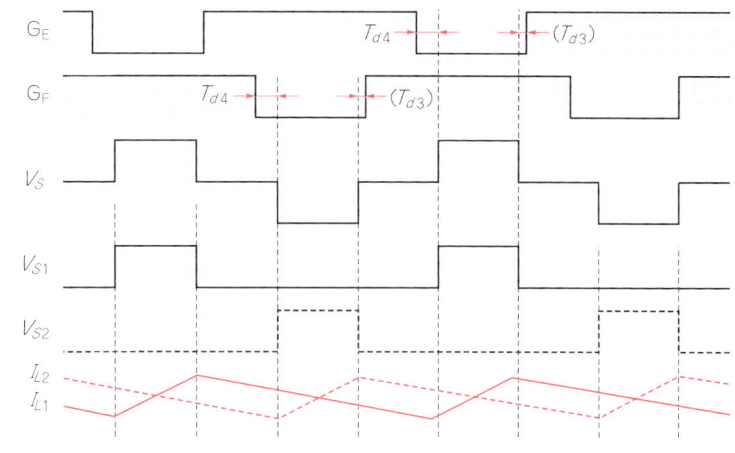

図31 同期整流カレント・ダブラの動作タイミング

表5 フル・ブリッジZVS-PWMコンバータの設計仕様

項　目	記号	仕　様
入力電圧範囲	V_{ac}	330～400 V_{DC}
出力電圧	V_{out}	12 V
最大出力電流	$I_{out(max)}$	33.4 A
最大出力電力	$P_{out(max)}$	400 W
PWM周波数	f_{pwm}	360 kHz（180 kHz）
効率	η	91 %以上（入力400 V_{DC}，出力400 W）
2次側整流回路	－	カレント・ダブラ同期整流
マイコンの位置	－	2次側
補助電源	－	外部供給：12 V，±8 V

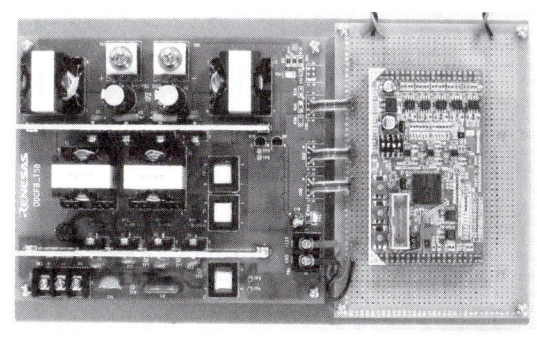

写真6 試作ボードの外観

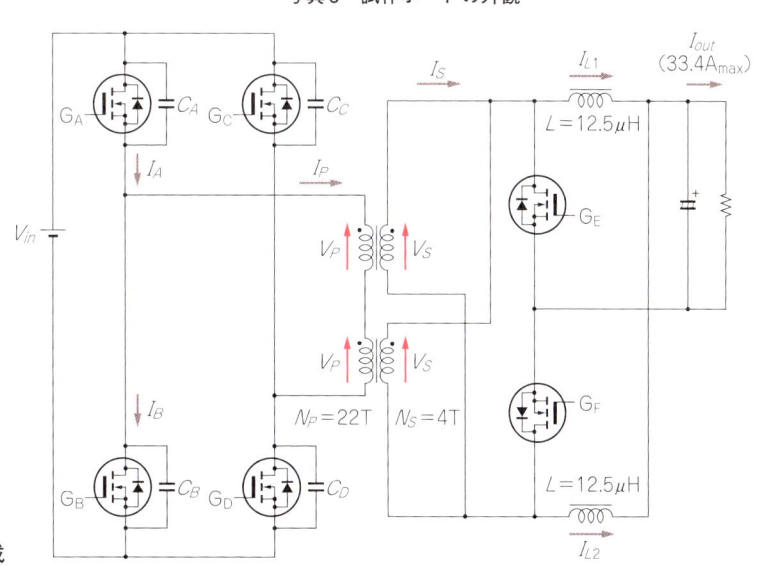

図34 フル・ブリッジ回路の構成

はユニバーサル基板に搭載して，パワー・ボードと接続しています．

● 回路

図32（p.90），図33（p.92）に今回試作した電源ボードの回路を示します．マイコンは一例として，RX62Gグループの R5F562GAADFP を使用しています．

● パワー・ステージの設計

主要パワー・デバイスの仕様について紹介します．詳細な設計方法については，文献（4）を参照してください．

▶フル・ブリッジ回路

フル・ブリッジ回路のトランスとMOSFETの仕様を決めます．回路構成を図34，入力電圧とONデュー

ティを表6のように決めると，トランスの巻き数比が求められます．

▶ 各部の電流

部品仕様を決めるために，各部の最大電流を求めます．電流は出力電流から逆算します．最大出力電流の1/4で臨界状態になるようにインダクタンスを求めると，12.5 μHとなります．このインダクタンスの最大ピーク電流を求めると20.7 Aになるので，トランスの巻き数比から1次巻き線電流を求めると3.8 Aとなります（図35）．

▶ ドライブ・トランス

図36（p.94）にフル・ブリッジ回路のMOSFETのドライブ回路を示します．今回の試作ではマイコンを2次側に置きますので，1次⇔2次間の絶縁とMOSFETのドライブを兼ねます．

● マイコン周辺回路

今回使用するマイコンRX62Gの電源電圧は5 Vですので，12～15 Vのゲート電圧を必要とするMOSFETをドライブするにはレベル・シフト回路が必要になり

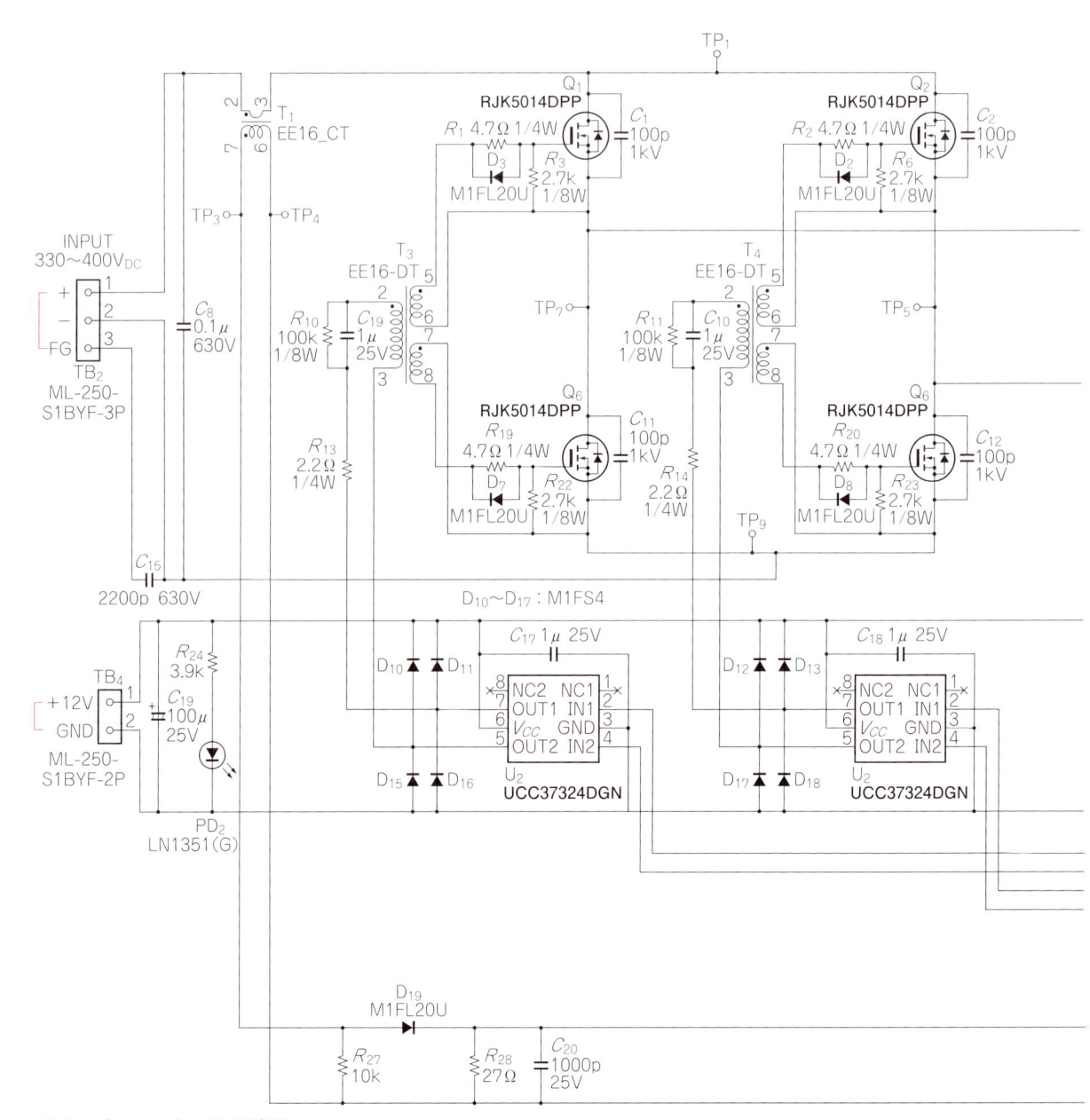

図32 パワー・ボードの回路図

ます．

出力電流や出力電圧をマイコンに取り込むために抵抗器を介してA-Dコンバータに接続することになりますが，A-Dコンバータ入力が高インピーダンスのためOPアンプなどによるバッファ回路を設けます．このとき，入力されるアナログ信号を正確にA-D変換するために，A-Dコンバータのサンプリング周波数の1/2以上の信号成分を十分に低減するようローパス・フィルタを設けます．

実際の回路は**図33**のマイコン・ボードの回路を参照してください．

表6 デューティとオン時間の設定 ($T_{PWM} = 5.56\ \mu s$, $f_{PWM} = 180\ kHz$)

V_{in}	165 V (330 V)	175 V (350 V)	190 V (380 V)	200 V (400 V)
デューティ	0.90	0.85	0.78	0.74
t_{ON}	5.00 μs	4.72 μs	4.34 μs	4.13 μs

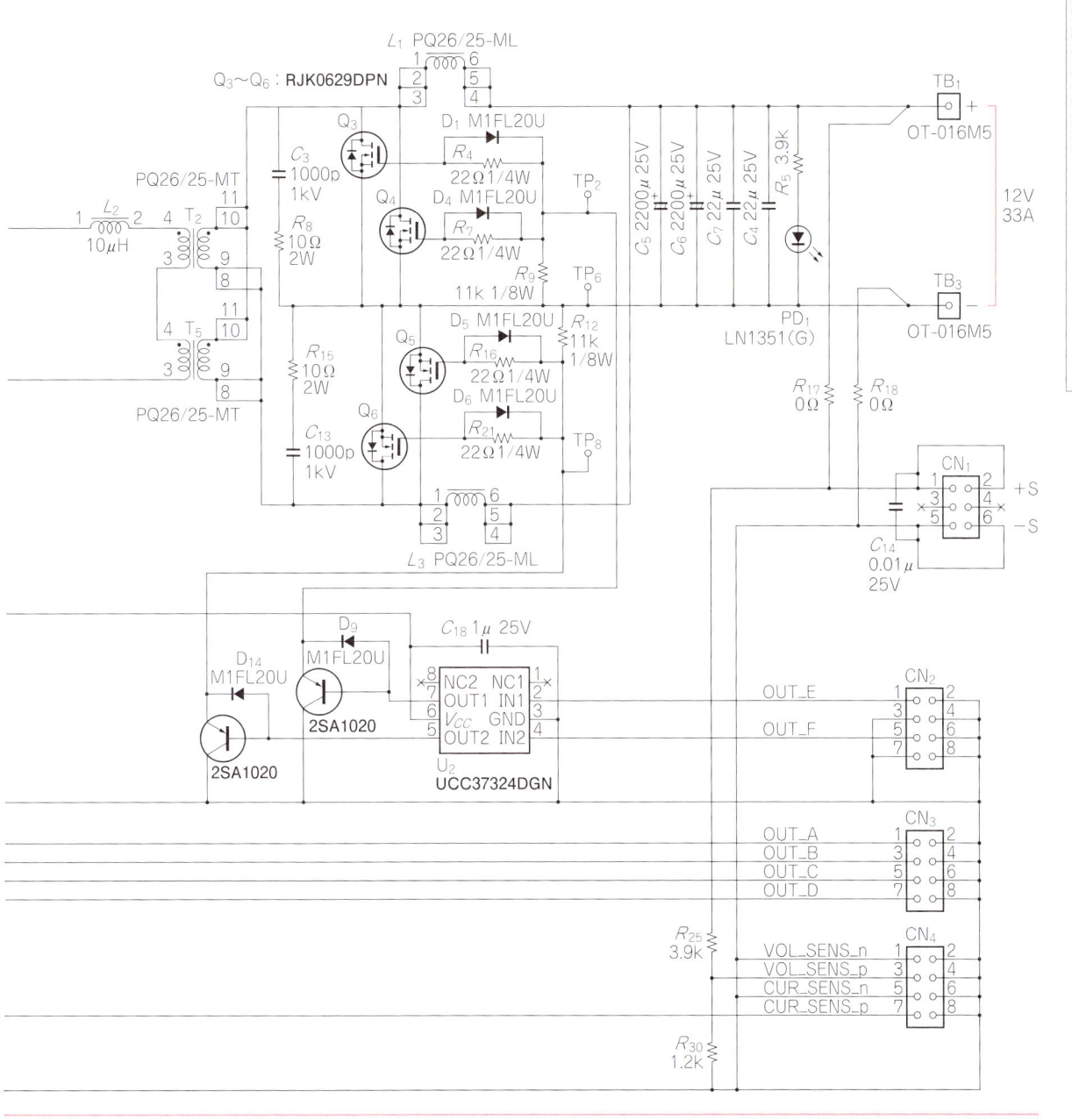

6-3 フェーズ・シフト・フル・ブリッジZVS電源の設計と試作

図33 マイコン・ボードの回路図

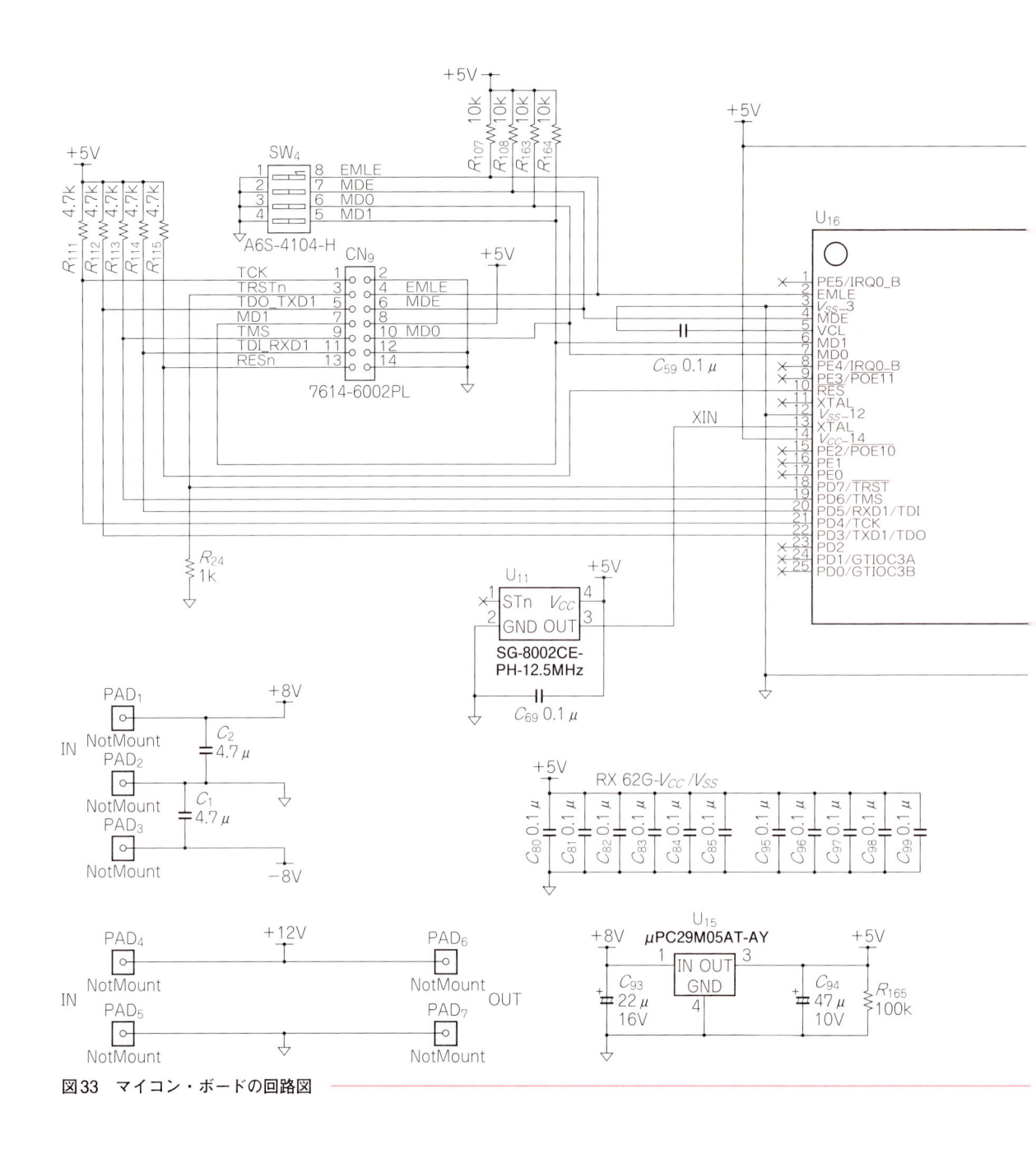

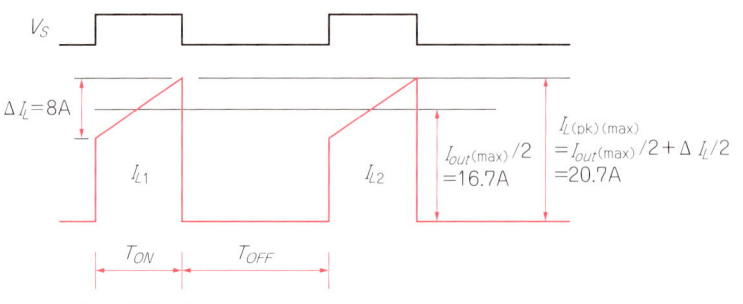

図35 2次側電流波形

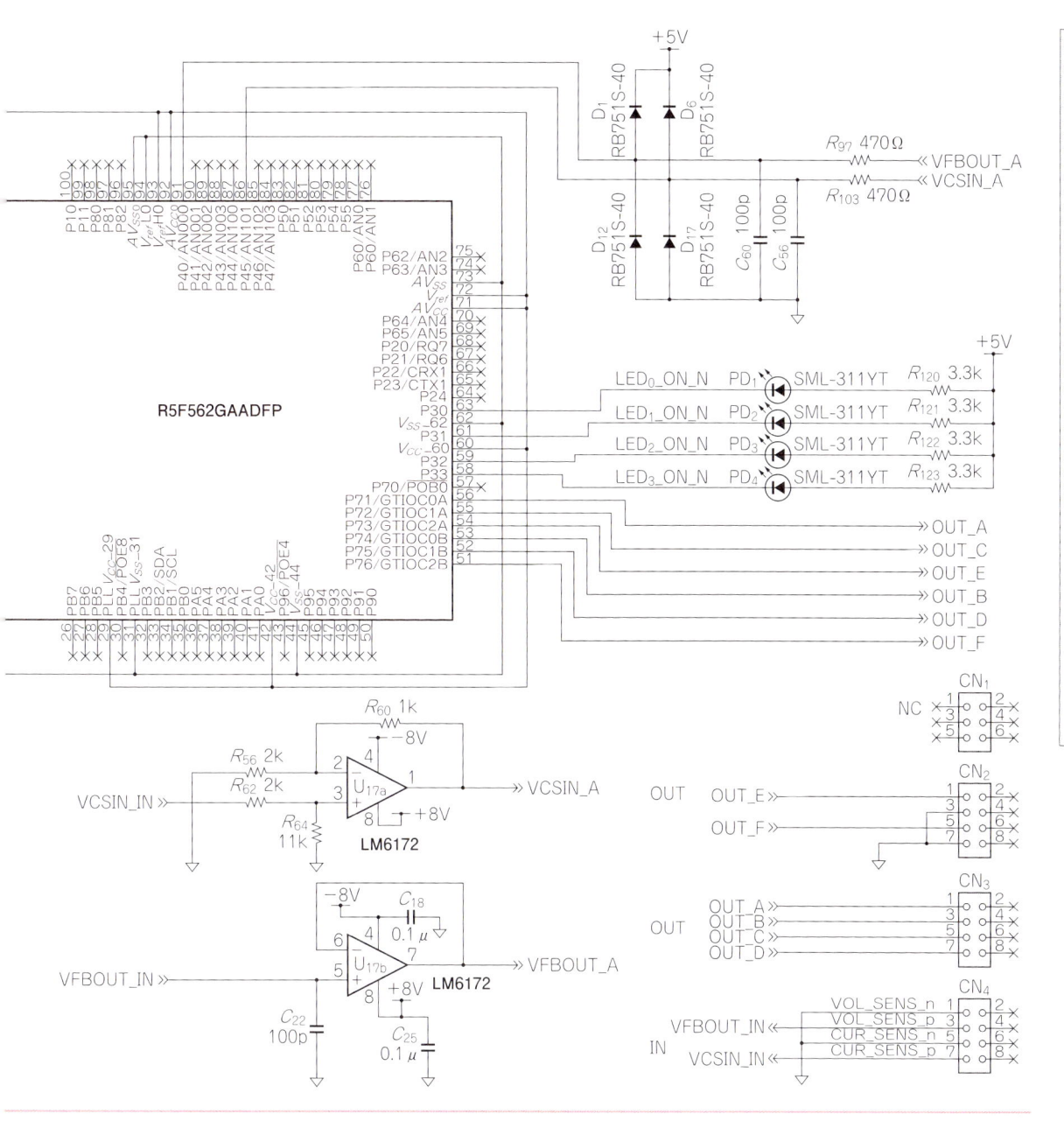

電源制御プログラムの設計

前節で設計したフル・ブリッジ回路をマイコン使って制御して，出力電圧を安定させます．そのために，どのように制御するかを具体的に説明していきます．

のアナログ・コンパレータで検出します．

出力電圧制御ではA-Dコンバータで取り込んだV_{FB}を基準値と比較し，一定の出力電圧となるようにPWM信号のONデューティを制御します．過電流はフル・ブリッジを構成するMOSFETの電流をカレント・トランスを使って検出し，負荷と電源自身を保護します．

● システム構成

図37に，今回試作したフル・ブリッジZVSコンバータのシステム構成を示します．このシステムでは，A-Dコンバータで出力電圧を取り込み，過電流を内蔵

● マイコンの基本設定

表7に，マイコン内蔵機能の設定仕様を示します．汎用PWMタイマGPTaのGPT0～GPT2を使って，

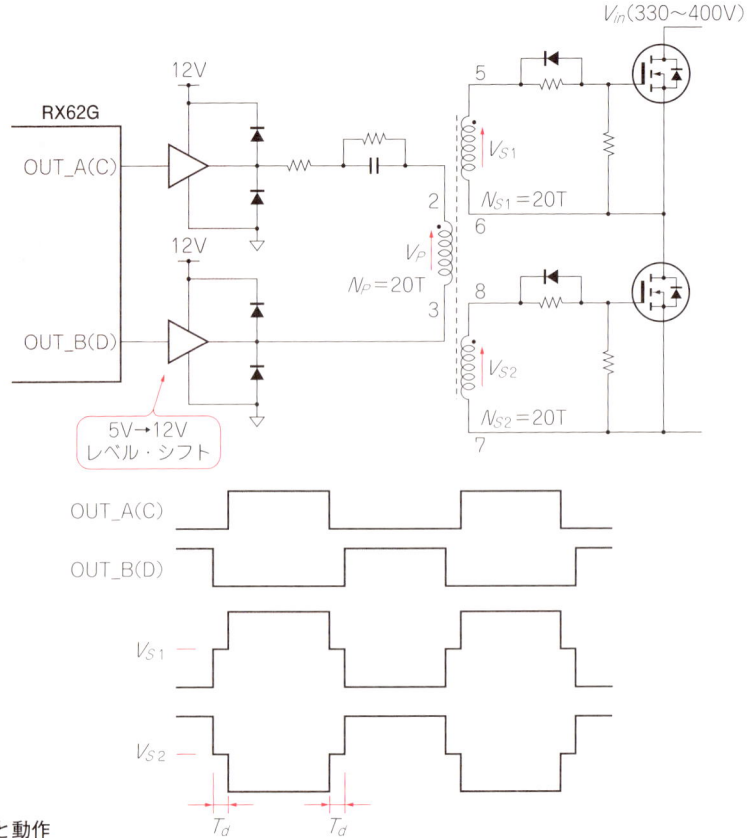

図36 MOSFETのドライブ回路と動作

スイッチング周波数180 kHzのフェーズ・シフト信号と同期整流制御信号を生成します．出力電圧の取り込みは，二つある12ビットA-Dコンバータ・ユニットのうちのS12ADA0を使い，GPT0からのトリガ信号でA-D変換します．

● 電源の基本動作

図38にフェーズ・シフト動作のタイミングを示します．RX62G内蔵の汎用PWMタイマGPTaを使うことで，簡単にフェーズ・シフト動作を実現できます．

フル・ブリッジを構成する四つのMOSFETのドライブ信号のうち，フェーズ固定のG_A，G_BをGPT0で生成します．フェーズが変化するG_C，G_DはGPT1で生成します．PWM信号のON時間を制御するため，制御器の演算で得たONデューティ比(t_shift)に応じてG_A，G_Bに対してフェーズをシフトします．G_B，G_DはRX62Gのデッド・タイム自動設定機能を使って，それぞれG_A，G_Cから生成します．

同期整流用MOSFETのドライブ信号G_E，G_Fは，GPT2で生成します．これらは相補信号ではないので，

表7 制御プログラムの設計仕様

周辺機能	設定項目	設定
12ビットA-Dコンバータ S12ADA0	A-D変換クロック	50 MHz(1 μs)
	動作モード	1サイクル・スキャン
	A-D変換開始タイミング	GPT0からのトリガ
汎用PWMタイマ GPTa	GPT0	ゲート信号G_A，G_B
	GPT1	ゲート信号G_C，G_D
	GPT2	ゲート信号G_E，G_F
	動作モード	のこぎり波ワンショット・パルス・モード
	動作クロック	100 MHz
	スイッチング周波数	180 kHz
	S12ADA0変換トリガ	GPT0.GTADTBRAコンペア・マッチ
コンペア・マッチ・タイマCMT	動作クロック	PCLK/32(50 MHz/32)
	設定周期	10 ms(main()実行周期)

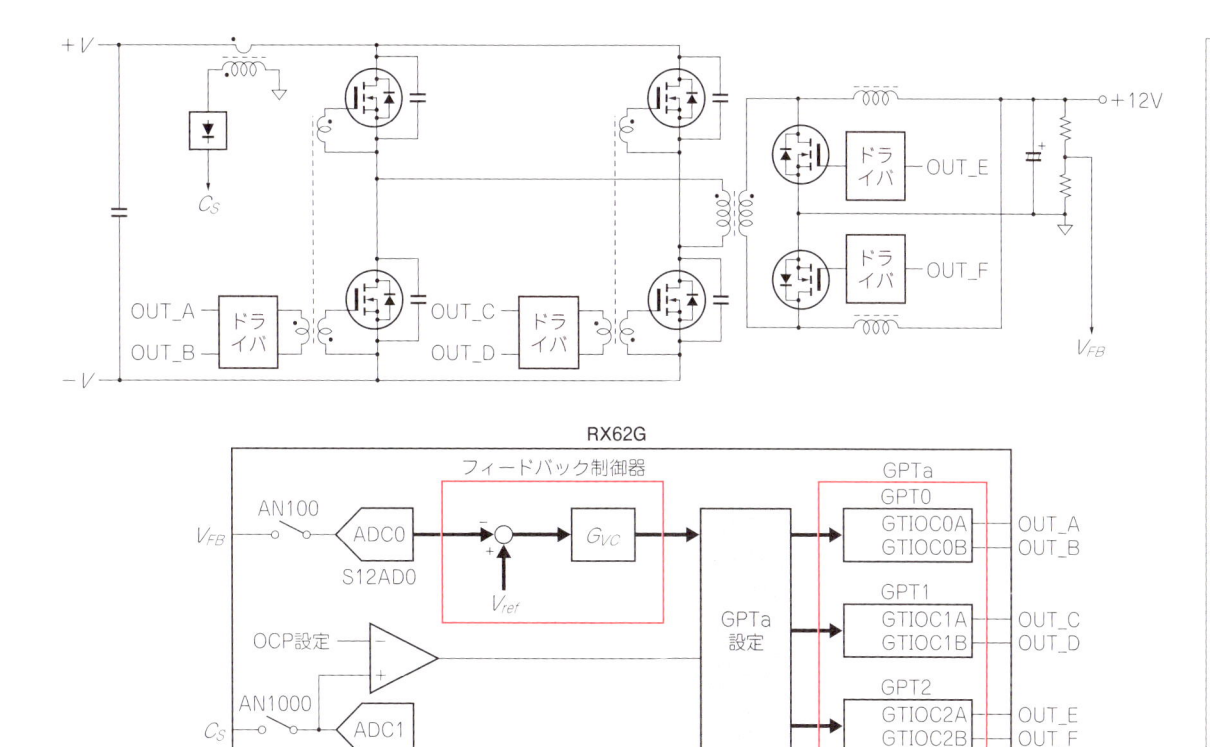

図37 フル・ブリッジZVSコンバータ・システムの構成

それぞれ別に生成します.

図38の①〜⑪は，汎用タイマ・カウンタGPT0〜GPT2.GTCNTと比較するコンペア・キャプチャ・レジスタGTCCRA〜Fにセットする値で，各ドライブ信号の立ち上がり/立ち下がり位置と，A-Dコンバータのサンプリング位置となります.

① T_{D1}：G_A立ち上がり位置（G_AとG_Bのデッド・タイム）
② $T/2$：G_A立ち下がり位置（スイッチング周期の1/2）
③ $(T/2)+T_{D1}$：G_B立ち上がり位置
④ T：G_B立ち下がり位置（スイッチング周期）
⑤ $T_{D1}+\text{t\_shift}$：G_C立ち上がり位置
⑥ $(T/2)+T_{D1}+\text{t\_shift}-T_{D2}$：$G_C$立ち下がり位置
⑦ $T_{D1}-T_{D3}$：G_E立ち下がり位置
⑧ $T_{D1}+\text{t\_shift}-T_{D2}+T_{D4}$：$G_E$立ち上がり位置
⑨ $T_{D1}+(T/2)-T_{D3}$：G_F立ち下がり
⑩ $(T/2)+T_{D1}+\text{t\_shift}-T_{D2}+T_{D4}$：$G_F$立ち上がり
⑪ $T_{D1}+(\text{t\_shift}-T_{D2})/2$：A-D変換サンプリング位置

三つのタイマGPT0，1，2は同期し，同じ周波数でのこぎり波動作をします. 周波数は，周期設定レジスタGTPRの設定で決まります. この周波数がスイッチング周期になりますので，タイマの動作クロック周期10 ns，スイッチング周波数180 kHzからタイマのカウント値は556 dとなり，逆算すると179.86 kHzとなります.

タイマ動作の最後ではオーバーフロー割り込みが発生し，電源制御プログラムが実行されます. これにより，スイッチング周期に同期した，毎周期同じ演算の実行が可能となります.

次に，出力電圧の取り込みから**図38**の①〜⑪の値をタイマGPTaに設定するまでの制御動作について説明します. **図39**はそのタイミングです. A-D変換は，トランスへの電圧印加期間の中心で開始します. その後約 $2\,\mu s$ で，A-D変換されたデータが取り込まれます. フェーズ・シフト時間は1周期前に出力電圧をA-D変換した値を使い，GPT0のオーバーフロー割り込みで起動する演算プログラムによって演算されます. その演算結果はバッファ・レジスタに格納され，次のオーバーフロー割り込みで起動する演算プログラムによってGPTに設定されます.

● **出力電圧制御**

一般に，電源は出力電圧をフィードバック制御することで出力電圧を安定させます. アナログ制御ICでは通常，OPアンプによるエラー・アンプをフィードバック制御器としています. この制御器には出力電圧と基準電圧の差をゼロにすることと，位相補償による安定化の働きがあります.

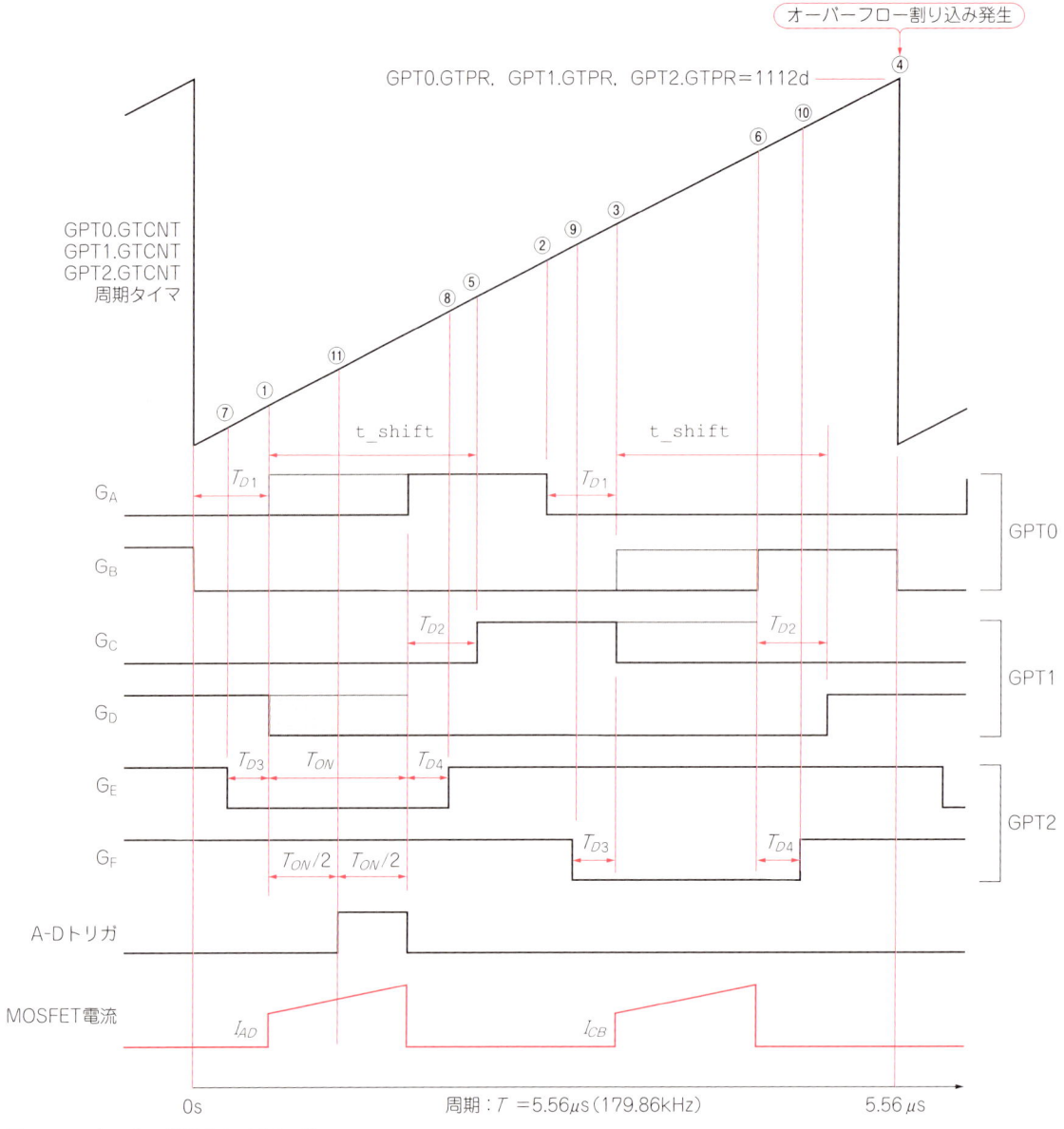

図38 スイッチング動作タイミング

　ディジタル電源制御では，このOPアンプを使ったフィードバック制御器と同等の機能/性能を，ディジタルIIR（Infinite Impulse Response）フィルタを使って実現します．ディジタル制御では負荷応答特性などの特性を改善するため，いろいろな制御特性が提案されていますが，試作ではOPアンプによる特性をディジタルIIRフィルタで実現しています．こうすることで，アナログ電源制御ICによる設計経験があれば，容易にディジタル制御電源を設計することができます．

　図40は，フィードバック制御にアナログ制御ICを使った場合とマイコンを使った場合の比較を表しています．アナログ制御ICでは一般に内蔵するエラー・アンプを使いますが，マイコンではソフトウェアでフィードバック制御器を実現します．

● フィードバック制御器の構成と調整

　フィードバック制御器（以下制御器）は，1次IIRフィルタを2段カスケード接続した構成で，Lag-Lead（位相遅れ-進み補償）特性とします．IIRフィルタは周波数特性がサンプリング周波数に依存しますが，設計の自由度が高くかつ安定で，OPアンプでは実現困難な特性を実現できます．以下，プログラムの構成例を説明します．

▶IIRフィルタの構成

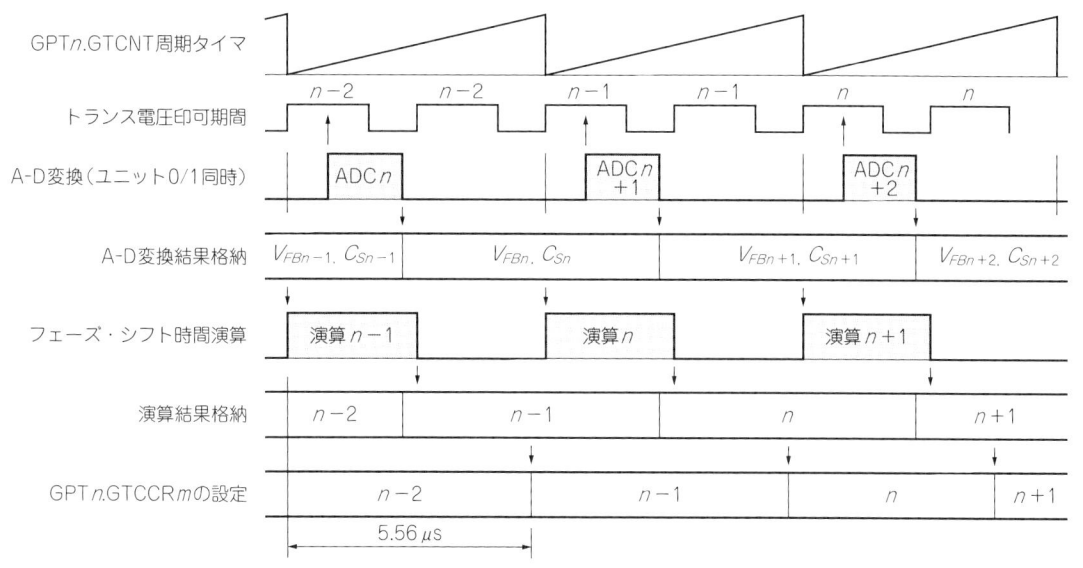

図39　制御タイミング

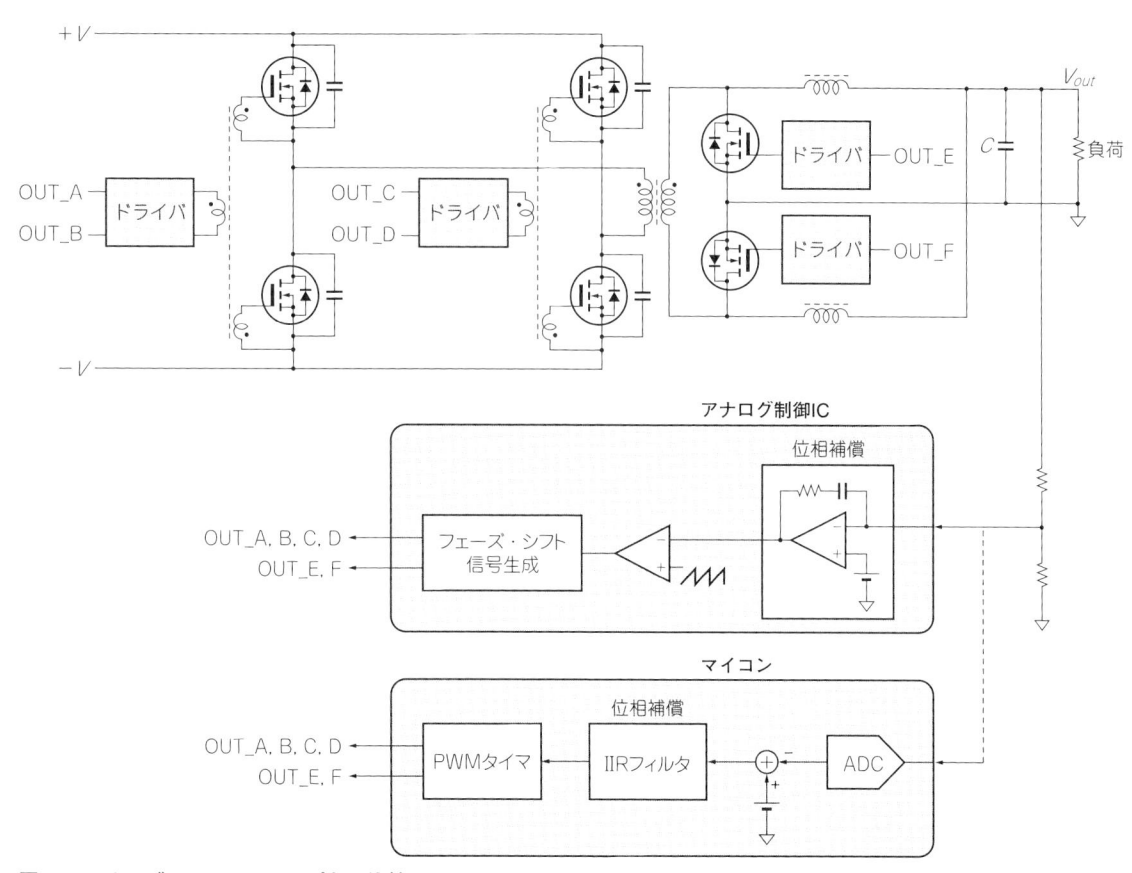

図40　アナログ・エラー・アンプとの比較

　図41(a)の初段のG_{DC}はDCゲインで，周波数特性はなく，全周波数に渡って影響します．2段目，3段目は，それぞれ同じ構成の1次IIRフィルタです．今回実装する特性は，電源制御ICで一般的に使用されているType IIとします．この特性を得るため，各段の係数を調整します．

　図42(b)は，OPアンプによるType II型の制御器のゲイン-位相特性です．図からわかるように1ポール-1

6-3　フェーズ・シフト・フル・ブリッジZVS電源の設計と試作　　97

ゼロ特性となっており,位相が途中で-90°から-10°まで戻っています.スイッチング電源ではフィードバックループに遅れ要素が存在するため,フィードバック信号の高周波域で位相が-180°回転して発振することがあります.この場合でもTypeⅡ型の位相補償特性を使えば,80°位相を戻すことができるので,発振を抑えて安定に動作させることができます.

位相を変える周波数は制御する電源特性に合わせ,OPアンプ周辺のC, Rの値で調整します.フィードバック・ループ全体の特性は,LTSpiceやWebシミュレータなど無償のシミュレータで確認すると効果的です.

次に,同じ特性の制御器をディジタルIIRフィルタで実現します.図42(a)の制御器全体の伝達関数は式(1)で,$G_{C1}(z)$, $G_{C2}(z)$は形は同じで係数のみ異なり,それぞれ式(2),式(3)で表せます.係数は式(4)～式(9)で求めることができ,これらはサンプリング周期T_S,ゼロ周波数f_Z,およびポール周波数f_Pを決めれば簡単に求められます.

DCゲインG_{DC}は単に何倍にするかだけなので,ボード線図上ではゲイン・カーブが上下に変化します.よって,ゲイン・カーブの形は変わりませんが,0 dBとクロスする周波数を変えることができます.

図43は制御器のf_Z, f_Pとサンプリング周期T_Sから係数を求めて描いたボード線図です.ディジタル・フィルタなのでサンプリング周波数f_Sの半分の5 MHz以上ではマッチしませんが,通常使用する周波数域ではほぼ同一の特性を得られることがわかります.

$$G_C = G_{DC}\, G_{C1}(z)\, G_{C2}(z) \quad \cdots\cdots(1)$$

$$G_{C1}(z) = \frac{a_{10} + a_{11}z^{-1}}{1 - b_{11}z^{-1}} \quad \cdots\cdots(2)$$

$$G_{C2}(z) = \frac{a_{20} + a_{21}z^{-1}}{1 - b_{21}z^{-1}} \quad \cdots\cdots(3)$$

$$a_{10} = 1 + \frac{T_S}{2T_Z} \quad \cdots\cdots(4)$$

$$a_{11} = -1 + \frac{T_S}{2T_Z} \quad \cdots\cdots(5)$$

$$b_{11} = 1 \quad \cdots\cdots(6)$$

$$a_{20} = \frac{T_S}{T_S + 2T_P} \quad \cdots\cdots(7)$$

$$a_{21} = \frac{T_S}{T_S + 2T_P} \quad \cdots\cdots(8)$$

$$b_{21} = \frac{-T_S + 2T_P}{T_S + 2T_P} \quad \cdots\cdots(9)$$

a_{10}, a_{11}, b_{11}, a_{20}, a_{21}, b_{21}:IIRフィルタの係数
T_S:サンプリング周期($0.1\,\mu s$)
$T_Z (= 1/(2\pi f_Z))$:ゼロ角周波数の逆数
$T_P (= 1/(2\pi f_P))$:ポール各周波数の逆数
f_Z:ゼロ周波数(318.3 Hz)
f_P:ポール周波数(31.1 kHz)

式(2),式(3)は入出力比の形となっていますが,これでは実際のプログラムとして書きにくいので,下記のようにz^{-1}を1サイクル前値を表すn-1を使って表します.

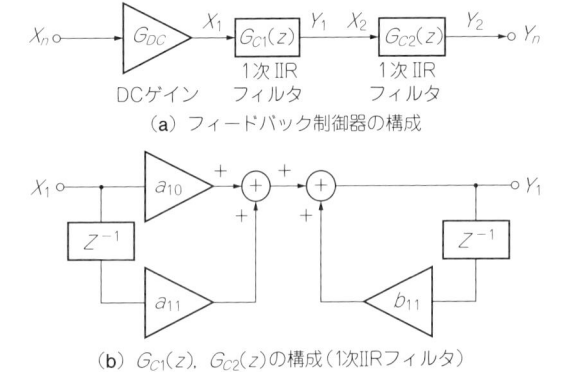

(a) フィードバック制御器の構成

(b) $G_{C1}(z)$, $G_{C2}(z)$の構成(1次IIRフィルタ)

図41 フィードバック制御器

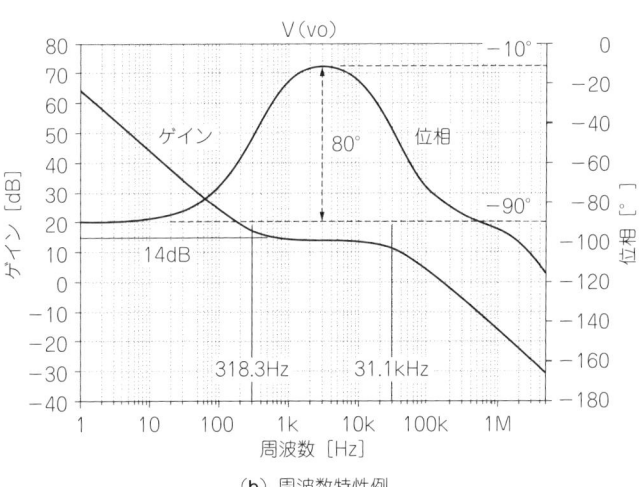

(a) 回路例(TypeⅡ)

(b) 周波数特性例

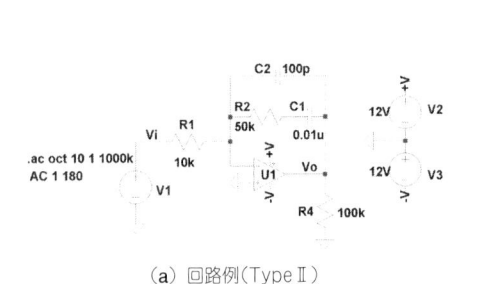

図42 アナログ・フィードバック制御器の例

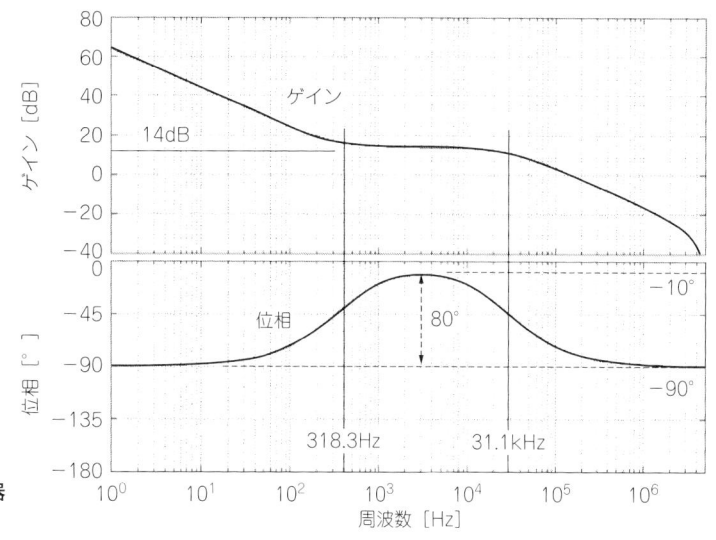

図43 ディジタルIIRフィルタによる制御器の周波数特性例

```
Y1n = a10 X1n + a11 X1n-1 + b11 Y1n-1
Y2n = a20 X2n + a21 X2n-1 + b21 Y2n-1
```

▶周波数特性調整

ディジタル電源の設計では係数を調整しますが，これはゼロとポールの位置を調整して制御器の伝達関数の周波数特性を調整するということです．

この調整にはMATLABのように離散形のシミュレーションができるシミュレータが必要になりますが，f_Z, f_P, G_{DC}だけに注目することで，LTspiceのようなアナログ・シミュレータで調整することが可能です．これについては別の章で説明しています（第4章）．

● 制御フローチャート

今回実装した出力電圧制御プログラムは大きく四つの機能で構成されており，図44はそのフローチャートです．mainはマイコン内蔵レジスタを初期化し，それが完了したあとCMT（Compare Match Timer）によって10 ms周期で実行されます．GPT0オーバーフロー割り込みは，フィードバック処理とタイマとA-D変換タイミングを設定します．

● 制御プログラム

次に，図44に基づいてフィードバック制御器などの主要プログラムを設計していきます．定数は表8を参照してください．

▶main()

main関数では，制御動作に入るまえに内部機能を設定するレジスタの初期設定をし，そのあと10 msごとにフィードバック制御以外のプログラムを実行します（リスト1）．

▶Register_Init()

Register_Init関数はmain関数で実行される

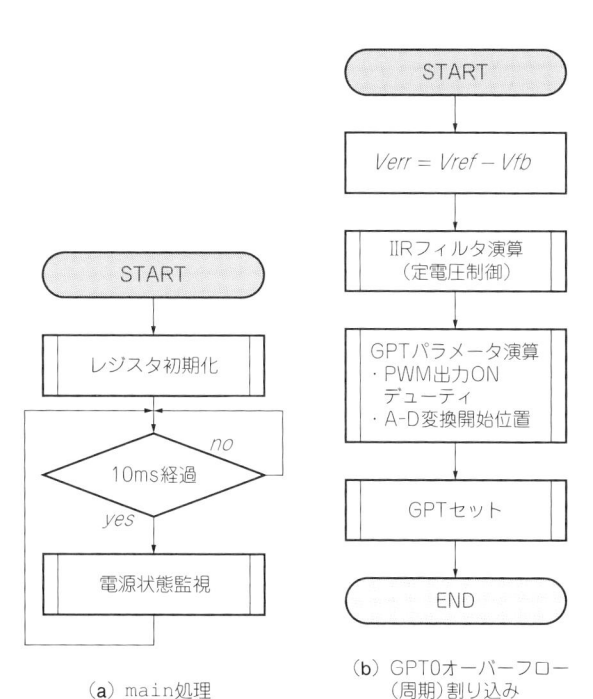

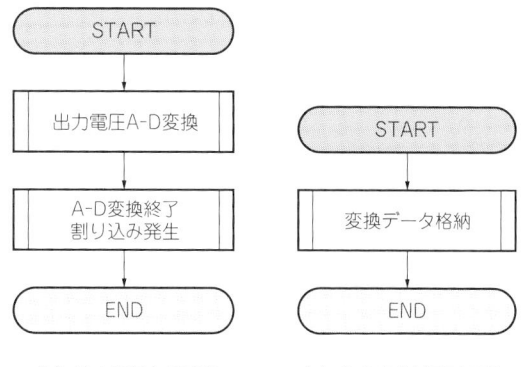

図44 制御フローチャート

(a) main処理
(b) GPT0オーバーフロー（周期）割り込み
(c) 出力電圧A-D変換
(d) A-D変換終了割り込み

6-3 フェーズ・シフト・フル・ブリッジZVS電源の設計と試作　99

関数です．使用するすべてのレジスタを初期設定しますが，ここではタイマGPTにフェーズ・シフト動作させるための設定について説明します．おもな設定は，スイッチング周波数，ON/OFF位置が固定されるG_A，G_Cの設定，デッド・タイム自動設定機能の設定，同期整流用G_E，G_Fの立ち下がり位置の設定です（リスト2）．

▶GPT0_gtciv0_int()

GPT0_gtciv0_int関数は，GPT0のオーバーフロー割り込みが発生すると実行される，電圧制御プログラムです（リスト3）．このプログラムが実行されるまえに，このプログラムが使うすべてのデータが表9の変数に設定されなければなりません．

図45は，出力電圧のA-D変換値と出力電圧の目標値の関係を表しています．12ビットA-Dコンバータの入力電圧は，出力電圧12Vを3.9kΩと1.2kΩで分圧して約2.8235Vとなります．A-Dコンバータの基準電圧は5Vですので，これをA-D変換すると2312.45となりますが，A-D変換値は小数を表現できませんので2312dとなります．この値を出力電圧の目標値とします．

▶12ビットA-D変換終了割り込み

S12ADA0_s12adi0_int()とS12ADA1_s12adi1_int()の二つがあります（リスト4）．変数を表10に示します．

表8 定数設定

定数名	型	内容
VREF	ui16	基準電圧（2312d）
GDC	float	制御器直流ゲイン（0.200000000）
A10	float	制御器パラメータ（1.053756141）
A11	float	制御器パラメータ（-0.946243859）
B11	float	制御器パラメータ（1.000000000）
A20	float	制御器パラメータ（0.233765534）
A21	float	制御器パラメータ（0.233765534）
B21	float	制御器パラメータ（0.532468933）
GCV_OUT_MAX	float	制御器出力の最大値：1
GCV_OUT_MIN	float	制御器出力の最小値：0
ON_TIME_MAX	float	最大ON時間：258d（T/2 - 20d）
T	float	周期：556d（179.86kHz）*
T/2	float	半周期：278d*
TD1	float	Ga-Gbデッド・タイム：20d（200ns）*
TD2	float	Gc-Gdデッド・タイム：20d（200ns）*
TD3	float	Ge-Ga，Gf-Gbデッド・タイム：20d（200ns）*
TD4	float	Ge-Gd，Gf-Gcデッド・タイム：20d（200ns）*

＊：クロック周期10ns

リスト1 main()の処理

```
/**** 10msec周期で実行 ****/
void main(void)
{
  flg_10ms = 0;
  Register_Init(); //レジスタ初期設定
  while(1)
  {
    if(flg_10ms == 1)
    {
      flg_10ms = 0;
      ZVS_cont(); //メイン制御以外のプログラム
    }
  }
}

/**** 10msecタイマ用フラグのセット ****/
void CMT0_cmi0_int()
{
  flg_10ms = 1;  //10ms count flag set
}
```

表9 変数設定

変数名	型	内容
vol_err	float	電圧偏差
ad_data_vfb	ui16	出力電圧フィードバックA-D変換値
shift_ratio	float	フェーズ・シフト比（ONデューティ）
t_shift	ui16	フェーズ・シフト時間
gc_rise	ui16	Gc ONタイミング
gc_fall	ui16	Gc OFFタイミング
gd_fall	ui16	Gd OFFタイミング
ge_rise	ui16	Ge ONタイミング
gf_rise	ui16	Gf ONタイミング
gad_on_time	ui16	Ga-Gd/Gc-Gb導通期間
ad_start	ui16	A-D変換開始タイミング
x1n, y1n	float	制御器1 入出力今回値
x1n-1, y1n-1	float	制御器1 入出力前回値
x2n, y2n	float	制御器2 入出力今回値
x2n-1, y2n-1	float	制御器2 入出力前回値

＊：ui16 = unsigned int（16ビット）

リスト2 Register_Init関数

```
void Register_Init(void)
{
/**** GPT周期，モード設定 ****/
  GPT0.GTCR.WORD = 0x0001;  //のこぎり波ワンショット・パルス・モード
  GPT1.GTCR.WORD = 0x0001;  //のこぎり波ワンショット・パルス・モード
  GPT2.GTCR.WORD = 0x0001;  //のこぎり波ワンショット・パルス・モード
  GPT0.GTPR = T;     //556d × 10ns = 5.56 μs, fsw = 179.86kHz
  GPT1.GTPR = T;     //556d × 10ns = 5.56 μs, fsw = 179.86kHz
  GPT2.GTPR = T;     //556d × 10ns = 5.56 μs, fsw = 179.86kHz

/**** Ga,Ge/Gfの立ち下がり位置設定 ****/
  GPT0.GTCCRC = TD1;        //Ga立ち上がり位置
  GPT0.GTCCRD = T/2;        //Ga立ち下がり位置 278d
  GPT2.GTCCRC = TD1 ? TD3;  //Ge立ち下がり位置
  GPT2.GTCCRE = TD1 + T/2 - TD3 ; //Gf立ち下がり位置

/**** デッド・タイム自動設定 ****/
  GPT0.GTIOR.WORD = 0x1B07;  //トグル出力，周期開始Low
  GPT1.GTIOR.WORD = 0x1B07;  //トグル出力，周期開始LOW
  GPT2.GTIOR.WORD = 0x1B1B;  //トグル出力，周期開始High
  GPT0.GTDTCR.WORD = 0x0131; //GTCCRBに自動設定
  GPT1.GTDTCR.WORD = 0x0131; //GTCCRBに自動設定
  GPT0.GTDVU     = TD1;   //Ga-Gb自動設定デッド・タイム
  GPT1.GTDVU     = TD2;   //Gc-Gd自動設定デッド・タイム
}
```

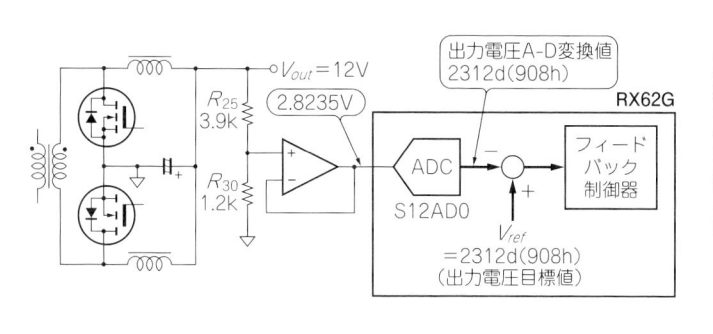

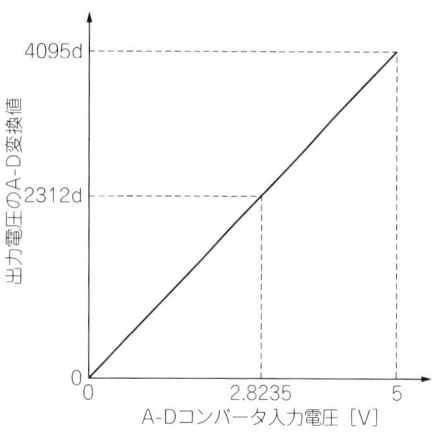

図45 出力電圧のA-D変換

リスト3　GPT0_gtciv0_int関数

```
void GPT0_gtciv0_int(void)
{
 vol_err = VREF - ad_data_vfb; //出力電圧と目標値の偏差
 x1n   = GDC * vol_err;      //偏差×直流ゲイン

/**** 1st stage IIR filter ****/
 y1n   = A10 * x1n + A11 * x1n-1 + B11 * y1n-1;
 x1n-1 = x1n;   //次サイクル用データ保持
 y1n-1 = y1n;   //次サイクル用データ保持

/**** 2nd stage IIR filter ****/
 x2n = y1n;
 y2n = A20 * x2n + A21 * x2n-1 + B21 * y2n-1;

/**** リミッタ ****/
 if(y2n > GCV_OUT_MAX) {y2n = GCV_OUT_MAX;}       //最大値 1
 else if(y2n < GCV_OUT_MIN) {y2n = GCV_OUT_MIN;}  //最小値 0

 x2n-1 = x2n; /* 次サイクル用データ保持 */
 y2n-1 = y2n; /* 次サイクル用データ保持 */
 shift_ratio = gcv_y2n;  //制御器出力をシフト量とする

/**** Gc, Gd 立ち上がり, 立ち下がり位置演算 ****/
 t_shift = shift_ratio * ON_TIME_MAX; //フェーズ・シフト量
 gc_rise = TD1 + t_shift;       //Gc立ち上がり位置
 gc_fall = gc_rise + ON_TIME_MAX;  //Gc立ち下がり位置

/**** A-D変換開始位置, Ge/Gf スイッチング位置の設定 ****/
 gd_fall    = gc_rise - TD2;    //Gd立ち上がり位置
 gad_on_time = gd_fall - TD1;   //Ga Gd導通期間

 if(gad_on_time >= 0)
 {
  ad_start = (TD1 + (gad_on_time >> 1)); //ADC開始位置
  ge_rise = gd_fall + TD4;     //Ge立ち上がり位置
  gf_rise = gc_fall + TD4;     //Gf立ち上がり位置
 }
 else
 {
  ad_start = TD1;          //ADC開始位置
  ge_rise = TD1 + TD4;       //Ge立ち上がり位置
  gf_rise = TD1 + TD4;       //Gf立ち上がり位置
 }

/**** GPTレジスタ設定 ****/
 GPT1.GTCCRC   = gc_rise;    //Gc立ち上がり位置
 GPT1.GTCCRD   = gc_fall;    //Gc立ち下がり位置
 GPT2.GTCCRD   = ge_rise;    //Ge立ち上がり位置
 GPT2.GTCCRD   = gf_rise;    //Gf立ち上がり位置
 GPT0.GTADTBRA = ad_start;   //ADC開始位置
 GPT0.GTADTBRB = ad_start;   //ADC開始位置
 GPT0.GTST.WORD = 0x0000;    //Statusレジスタ・クリア
}
```

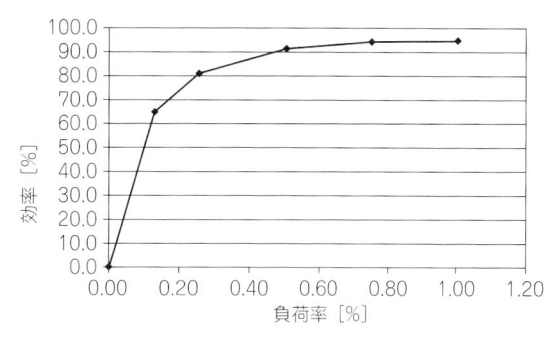

図47　効率特性

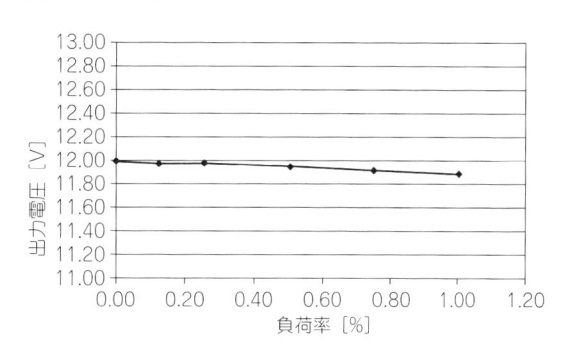

図48　負荷変動特性

リスト4　12ビット A-D変換終了割り込み

```
void S12ADA0_s12adi0_int(void)
{
 ad_data_vfb = S12AD0.ADDR0A; //出力電圧検出 AN000
}

void S12ADA1_s12adi1_int(void)
{
 ad_data_cs = S12AD1.ADDR;   //ブリッジ電流検出 AN101
}
```

表10　A-D変換終了割り込みの変数

変数/定数名	型	内　容
ad_data_vfb	ui16	出力電圧(分圧)検出
ad_data_cs	ui16	ブリッジ電流検出

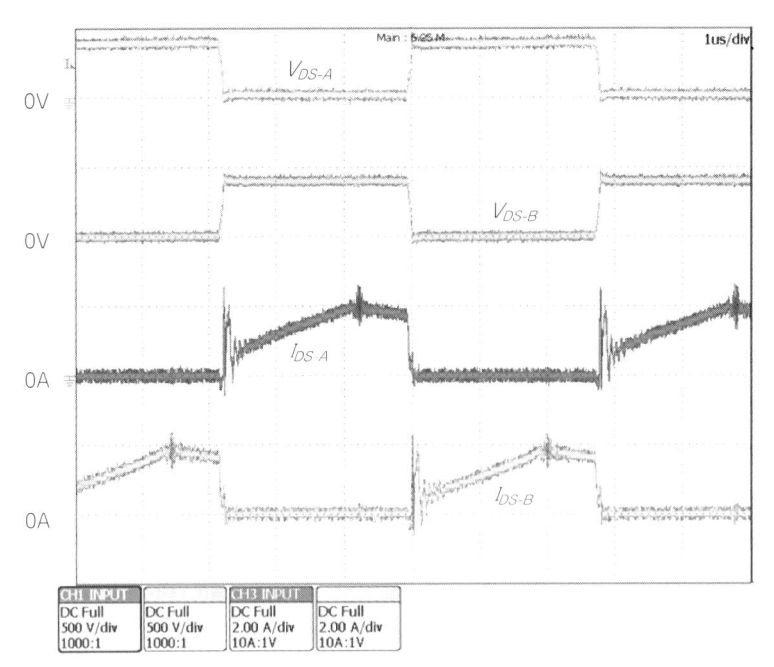

(a) $V_{in} = 400$ V, $V_{out} = 12$ V, $I_{out} = 33.4$ A

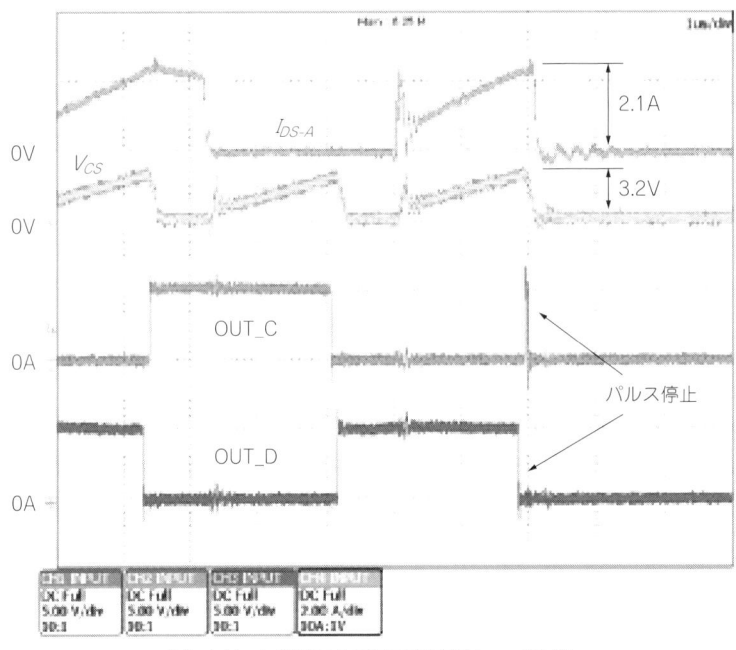

(b) ネゲート機能による過電流保護($I_{out} = 38$ A)

図46 スイッチング波形（1 μs/div）

● 電源特性例

最後に，試作した電源の実測特性を図46～図48に示します． 〈喜多村 守〉

◆参考文献◆
(1) RX62Gグループユーザーズマニュアル ハードウエア編，㈱ルネサス エレクトロニクス．
(2) RXファミリC/C++コンパイラ，アセンブラ，最適化リンケージエディタコンパイラパッケージ V.1.01 ユーザーズマニュアル，㈱ルネサス エレクトロニクス．
(3) R2A20121SPデータシート，㈱ルネサス エレクトロニクス．
(4) 喜多村 守：フェーズ・シフト・フル・ブリッジZVS電源の設計と試作，グリーン・エレクトロニクス No.1, pp.66～83，CQ出版社．

解説

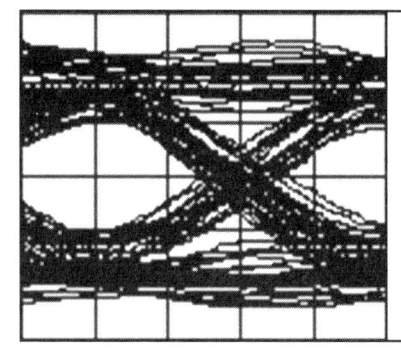

ディジタル機器/システムに及ぼす影響とその対策

EMCの考えかたと基礎技術

斉藤 成一
Seiichi Saitou

　地球温暖化防止，原発事故を背景に従来にも増して省エネルギーが叫ばれています．ディジタル技術はコンピュータをはじめとして，メカトロニクスの各種コントローラなどに広く用いられ，電子機器/システムの高精度/高機能化だけでなく，省エネルギーの重要な担い手として発展してきました．

　一方，多様化する電子機器/システムの共存を図るうえで，ディジタル回路をノイズの影響を受ける側，およびノイズ源の両面から考える必要があります．すなわち，ディジタル回路からの意図しないノイズのエミッション，機器内外からのノイズによる回路の誤動作，信号の波形歪みやクロストークなどの幅広いEMCの問題が存在し，解決することが求められています．

ディジタル化のメリットと課題

● アナログとディジタル

　機器を構成するアクティブ・デバイスとして，真空管，トランジスタ，そしてICへと変遷してきましたが，もともとは信号の増幅，すなわちアナログ回路が基本でした．ディジタル化の夜明けの時期1964年の日本初の電卓発売，1970年代のスイッチング電源の飛躍的な普及は当時としては驚きでした．

　この時代の5V 60Aのリニア・レギュレータ電源は重くて電熱ヒータのように熱を出しましたが，スイッチング電源に置き換えることで，はるかに軽量でサイズ1/3，電源がほんのり暖まる程度まで発熱が下がったことを今でも覚えています．

　最近普及が進んでいるD級オーディオ・アンプはPWM(Pulse Width Modulation)によってディジタル化したものです．D級オーディオ・アンプは効率が90%程度と非常に高く，効率が最大でも40%程度のAB級アナログ・アンプに比べて，発熱が1/5程度でサイズも1/5程度の小型化が可能となっています．

　ディジタル化はこのような素晴らしい面がありますが，"0"から"1"および"1"から"0"に変化する瞬間に

(a) 遷移時間が5nsのとき

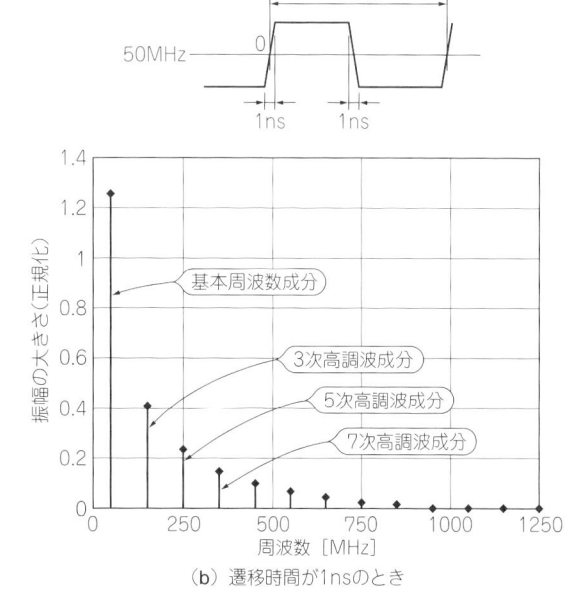

(b) 遷移時間が1nsのとき

図1　台形波パルスに含まれる周波数成分スペクトラム（遷移時間による違い）

大きなノイズが発生します．図1に50 MHzの台形波パルスに含まれる周波数成分のスペクトラムを示します．図1(a)は遷移時間（立ち上がり/立ち下がり時間）が5 nsで比較的ゆっくり変化した場合の周波数成分です．図1(b)のように遷移時間を短くするほど，高い周波数までスペクトラムが広がります．

1970年代のコンピュータには発生ノイズ（Electromagnetic Interference；EMI）に対する規制がなく，同じ部屋の少し離れた位置ではラジオ放送を聴くことができないことが多々ありました．コンピュータ本体のディジタル回路からのノイズだけでなく，コンピュータ用スイッチング電源の大電流スイッチング動作によって高調波成分を含む大きなノイズが発生し，妨害を与えていたためです．

耐ノイズ（immunity）の観点からもアナログ回路とディジタル回路で違いがあります．信号にノイズが重畳したときのアナログ回路の応答を図2に模式的に示します．ノイズの大きさに応じてそのまま影響を受けますが，時間の短い過渡電磁ノイズであれば影響が限定的ともいえます．一方，ディジタル回路では，図3(a)のように信号にノイズが重畳してもスレッショルド（threshold）を越えなければ出力は変化しません．しかし，図3(b)のように，スレッショルドを越えたときにはロジックが誤動作し，異常データの発生，プロセッサの暴走など，大きな影響が現れてしまいます．

● パラレル信号伝送からシリアル信号伝送へ

最近，PCI ExpressやSATAなどの高速シリアル信号伝送が急速に普及してきました．

従来から使われてきたパラレル信号伝送では，32ビットなら信号線の本数が32本，64ビットでは64本でデータを送りますが，伝送速度の高速化に伴って，各信号でのわずかな違いによるタイミング・スキューが顕在化してきます．そのため多数のデータ信号とデータ・ラッチ信号のタイミングを合わせることが難しく，高速化には限界があります．

これに対して，高速シリアル信号伝送は，シリアル化データ1本からデータ・ラッチ信号を抽出する方式のため，タイミング合わせの問題を解決でき，高速化が可能となります．さらに，信号入出力回路およびLSIピン数が大幅に削減できますので，小型化，低コスト化および省電力の点で有利となり，普及にはずみがついたと考えられます．

しかし，広いバンド幅を確保するためには，信号本数の削減と引き換えに，パラレル伝送に比べて信号の速度を飛躍的に高める必要があります．そのため，半導体技術および実装技術を中心とした高度化が必要となってきます．たとえば，半導体の微細化による高速化に加えて，信号を小振幅にしてスルー・レート（単位時間当たりの電圧変化率）を抑えることで，高速応答させる方法がとられています．原理的には，半導体のもつスルー・レートが同じであっても，振幅を1/5にすれば5倍の高速化が可能になります．一方，信号の小振幅化によるノイズ・マージン減少，信号の高速化による波形歪みの発生，そして高い周波数のノイズに対する感度増大など，EMCの各種課題が浮上してきます．

EMCに対する基本的な考えかた

上記で述べたように，ディジタル化および高速化の進展とともに半導体技術および実装技術の高度化，なかでもEMC技術の重要性が高まってきています．

図4に示すように，"EMC"（Electromagnetic Compatibility）とは「電磁環境の両立性」を意味します．これは，妨害側からの"EMI"（Electromagnetic

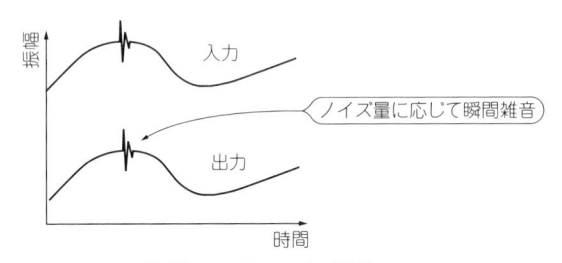

図2 アナログ回路におけるノイズ重畳

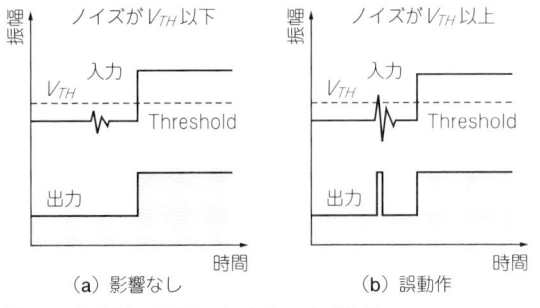

図3 ディジタル回路におけるノイズ重畳

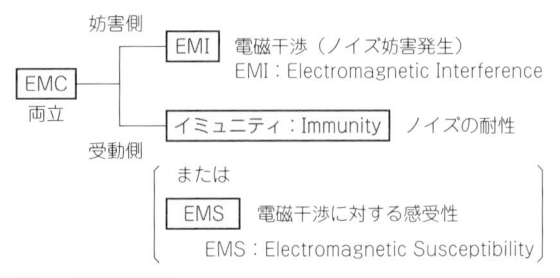

図4 EMCの概念

Interference；電磁ノイズ干渉)と，ノイズ受動側のイミュニティ(immunity；ノイズ耐性)との両立性を確保することです．イミュニティの代わりにニュアンスの異なる"EMS" (Electromagnetic Susceptibility；電磁干渉に対する感受性)を用いることもありますが，妨害側と受動側との電磁環境の両立性を図るというEMCの基本的な考えかたは同じです．

● EMC規制

電子機器/システムの開発では，EMC規制(EMI規格およびイミュニティ規格)への適合を目的としたEMC設計と測定，そして必要に応じてEMC対策のアプローチが必要です．

国際的な標準としては，IECの委員会の一つである国際無線障害特別委員会(Comité international spécial des perturbations radioélectriques；CISPR)が対象機器ごとにEMI規格を発行し，IECの委員会の一つであるTC77がイミュニティ規格(IEC61000シリーズ)を発行してきました．EUの規格制定委員会CENELECでは，これらCISPR規格およびIEC61000シリーズ規格をもとに一部変更を加えて，欧州規格(EN規格)を設定しています[1]．

国内では，一般財団法人VCCI協会(旧：情報処理装置等電波障害自主規制協議会)が，企業や団体からの専門委員の参画のもと，CISPR規格を基本とした自主規制のための技術基準の制定や適合確認届出の受理，市場抜取試験などを行っています．

写真1は，電波暗室にてEMI測定を行っている例です．被測定機器を中央の回転テーブルに載せて回転させ，発生する電磁波をアンテナで受信することで規格

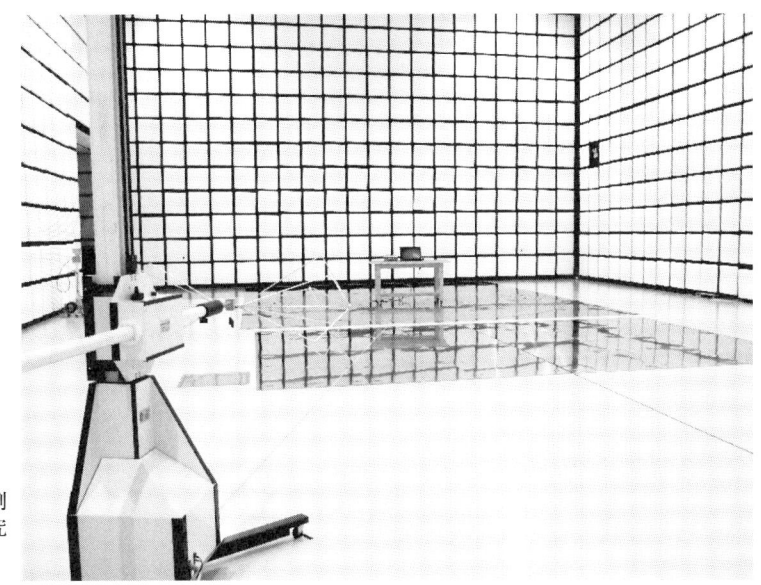

写真1 電波暗室によるEMI測定例
[写真提供：(独)都立産業技術研究センター]

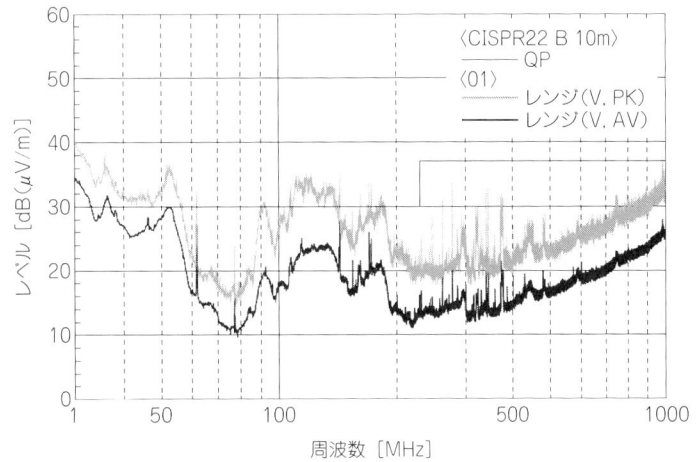

図5 電波暗室によるEMI測定データの例
[写真提供：(独)都立産業技術研究センター]

内かどうか測定しています．**図5**は取得したデータ（アンテナ・ファクタにより補正）の例で，該当する規格に対して適合しているか否かを判断し，適合していないときにはEMC対策や再設計により適合させる必要があります．

● 太陽光発電システムの電磁環境

最近急速に普及してきている太陽光発電システムは，太陽電池パネルで発電した電力をケーブルで屋内に引き込み，パワー・コンディショナで最大電力を取り出すとともに最適な交流電圧に変換するシステムです．パワー・コンディショナはディジタル制御によるチョッパやインバータなどの回路から構成され，これらの回路はスイッチング動作に伴って大きなノイズを発生すると推測されます．そして，これらのノイズが太陽電池パネルやパネル間のケーブルに漏れた場合，エミッションとして無線や放送などへ影響を与える可能性があります．

太陽光発電関連のEMC規制については，2008年10月CISPR/B会議においてCISPR11（産業・科学・医療用無線周波機器 – 電磁妨害波特性，許容値 – 測定方法）に取り込むことを日本から提案して承認され，検討が進められていますが，制定まではしばらくの年月が必要です[2]．

現時点でEMC規制適用外の太陽光発電システムがどの程度ノイズを発生するかを確認するため，設置された状態での簡易的なEMI測定例を参考までに紹介します．**写真2**に，測定対象とした太陽電池パネルの外観，**写真3**に測定用の微小ループ・コイルの外観を示します．**図6**は，太陽電池パネルからの給電ラインのパワー・コンディショナ側の±端子間の周波数スペクトラム，そして太陽光パネル近くのケーブルから10 cm離した微小ループ・コイルに誘起した検出電圧の周波数スペクトラムの測定結果を示したものです．

図6では，10 MHz以下の低い周波数において比較的強い広帯域ノイズが出ていることが観測されます．グラウンド板のない簡易測定のため端子ノイズを差動モード（±端子間）で測定しましたが，コモンモード（±端子とグラウンド間）ノイズは，文献(3)からもう少し大きいと推測されます．

● 機器におけるEMC問題とEMC基礎技術

ノイズの問題解決が難しいと言われるおもな理由として，「接続図（回路図）のとおりに伝搬するとは限らない」ことが考えられます．ノイズは目で見ることができませんので，想定した配線ではなく別の経路の導体を伝わったり，空間を伝わったりすることがあってもわからないケースが多いのです．

図7は，電子機器を中心としたノイズの伝わりかたの模式図を示したものです．EMC関連の記事ではEMI規制への対応がテーマに多くとりあげられる傾向にありますが，イミュニティを中心とした機器のノイズ誤動作防止への対応は緊急度が高く，重要なテーマです．電子機器の誤動作のおもな原因は，機器外部からのノイズ（例えば**写真4**に示すインダクタンス負荷の開閉ノイズ）の誘導や，機器内部で発生するノイズ（**図7**のグラウンド・ノイズ，電源ノイズ，信号波形歪み，クロストーク）です．

「ノイズは接続図どおりに伝搬するとは限らない」

写真2　太陽光発電パネルの例

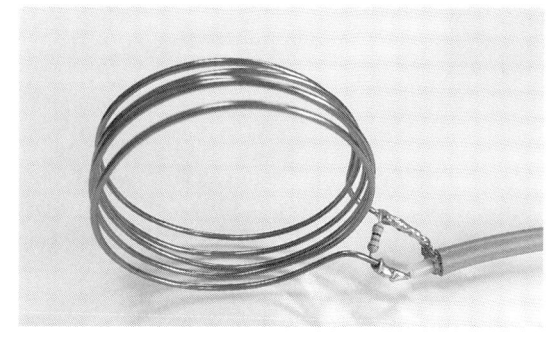

写真3　測定に用いた微小ループ・コイル（コイルの直径4.8 cm，巻き数5，終端50 Ω）

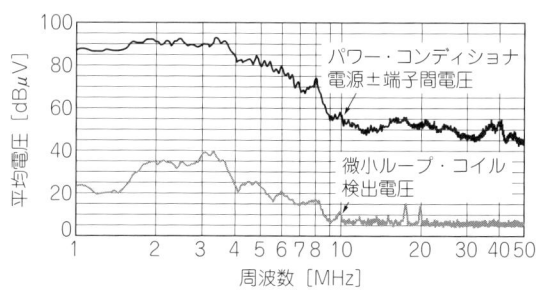

図6　太陽光発電システムからの発生ノイズ・スペクトラムの例（実測値）

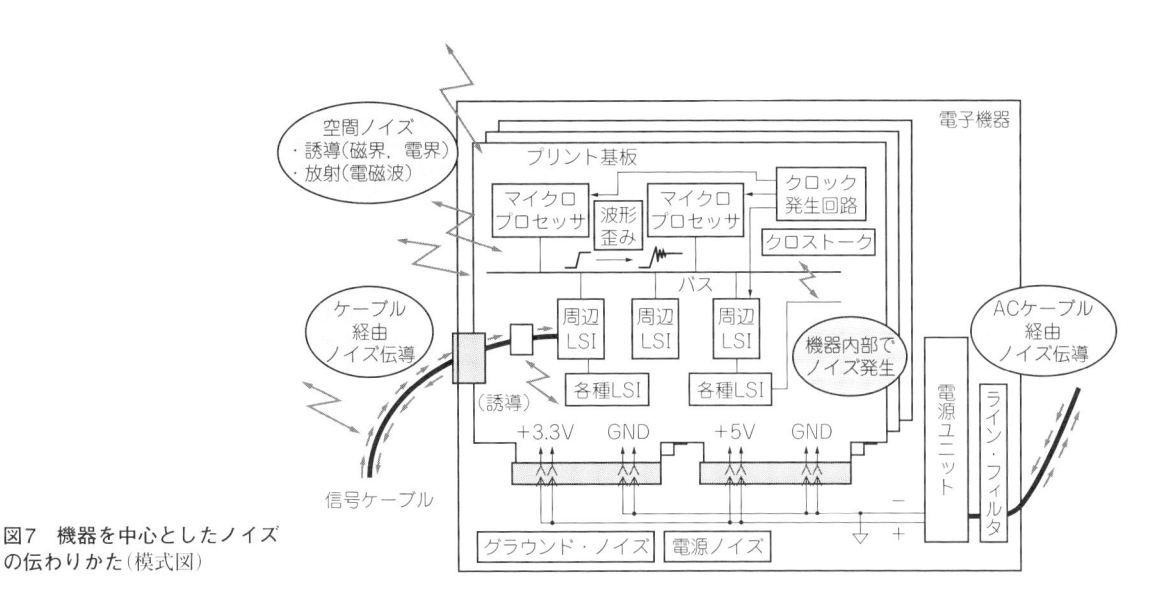

図7 機器を中心としたノイズの伝わりかた(模式図)

と言っても，気まぐれに伝わるわけではなく，物理法則に従って伝わります．物理法則に従ったノイズのふるまい，すなわちノイズの基礎技術を理解して実践することが，各種EMCの問題を効率的に解決するうえでの鍵になります[4]．

ノイズの基礎技術としては，下記があげられます．
(1) グラウンド技術
(2) シールド技術[1]
(3) フィルタ技術[1]
(4) シグナル・インテグリティ技術

ここでは，ディジタル化およびノイズ誤動作防止の観点から重要性の高い，グラウンド技術およびシグナル・インテグリティ技術を中心に解説します．

グラウンド技術

電子機器における「グラウンド(ground)」は電位の基準点(reference point)という広い意味で用いられ，「アース(earth)」は大地接地，すなわち地中に埋設した導体を大地電位として機器を接続する意味合いが強いため，これらの用語を分けるのが一般的です．

● アースの目的

アース(大地接地)の第一の目的は，人体に対する危険防止です．図8は，人が電子機器に触れて感電するケースの模式図を示したもので，電源回路の絶縁不良によって機器筐体に商用電源電圧が印加されたことを想定しています．この場合，破線で示すアースを機器の筐体に接続しておくことで，人体へ流れる電流がアース・ラインにバイパスされ，感電を防止することができます．

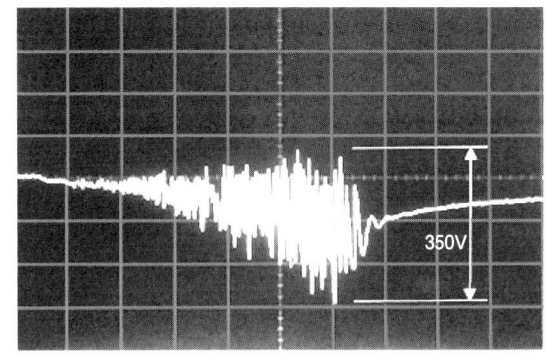

写真4 インダクタンス負荷のON/OFFによるノイズ波形 (100 V/div, 10 μs/div)

アースは地中に埋設した導体に接続して大地電位とすることが基本ですが，ビルなどでは人体の基準電位を考慮して多くの場合は建物の鉄骨をアースとする方法がとられます．この鉄骨アースにはノイズが重畳している可能性があり，対ノイズの観点からは必ずしも好ましいとは限りませんが，この場合でも機器のアース接続を地中に埋設した導体へ変更しないほうがよいと考えます．その理由は，機器アースを地中に埋設した導体に接続すると，人体周辺(鉄骨電位)と機器筐体との間に電位差が生じて，安全上の問題や機器間ノイズ発生など新たな問題が起こる可能性があるからです．

耐ノイズ性が確保された機器単体では，鉄骨アースにノイズが重畳しても特別な場合(鉄骨に電流を流す溶接作業中の機器動作など)を除いて特に問題は発生しないはずです．複数の機器からなるシステムでは，アース接続は1台の機器のみ1か所とすることで，信号ケーブル経由で発生するノイズ電流を防止することができます．なお，絶縁強化などにより安全上のアー

グラウンド技術　107

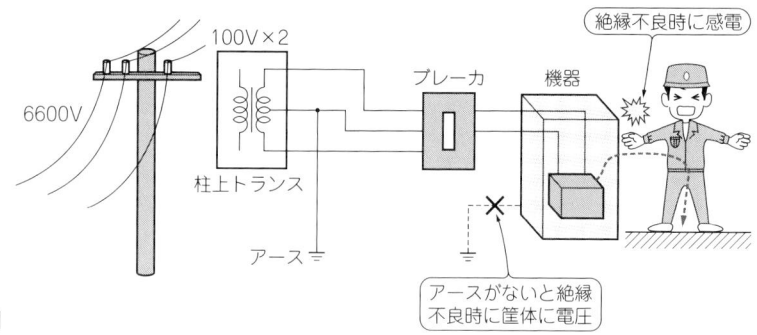

図8 アースによる感電防止の模式図

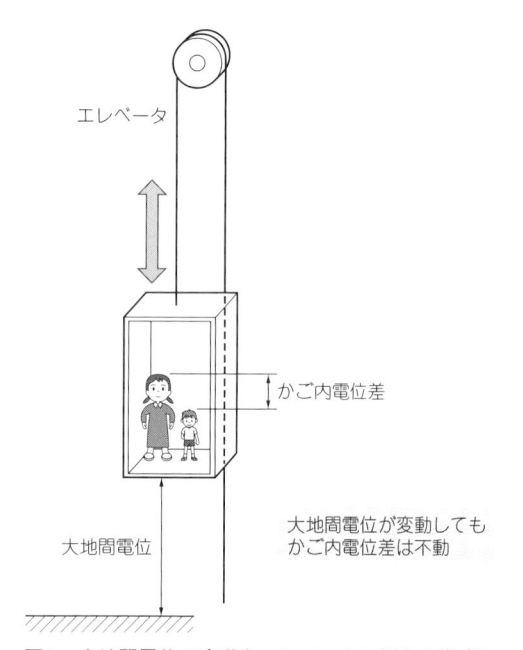

図9 大地間電位の変動をエレベータに例えた模式図

スが不要な機器では，アースを接続しないほうが耐ノイズ上では有利です．

アースのもう一つの目的として，低周波の大地間電位低減が言われています．これはアース接続によって大地との間のコモンモード電圧を低減させ，機器のノイズ環境を良好にする意図で，以前は重要視されていました．しかし，高周波ではアース配線のインピーダンスが上昇して高周波のコモンモード・ノイズ低減に効果がなくなることや，予期せぬ高周波ノイズがアース経由で機器に入り込む可能性があることなど，一概にノイズ環境を良くするとは限らないため，最近はあまり重視されなくなってきています．もっとも，遠方からのセンサ信号に50/60 Hzのコモンモード電圧が誘導するのを防ぐためにセンサ信号の片側をアースする場合など，低周波では一部有効なこともあります．

「機器の動作上，アース(大地接地)が不可欠ですか？」という問いに対しては，「動作上はアース不要

です」と答えます．この理由は，機器筐体が機器の基準点として動作しているとき，各回路がその基準点に対して変動しなければ問題は発生しないと考えられるためです．図9の模式図のように，エレベータが上下してもかごの中の人同士の関係が変わらないことと似ています．また，アースをとらない携帯用ノート・パソコンが誤動作することがないこと，アース接続のコンピュータのアースを外しても誤動作しないことからも裏付けられているからです．

● グラウンドの種類

グラウンドは，電位の基準点として複数存在し，必ずしもアース電位(大地電位)と一致するとは限りません．具体的には，図10の電子機器におけるグラウンドの種類で示すように，金属筐体の基準点をFG(Frame Ground)，回路の基準点をSG(Signal Ground)，ACライン・フィルタの中点をACG(AC Ground)と呼んで区別します．もっとも，近年ではACGを分離することはほとんどなくなり，名称も使われなくなりました．なお，信号のリターン電流パスもグラウンドと呼ばれます．

以下，機器の各グラウンドに対するポイントを示します．

▶ FG

金属筐体は人体が触れる可能性が高いため，アース不要な機器を除き，安全の目的でアースすることが原則です．機器のなかでもっとも面積が広く，金属どうしの面接合強化およびすきまの管理をすることで，高周波的に良好なグラウンドとして機能させることがポイントです．

▶ ACG

ACラインに重畳したコモンモード・ノイズは，ACライン・フィルタのコンデンサ中点を経由してACGに現れます．このノイズ除去をするうえで，ACGと基準点(通常はFG)間を低インピーダンスで接続することがポイントとなります．

図11に示すように，ACGとFG間の配線インピー

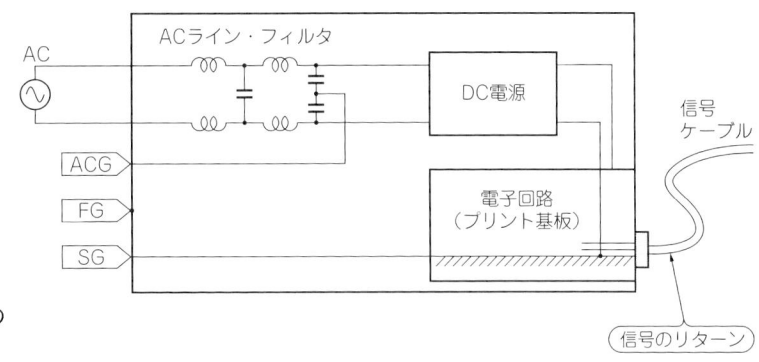

図10 機器におけるグラウンドの種類

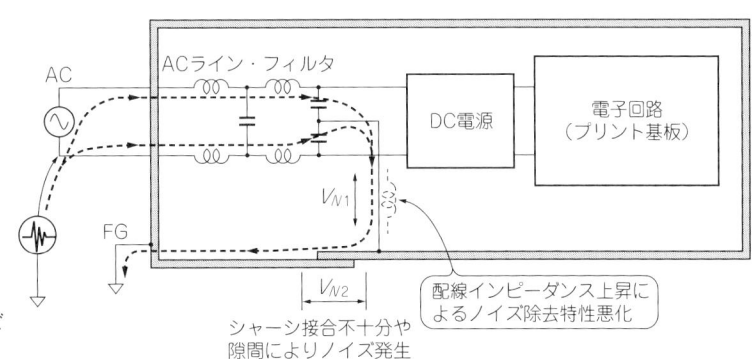

図11 ACラインからの外部ノイズの電流パス

ダンスが十分に低くないとノイズV_{N1}が発生したり，ノイズ電流パスに筐体の接合が不十分な個所やすきまがあるとノイズV_{N2}が発生したりします．その結果，ライン・フィルタのノイズ防止効果の低下や機器内へのノイズ誘導などの問題が発生する恐れがあります．

▶SG

通常，DC電源の出力コモン側をSGとして回路の基準点とします．回路の基準点として機能させるためには，高周波に対しても低インピーダンス化することがポイントとなります．プリント基板内層のグラウンド全面ベタ層は，基板上のグラウンド安定化に効果的です．また，ノイズの誘導や放射を低減させるうえで，FGを良好なグラウンドとし，複数個所でのSGとFG間の低インピーダンス接続やSGとFGの一体化が効果的です．特に，複数基板間のSGやケーブル・コネクタのSGの低インピーダンス化のためには，SGとFGの一体化(多点接続)が必要です．

図12のように，ケーブル・コネクタ部分でSGとFGが低インピーダンス接続されていないと，SGとFG間のノイズによるケーブルからのコモンモード放射や，ケーブルに誘導したノイズが機器内に入り込む問題が起こることがあります[5]．

▶信号リターン

信号と同じ電流が信号リターンにも流れていると考える必要があります．プリント基板では，各信号パタ

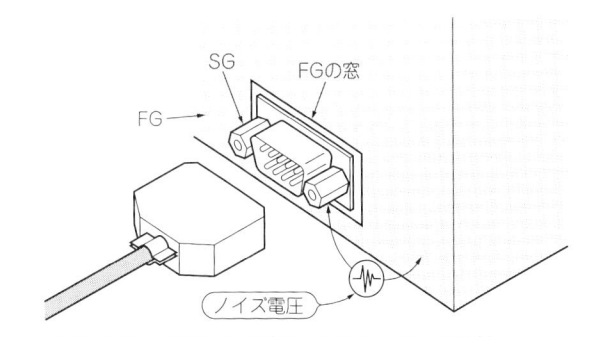

図12 FGとSG間ノイズによるコモンモード放射

ーンの下層(または信号パターンの上下層)のグラウンド・ベタ層を一括して信号リターンとして使用するのが原則です．

なお，高周波信号に対しては特性インピーダンス管理を行って，回路とインピーダンス整合させることが不可欠となります．

ケーブルによる信号伝送においても，低速信号を除いて，信号対(平行2線やツイスト・ペア)の特性インピーダンスを回路と整合させることが原則となります．なお，インピーダンス整合については，「シグナル・インテグリティ技術」として後述します．

● 共通インピーダンスによる誘導

グラウンドを経由してノイズが誘導する現象として，

グラウンド技術 109

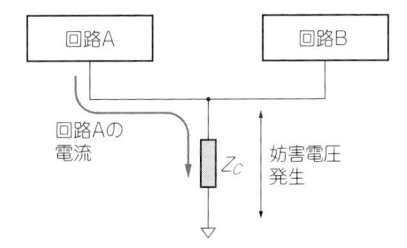

図13 共通インピーダンスによる誘導の原理

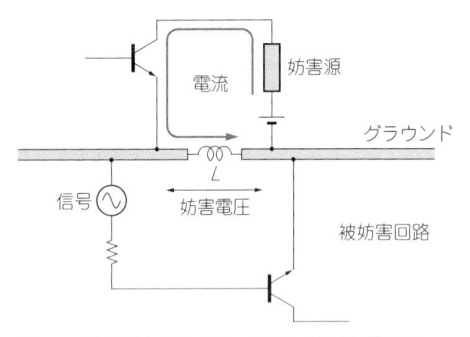

図14 共通インピーダンスLによる誘導の例

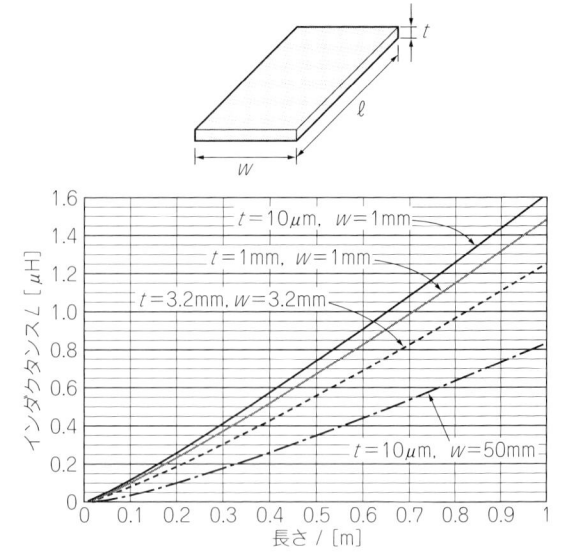

図15 平板のインダクタンス(計算値)

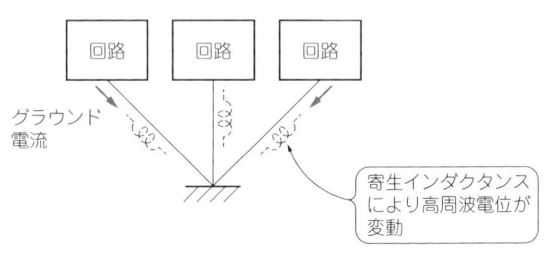

図16 1点グラウンドの基本

共通インピーダンスによる誘導(導電誘導とも言う)があります．共通インピーダンスによる誘導とは，図13の原理図のように，回路間で共通の導体部分(インピーダンスZ_C)に回路Aの電流が流れることによって，回路Bに対する妨害電圧(ノイズ)が誘導されることです．

図14の回路例を使ってさらに説明します．妨害源側の上部トランジスタには負荷を駆動する電流が流れ，グラウンドには電源のマイナス側に向かってリターン電流が流れます．このリターン電流パスにおいて，インダクタンス成分Lと示されている個所(グラウンドが細く弱い個所)では周波数が高いほどインピーダンスが上昇し，両端の妨害電圧が高くなります．そして，被妨害回路の下部トランジスタの入力(ベース-エミッタ間)には，信号に加えてこの妨害電圧が入力されます．

妨害電圧を低減するには，基本的にグラウンドの強化がもっとも効果的です．グラウンドの弱い個所に対する接続を太く短くすることによって，このインダクタンス成分Lを低減させ，妨害電圧の発生を抑えて影響のないようにします．

導体のインダクタンスを減らすためには導体の面積を広くすると効果があります．図15は，導体の幅w，厚みt，長さℓの平板のインダクタンスをグラフで表したものです．wおよびtが大きいほど，また長さℓが短いほど，インダクタンスが小さくなります．

たとえば，長さ10 cmのパターン配線(幅1 mm厚み10 μm)によるグラウンド接続では，図15から約$0.1\,\mu$H程度のインダクタンス成分をもつことが示されます．

$0.1\,\mu$Hのインダクタンスは，100 MHzでは，

$$|Z| = 2\pi fL = 62.8\,\Omega$$

の大きなインピーダンスとなり，グラウンド電位の不安定や共通インピーダンス誘導などの不具合を引き起こす原因となります．

インダクタンスの大きさは，長さℓに概略比例すると仮定し，一般的なパターン配線やワイヤ配線で10 cmあたり$0.1\,\mu$H程度のインダクタンスをもつことを覚えておくと役に立ちます．

● 1点グラウンドと多点グラウンド

機器のグラウンドの原則は，共通インピーダンスをなくして回路のグラウンド電位を合わせることにあります．共通インピーダンスをもたないようにする方法として，1点グラウンドと多点グラウンドがあります．

1点グラウンドは，図16に示すように，回路ごとに分離したグラウンド配線を用意して共通インピーダンスをもたないよう1点でグラウンドに落とす方法です．一見理想的なグラウンドに見えますが，機器が高速化した現在，グラウンド配線によるインピーダンスが無視できなくなり，高周波的にグラウンドとして機能し

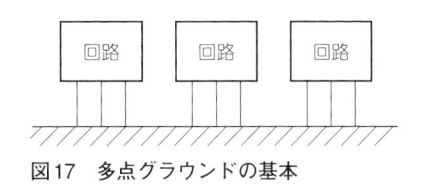

図17 多点グラウンドの基本

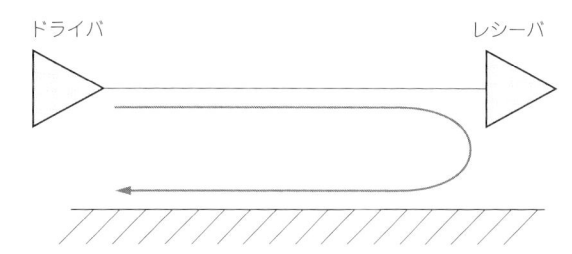

図18 信号伝搬における電流の模式図

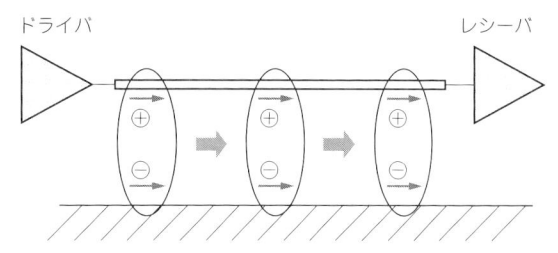

図19 信号の伝搬時間を考慮した模式図

ません．インピーダンスが高いために，わずかな電流でも各回路のグラウンド電位が別々に変動し，正常に動作することができなくなってしまいます．

なお，オーディオ帯域のアナログ回路では扱う周波数が低く，1点グラウンドによる方法で安定した動作が可能です．

多点グラウンドは，図17に示すように，回路をごく短い距離で理想的なグラウンドに多点接続する方法です．もともとはマイクロ波回路で用いられていたグラウンド方法ですが，機器が高速化した現在は一般的なグラウンド方法として浸透してきました．

上記の「グラウンドの種類」のSGで述べたように，プリント基板の内層をグラウンドのベタ層として良好なグラウンドとして使う方法は広く用いられています．また，機器では一番面積が広くて高周波におけるインピーダンスを低くできる金属筐体FGを理想グラウンドとして使い，SGと多点で最短接続する方法がグラウンドのインピーダンスを下げるうえで効果的です．

そのため，金属筐体には基板や電源を収納する機能だけでなく，高周波インピーダンスの低いグラウンドの機能をもたせた設計とします．具体的には，金属板どうしを面接合するとともに，すきまの寸法をノイズの波長に対して十分に短くして，筐体のどこでも高周波インピーダンスが低くなるようにします．

シグナル・インテグリティ技術

「シグナル・インテグリティ(signal integrity)」とは，波形品質を含めて信号を歪みなく正しく伝送することです．ディジタル信号はパルス波形で，信号の高調波を含んだ広帯域成分をもっています．そのため，伝送路を低い周波数から高い周波数まで良好に保って，波形歪みが発生しないようにする必要があります．波形歪みが発生してスレッショルドを越えると，データ・エラーの発生や誤動作が発生して機器にとって大きな問題となります．

● 信号の伝送路伝搬メカニズム

信号やノイズの伝搬において，便宜的にリターン電流を含めた電流を図18のように明示して書くことが多く，本稿でも適宜使用しています．しかし，図18は信号の伝搬時間を無視した表現なので，伝搬時間を考慮する場合は，例えば図19のように表現します．

すなわち，導線とグラウンド間にプラスとマイナスの電荷ペアが伝送路を時間とともに右方向へ移動してレシーバに到達すると考える必要があり，図19はその様子を模式的に示したものです．

なお，マイナスの電荷が右方向へ移動するということは，電流が局部的に左方向に流れることと同じ意味です．このとき伝送路は分布定数として扱い，その特性インピーダンスがレシーバ側の終端インピーダンス値と一致(整合)したときには反射が起こらず，波形歪みが発生しません．終端インピーダンス値と不一致(不整合)のときは，反射係数に応じた反射が発生して波形歪みの原因となります．

図20は，信号が伝送路を伝搬する様子を信号伝搬ダイヤグラムとして表したものです．伝搬する様子について下記①～④に説明します．

① 振幅V_Sのステップ信号が信号源抵抗R_Sを介して特性インピーダンスZ_0の伝送路に印加されると，送端AにおいてV_SがR_SとZ_0で分圧され，振幅V_Aのパルスが受端Bに向かって伝送路上を伝搬します．図20において，縦軸下方向を時間t，横軸を距離(左端を送端，右端を受端)に取ります．時間が$t=0$から$t=T$まで経過する間に，信号が伝送路上を送端Aから受端Bに到着することから，信号伝搬は斜め右下方向の矢印として示されます．

② $t=T$経過後にステップ信号(振幅V_A)が受端Bに到達すると，受端側反射係数ρ_Lに従った大きさの反射(振幅$\rho_L V_A$)が発生して重ね合わされ，振幅$V_{B(t=T)}$のパルスが受端Bに現れます．

③ 反射成分(振幅$\rho_L V_A$)は，伝送路を逆方向の送端方

シグナル・インテグリティ技術 111

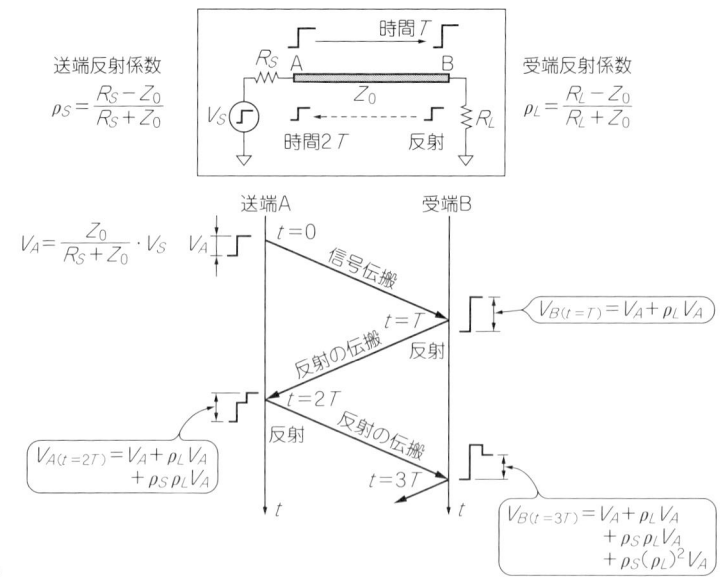

図20 信号の伝搬ダイヤグラム

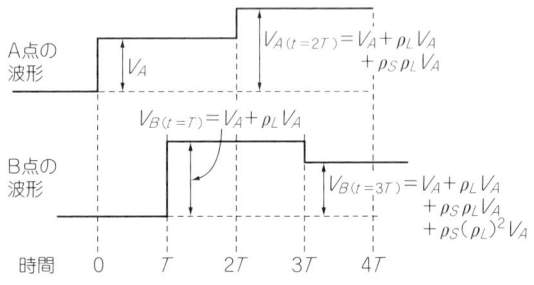

図21 送端および受端における波形と波高値の計算

向に進んで $t=2T$ 経過後に送端Aに到達します．このとき，送端Aの電圧は，送端Aに供給されている電圧 V_A，伝搬してきた反射成分（振幅 $\rho_L V_A$），そして新たに発生する反射成分（振幅 $\rho_S \rho_L V_A$）が重ね合わされて $V_{A(t=2T)}$ となります．

④ 発生した反射成分（振幅 $\rho_S \rho_L V_A$）は，伝送路を受端方向に進んで，$t=3T$ 経過後に受端Bに到達します．重ね合わされた振幅値は $V_{B(t=3T)}$ となります．

以下同様に，反射が繰り返されるとともに減衰していき，反射成分が消失するまで繰り返されます．

信号伝搬ダイヤグラムは，反射のメカニズムを理解し，波形歪みを改善するうえで役立ちます．なお，図21は，この信号伝搬ダイヤグラムにおける送端Aと受端Bの波形を取り出し，時間軸を合わせて表示したものです．このモデルと同一条件で実際に信号伝送を行わせれば，同様な実測波形を観測することができます．

● ダンピング抵抗の副作用

パラレル・データ・ラインなど消費電力を抑えるために抵抗終端をしない伝送路において，波形のリンギングを減らす目的で，ダンピング抵抗（ドライバ出力に直列に挿入する抵抗）を挿入したり，ドライブ電流を絞ったりする例がしばしば見られます．

図22は，分岐を含む伝送路を経由したドライバからの信号を二つのレシーバへ伝送する構成で，ダンピング抵抗のある場合とない場合の波形をSPICE回路解析により比較したものです．図22において，ドライバから遠いレシーバ#2の波形は，ダンピング抵抗の効果でオーバーシュートが減少しますが，ドライバ近くのレシーバ#1の波形は，ダンピング抵抗を入れたことで段差がスレッショルド付近に移動して誤動作の原因となることが示されています．

このようなときは，レシーバ#1の位置をドライバから遠ざけるか，ダンピング抵抗を小さな値とする（場合によってはダンピング抵抗を除去する）と改善されます．このような不具合はよく目にしており，設計時点で実装状態を想定したSPICE回路解析を行うなど，問題が起きないことをあらかじめ確かめておくことが望ましいのです．

● 伝送路の特性インピーダンス不連続

信号の伝送路の特性インピーダンスが一定でないと，伝送路の途中で反射が発生し，波形歪みの原因となります．

図23は，基板の信号パターン下のグラウンド平面（マイクロストリップ構造）にスリットがある信号伝送路を示します．図24は，このときの信号伝搬の様子を電磁界解析によって可視化したものです．グラウンド・スリットによって信号のリターン電流パスが分断されるため，スリット部に電界が広がり，近くの信号

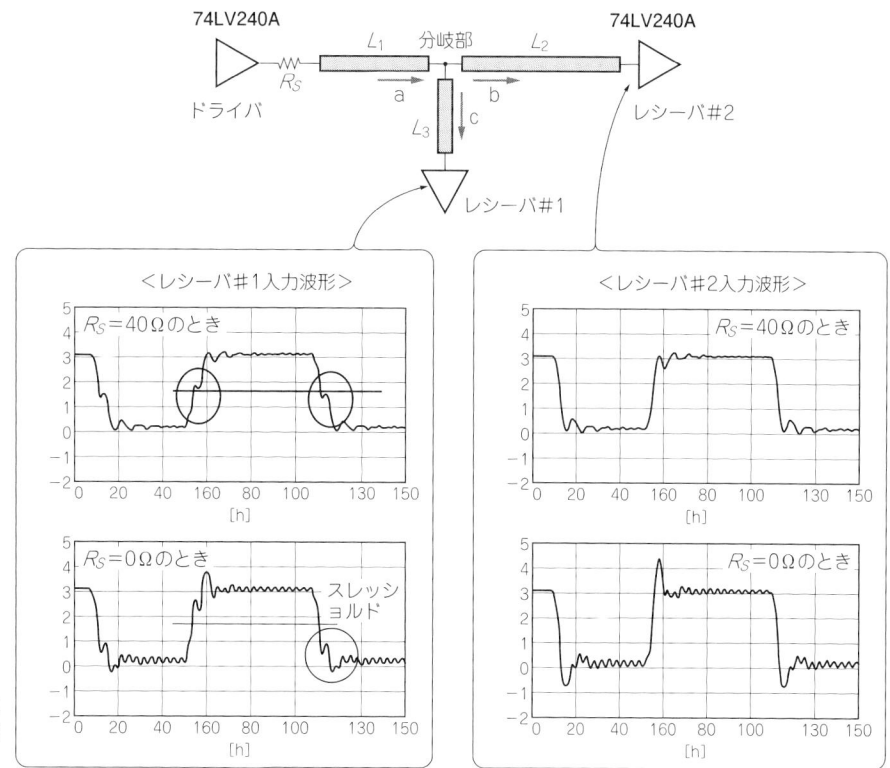

図22 ダンピング抵抗による信号伝送への影響例（波形解析結果）

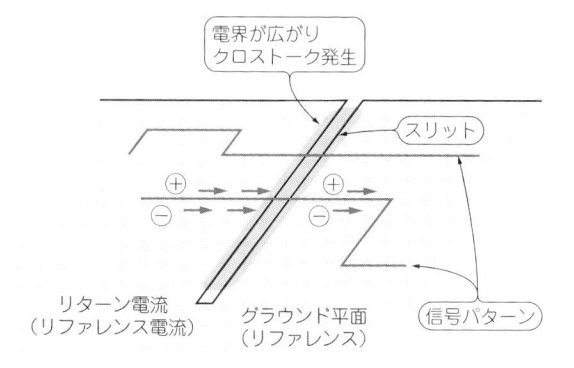

図23 グラウンド・スリットのある信号伝送路

線へのクロストーク増大や局部的な伝送路のインピーダンス上昇に伴う反射/波形歪みが発生します[6].

したがって，信号パターンはグラウンド平面のスリットをまたがないように設計します．なお，信号パターン下はグラウンド平面とするのが原則ですが，やむをえず電源平面で代用する場合(Gbps級伝送など小振幅信号には代用不可)でも，信号パターンが電源平面のスリット部分をまたがないように設計します．

● Gbps級の信号伝送

Gbps級のシリアル信号には，データの変化に応じてトグルのデータ(01010101…と，'0'と'1'が交互に

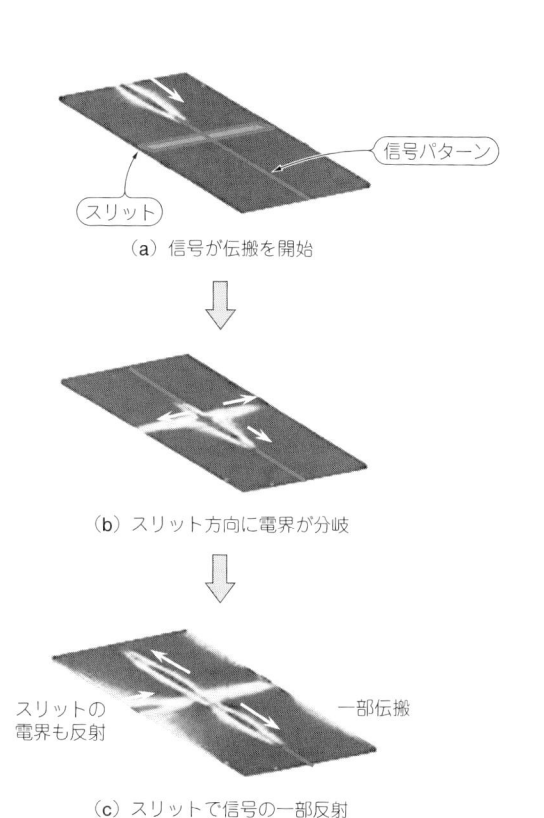

図24 信号パターン下のグラウンド面にスリットがある場合の信号伝送

シグナル・インテグリティ技術　113

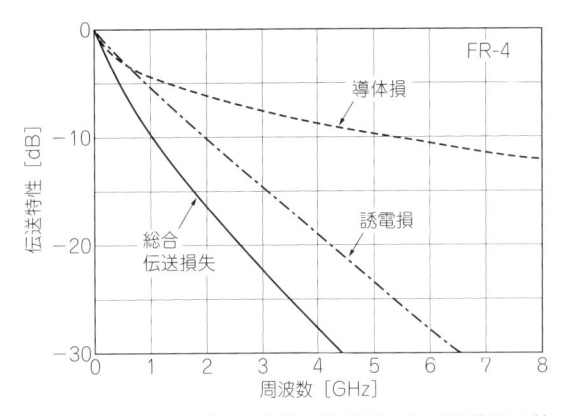

図25 ガラス・エポキシ基板の導体損および誘電損の特性例

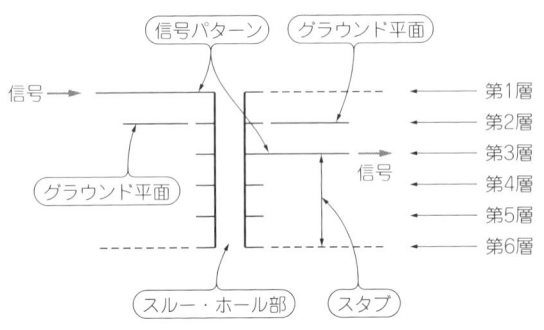

図26 基板スルー・ホールで生じるスタブ(基板断面図)

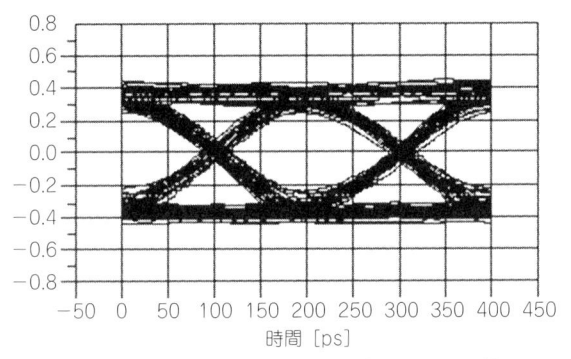

(a) 基板スルー・ホールのスタブなしの伝送特性

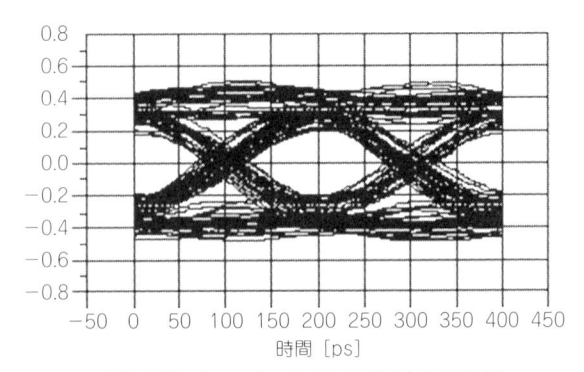

(b) 基板スルー・ホールのスタブによる伝送特性

図27 基板スルー・ホールによるスタブによる伝送特性悪化例(@5 Gbps)

変化するデータ)のようにGHz級の非常に高い周波数成分が主となる信号から,変化の少ないデータ('0' が連続または '1' が連続するデータ)のように低い周波数成分が含まれている信号まであります.そのため,歪みの少ない信号伝送を実現するうえで,伝送路の広帯域化および特性インピーダンスの管理がとても重要となってきます.具体的には,次のような伝送路での課題があります.

▶配線の表皮効果による導体損

高い周波数になるほど導体を流れる電流は表面に集中し(表皮効果),伝送損失が大きくなります.これを導体損と呼び,周波数を f とすると $\sqrt{f}$ に比例して大きくなります.

▶誘電損

高い周波数になるほど伝送路の絶縁体による損失(コンダクタンス)が増加する傾向にあり,誘電損と呼びます.誘電損は周波数 f に比例して大きくなります.
図25に,ガラス・エポキシ基板(FR-4)の伝送路1mあたりの導体損および誘電損の特性例を示します.

▶特性インピーダンスの不連続

信号配線の基板層間渡り,製造誤差を含めたパターン幅や絶縁層厚の変化などで,伝送路の特性インピーダンスが変化することによって,反射や伝送損失が発生します[7].

▶伝送線路上の寄生成分

伝送線路上の部品用パッド,配線とグラウンド間の寄生容量,基板スルー・ホールで生じるスタブ(分岐)など,伝送路上の寄生成分によって反射や伝送損失が発生します.

基板スルー・ホールで生じる長さ数mm程度のスタブ断面図を図26に示すとともに,5 Gbps伝送におけるスタブによる特性悪化例を図27に示します.なお,この伝送波形は,ランダム・パターンのデータの波形を複数回重ね描きして表示させたもので,アイ・ダイヤグラム(eye diagram)と呼ばれます.中央の目の部分が広く開くほど伝送特性が良好なことを表します.

▶伝送路における部品

伝送路の一部となるコネクタやケーブルなど,部品のもつ寄生成分や特性インピーダンスの不整合によって,反射や伝送損失が発生します[8].

　　　　＊　　　　　　　＊　　　　　　　＊

Gbps級の信号伝送では,上記のような伝送路における課題があり,設計/製作したプリント基板など信号伝送路に問題があっても修正することは難しく,再

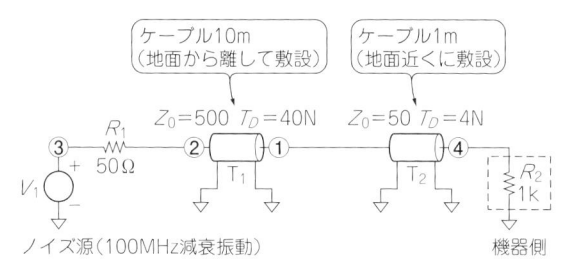

図28 ケーブル外皮と地面間を伝送路と見た等価回路でノイズの伝搬を解析

設計/再製作が必要となります．したがって，Gbps級の信号伝送では，設計段階で実装条件を十分に把握したうえで波形解析を行い，信号伝送が良好に行われることを確認しておくことが不可欠となります．

なお，一般的に波形解析にはSPICE回路解析が用いられ，解析と実測結果の一致を図るため，使用する伝送路や部品のモデルの生成が重要となります[8]．

● **ノイズ伝搬の防止**

シグナル・インテグリティ技術は，波形歪みを減らして良好な信号伝送を行うものですが，ノイズも電気信号の一種ですので，見かたを変えてノイズ伝搬を防ぐ(電気信号を通過しにくくする)こともこの技術の範疇として扱うことができます．

ケーブル外皮を伝わってノイズが伝搬し，機器に入り込んで誤動作など問題を起こすことがしばしば見られます．ケーブル外皮と地面間を伝送路(マイクロストリップ・ライン)と見て，特性インピーダンスをもった分布定数回路で表す方法は，ノイズの伝搬を検討するうえで効果的です[9]．

図28は，この方法によってノイズのケーブル伝搬解析を行うための等価回路例を示したもので，機器側でケーブル外皮を低インピーダンスでグラウンド接続できないケース(等価回路上1kΩのインピーダンスで示す)を想定しています．このとき，ケーブル全体を地面近くに敷設した(伝送路の特性インピーダンスを50Ωとする)場合と，地面から離す敷設あるいは近くに敷設(伝送路の特性インピーダンスを各々500Ωと50Ωとする)の場合についてSPICE解析を行います．

図29は，これら2種類のケーブル敷設方法についてSPICE解析による波形を示したものです．**図29(b)**に示すように，ケーブル全長を地面近くに敷設したときは，ケーブルに重畳したノイズ[**図29(a)**]とほとんど同じ大きさのノイズが伝搬してしまいます．一方，**図29(c)**に示すように，ケーブルを地面から離して10m敷設するとともに，機器の近傍1mの長さのみ地面近くに敷設したときは，**図29(a)**に比べて大幅に伝搬するノイズが減少することが確認できます．

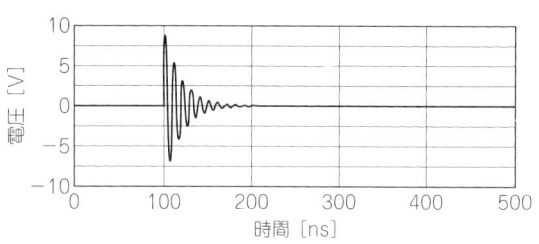

(a) ケーブル外皮に想定ノイズを印加

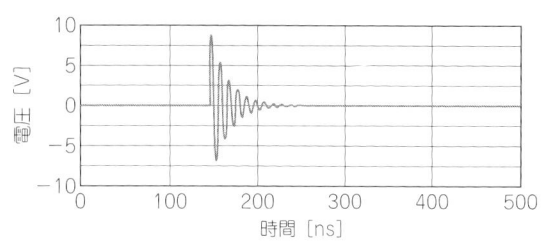

(b) ケーブル全長を地面近くに敷設

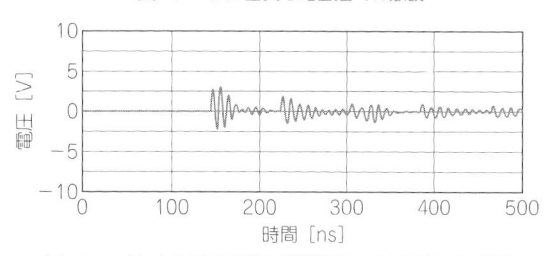

(c) ケーブルを地面から離し機器近傍のみ地面近くに敷設

図29 ケーブルの敷設方法を変えてノイズ伝搬を低減した例(SPICE解析)

◆ **参考文献** ◆

(1) 山崎弘郎，仁田周一，斉藤成一，古谷隆志，上野美幸；ディジタル回路のEMC，2002年11月，オーム社．
(2) 徳田正満；電子機器の安全性を保つ電磁ノイズ対策，2009年9月17日付，日刊工業新聞．
(3) 上野武司，西野義典，原本欽朗，清水敏久；太陽光発電パワーコンディショナの雑音端子電圧測定の一手法について，東京都立産業技術研究センター研究報告，第6号，2011年．
(4) 斉藤成一；高専および企業におけるEMC教育の現状と方向性，電磁環境工学情報EMC，2011年10月．
(5) 斉藤成一；プリント基板開発におけるEMC設計の考え方と実践的な設計方法，2011年12月，NEアカデミー．
(6) 斉藤成一；プリント基板の設計入門，JMA 2009EMCノイズ対策技術シンポジュウム，2009年4月．
(7) 斉藤成一，山岸圭太郎；高速LSIと基板の信号伝送系実装設計における課題と考察，電子情報通信学会デザインガイア2009，2009年12月．
(8) 斉藤成一，山岸圭太郎，渋谷幸司；Gbps級高速信号伝送における課題とシミュレーション，JIEPシステム実装CAE研究会公開研究会，2007年5月．
(9) 斉藤成一，中村俊一郎，仁田周一；外部信号ケーブルに重畳するノイズに対するプリント配線板上の回路への誘導ノイズとその低減法，電気学会論文誌C，119巻12号，1999年12月．

測定

消費電力1W以上のLED電球は電気用品安全法の規制対象

LED照明機器のEMI測定技術

山田 和謙
Kazunori Yamada

　白熱電球や蛍光灯からLED照明への交換は，誰もが手軽に行えて有効な省エネ策として認知されていますが，最近になってコストを抑えたLED照明機器が出てきたことにより，一般家庭やオフィスへの普及に一層拍車がかかっています．

　LED照明には低消費電力性能以外に，寿命が長い，発熱が少ない，調光が容易など多くのメリットがあるため，今後はさらなる普及が見込まれますが，問題点として「電磁波ノイズ(EMI)を発生する」ことがあげられています．

　電磁波ノイズのほとんどは，LED照明機器に内装されたスイッチング電源(AC-DCコンバータ)から発生します．数年前，宮城県内のある商店街において，街灯の照明をLEDタイプに全交換したところ，あちこちの店舗や住居でテレビ(当時はアナログ)やラジオ(AMとFM)の受信障害が発生するようになり，急遽EMI対策を行ったというニュースを見たことがあります．このエピソードから考えられることは，LED照明機器から発生するノイズは，AM放送波帯の数百kHzからTV放送波帯の数百MHzにまで，広帯域に渡って妨害を与える可能性があるということです．

　一般的に，電子機器の電磁波ノイズ・レベルは，周辺の電子機器の動作や性能に影響を与えないための指標として，国際規格をベースとした各国規格によって規制されています．LED照明機器も例外ではありませんが，現状ではLED照明機器専用の規格があるわけではなく，電気照明機器を対象とした規格が適用されています．

　本稿では，今後さらにニーズが高まっていくであろうLED照明機器のEMI測定にフォーカスし，現状の測定技術，および最新の効率的な測定手法について解説します．

規格の背景と要求試験項目

　前述したようにLED照明機器は，一般の電気照明機器としてEMI規格の対象となります．内外主要国の規格背景を見てみますと，米国/カナダといった独自規格の国を除いて，EU諸国など，ほとんどの国々は，CISPR(国際無線障害特別委員会)発行のCISPR15規格「電気照明の無線妨害許容値と測定法」をベースとして，自国の規格を策定しています．

　それでは，日本国内の規格背景はどうでしょう．まず，法的には平成24年7月1日より定格消費電力が1W以上のLED電球は電気用品安全法の規制対象となりました．適用技術基準については，省令第1項(日本国内市場専用仕向け)と第2項(海外への輸出を想定される製品向け)が具備されています*1．

　本稿では省令第2項をベースにして解説を進めますが，国際規格に近い省令第2項の技術基準：J55015で

＊1：電気用品安全法で運用されている技術基準には省令第1項と第2項の2種類があり，第1項は日本国内市場に限定された商品に適用され，第2項は海外市場へも展開される商品向けとして国際規格に整合した基準の運用である．本稿では第2項をベースに執筆した．

表1　LED照明に対する国内外EMI規格の比較

種別	規格番号	試験項目	試験周波数	試験方法
国内規格	J55015 (電安法省令第2項)	電源端子妨害電圧	150 k～30 MHz	擬似電源回路網
		負荷/制御端子妨害電圧	150 k～30 MHz	ハイ・インピーダンス・プローブ
		放射磁界強度	150 k～30 MHz	ラージ・ループ・アンテナ
		雑音電力	30 M～300 MHz	吸収クランプ
国際規格	CISPR15	電源端子妨害電圧	9 k～30 MHz	擬似電源回路網
		負荷/制御端子妨害電圧	150 k～30 MHz	ハイ・インピーダンス・プローブ
		放射磁界強度	9 k～30 MHz	ラージ・ループ・アンテナ
		放射電界強度	30 M～300 MHz	10 m電波暗室

あっても，表1のとおり国際規格：CISPR15と対比してみると，試験項目と試験周波数範囲に若干の違いがあることがわかります．

電源線（および制御線）の「伝導性エミッション試験」とラージ・ループ・アンテナを使った「低周波磁界強度試験」については，どちらの規格にも要求項目として挙げられています．

しかし，高周波領域の測定については，国際規格の要求が「10 m法」での放射エミッション試験であることに対し，国内規格では吸収クランプを使った「雑音電力エミッション試験」で代替されています．

また，本表以外の要求として，より低周波領域（50 Hz〜2 kHz）における「電源高調波電流試験」がありますが，試験の性格が異なるため本稿では割愛します．

ラージ・ループ・アンテナによる低周波磁界強度試験

「磁界強度試験」というと従来の感覚では，直径60 cmのループ・アンテナを使って，距離3 m〜30 m離れた場所での放射レベルを測定する手法（ドイツVDE規格による試験法）が主流でしたが，照明機器については，「ラージ・ループ・アンテナ」（以下LLA）による測定法が基本とされています．

LLAは写真1のように，直径2 mのループ・アンテナ3本を，それぞれが直交関係になるように組み合わせた3軸構造で構成されており，DUT（被試験物）はループの中央部分に置かれます．直径2 mのLLAで測定できるDUTの最大サイズは1.6 m以下と規定されており，これを越えるとDUTとループ間が容量性結合を起こして測定結果が不安定になるようです．

個々のループは独立しており，同時に使用されるわけではありません．つまり，製品のX軸，Y軸，Z軸方向それぞれの磁界強度を順次測定していくルーチンとなります．

● LLAの構造としくみ

ループ単体を分解してみると，アンテナ線路は同軸シールド・ケーブル（RG-223/U）で作られており，円周の2ヶ所に抵抗で構成した「スリット」を有していることがわかります（図1）．また，スリットから90°離

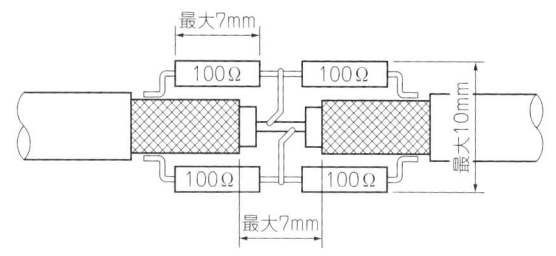

図1 ラージ・ループ・アンテナ用スリットの構造

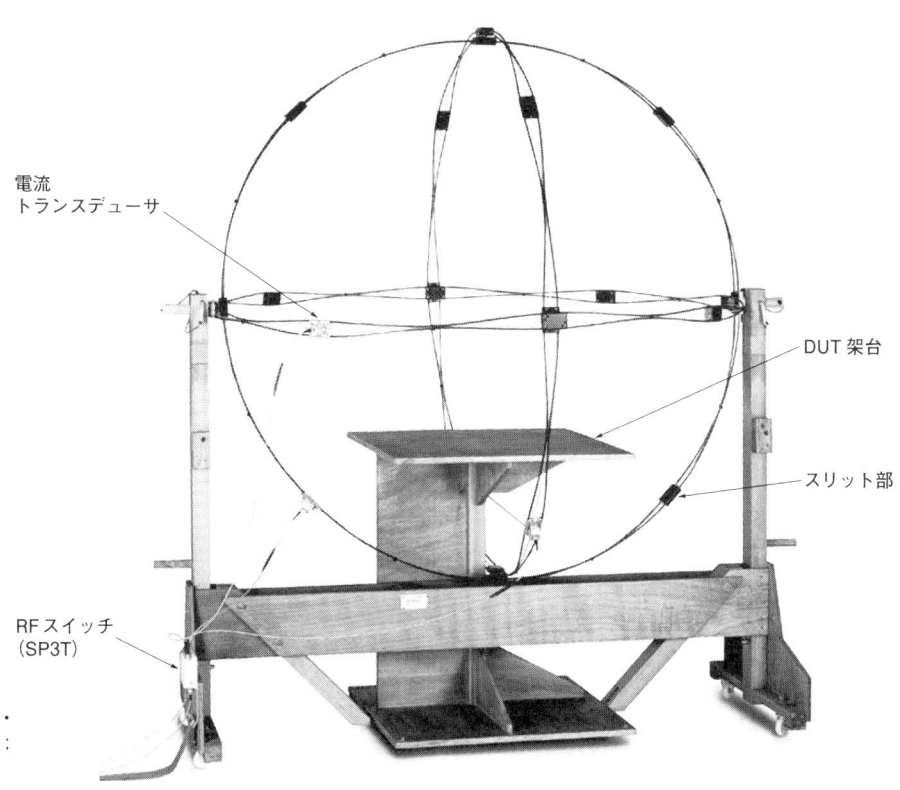

写真1 ラージ・ループ・アンテナの構成（HM020：Rohde & Schwarz）

れたところに金属ボックスが取り付けられており，この中には「電流トランスデューサ(電流プローブ)(**写真2**)」が収納されています．

LLAの測定値/限度値は電流パラメータとして与えられますが，ループ・アンテナ上に誘起される誘導電流を，この電流トランスデューサでピックアップするというのが測定のメカニズムです．電流トランスデューサの電圧-電流変換係数(伝達インピーダンスZ_t)は，使用周波数範囲(9 k～30 MHz)に渡って1Ωに合わされていますので，結果として「電圧値＝電流値」という関係が成り立ちます．

なお，実際の測定ではdB(デシベル)単位での評価を行いますので，この係数もdBに変換をしておいたほうが後々便利です．1ΩのZ_tをdBで表すと，式(1)のように0 dBΩということになります．

$$Z_t \text{[dB}\Omega\text{]} = 20 \log 1 = 0 \quad \cdots\cdots\cdots\cdots (1)$$

● LLAの妥当性検証

LLAは設置場所周囲の影響を受けますので，設置場所において「妥当性」を検証することが求められています．設置場所については，外来ノイズの到来を考えると，「シールド・ルーム内への設置が望ましいだろう…」ということになるのですが，シールド・ルームは壁，天井，床面がすべて金属板ですので，ループとの距離が近くなると，測定時の特性に影響が出てしまいます．したがって，できるだけ壁面などからの距離を確保する(規格上は50 cm以上)ように配慮する必要があります．

妥当性検証時は，DUTの代わりに，ループの中心に「校正用バラン・ダイポール(**写真3**)」をセットします．送信信号源(信号発生器)をバラン・ダイポールに接続して検証を行う周波数にセットし，電圧を出力すると検証用電磁波が放射されます．このとき，外周のループ・アンテナ上に誘起される電流値を前記の電流トランスデューサと測定用受信機(EMIレシーバ)で検出することで，「送信電圧値(V)と受信電流値(I)の比」を求めることができます．

規格上，この値を「妥当性係数」と言い，基準値が設定されています．妥当性係数は「電圧/電流」の比ですから，前述のZ_tと同様にインピーダンスとして扱われます．なお，ここで入力する送信電圧値Vは開放電圧値(EMF)であること，また，V，IともにdB単位であることに留意してください．例えば，送信信号源の出力電圧を120 dBμV/EMF(114 dBμV/50Ω)とセットしたときに，電流トランスデューサを通して得られた受信電流値が46 dBμAであれば，妥当性係数は120 − 46 = 74 dBΩと計算されます．

妥当性係数[dBΩ]
$= V \text{[dB}\mu\text{V/EMF]} - I \text{[dB}\mu\text{A]} \quad \cdots\cdots\cdots (2)$

設置場所周囲の影響をチェックするために，**図2**のようにバラン・ダイポールを，ループ円周上の8ポイント(45°ステップ)にポジショニングして妥当性係数を測定します．結果として**図3**のように，各ループあたり8本のトレース・データを得ることになり，これらの値が規格で定義された基準値±2 dB以内であれば妥当性に問題はないものとされています．

実際にやってみますと，垂直方向に設置されたループ・アンテナでバラン・ダイポールのエッジが床面に近づいた状態が最も厳しくなることがわかります．

また，電流トランスデューサからの出力ケーブルの引き回しは20 MHz以上の測定結果に相当影響してきますので，対策として**写真4**のように接続ケーブルにフェライト・コア(10 MHzで100Ω以上のコモンモード・インピーダンスが得られるもの)を装着して，測定値の安定を図ります．

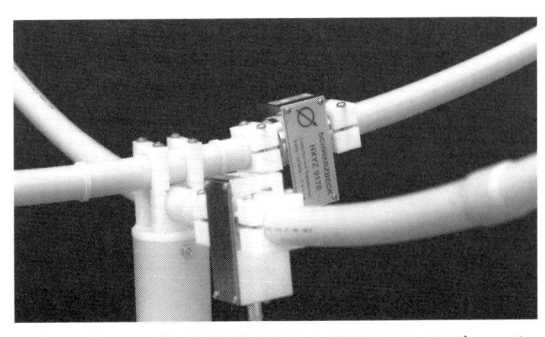

写真2 各ループに取り付けられた電流トランスデューサ

写真3 校正用バラン・ダイポール

● **LED電球の磁界強度測定結果と考察**

LED電球をLLA内にセットして,低周波磁界強度試験を行った様子を**写真5**に示します.測定は周波数範囲9 kHz～30 MHzを,X軸,Y軸,Z軸のループ・アンテナについてスキャンします.

限度値に対する合否判定は,EMIレシーバの帯域幅を規格要求値の200 Hz(9 k～150 kHz時)か9 kHz(150 k～30 MHz時)にセットし(**表2**),検波器をQP(Quasi Peak；準尖頭値)に設定した条件にて最終測定を行います.

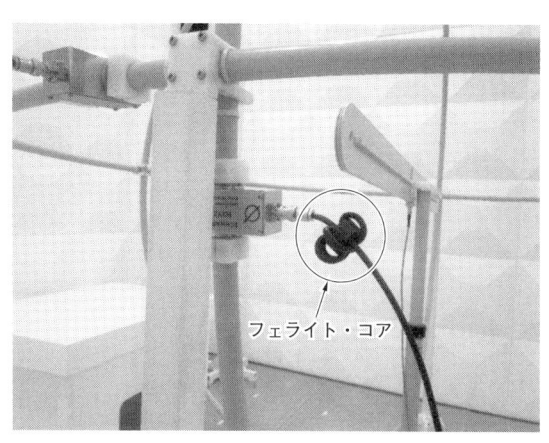

写真4 コモンモード対策用フェライト・コアの装着例

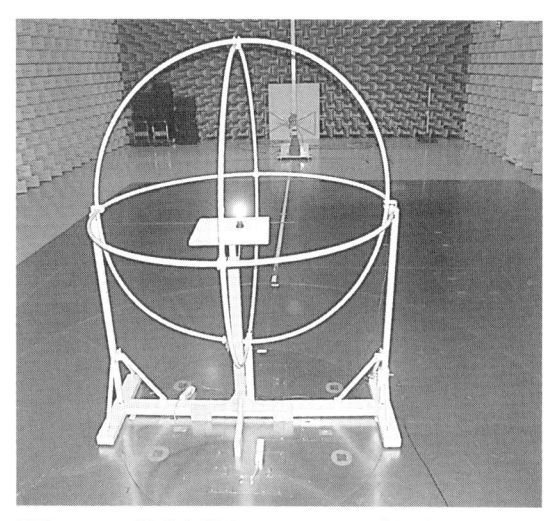

写真5 LED電球実測時のセットアップ(写真提供：沖エンジニアリング)

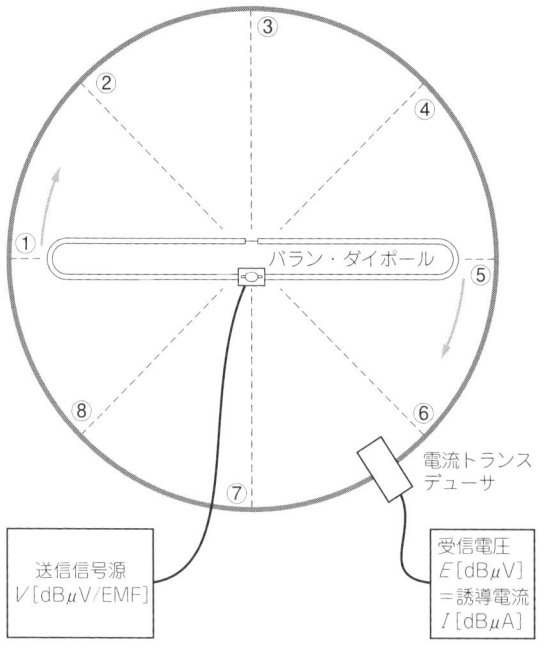

図2 ラージ・ループ・アンテナの妥当性検証の概念図

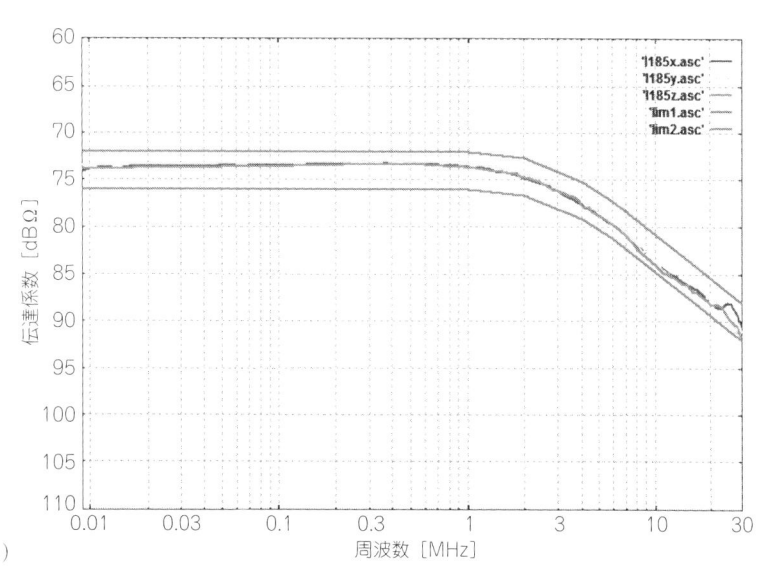

図3 妥当性係数の実測データ
(基準値±2 dBを許容偏差とする)

表2 QP検波測定時の基準パラメータ
(CISPR16-1-1 より)

パラメータ	CISPRバンドA 9 k～150 kHz	CISPRバンドB 150 k～30 MHz	CISPRバンドC, D 30 M～1000 MHz
−6 dB点での帯域幅	200 Hz	9 kHz	120 kHz
充電時の時定数	45 ms	1 ms	1 ms
放電時の時定数	500 ms	160 ms	550 ms
指示計器の機械的時定数	160 ms	160 ms	100 ms

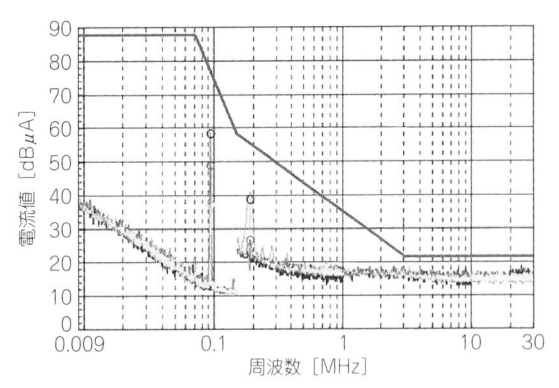

図4 LED電球の実測データ(資料提供：沖エンジニアリング)

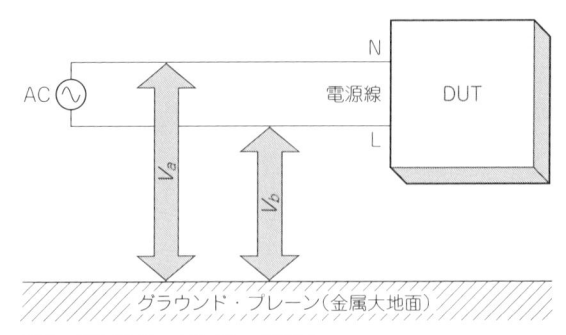

図5 電源線のコモンモード電圧

図4に測定結果(プリスキャン)の一例を示します．この測定結果は限度値内に収まっていますが，90 kHz付近に突出したピークが見られます．これの2倍にあたる180 kHz付近にもピークがあることから，発振源はスイッチング電源によるノイズ(基本波と2次高調波)と考えられます．仮に限度値を越えるようなことがあった場合，当該試験項目に対する対策は難易度の高いものになることが予想されます．

電源線伝導雑音試験

電源線CE(Conducted Emission)試験では，LED照明機器から商用電源線に流出する「コモンモード」伝導雑音電圧を測定します．コモンモード電圧の定義ですが，図5のように，電源線の「大地対1線間の電圧」，つまり大地対ニュートラル側，および大地対ライブ側の各電圧を順次測定します．

測定周波数範囲については，国内規格の試験要求範囲が150 kHz～30 MHzであることに対し，国際規格では9 kHz～30 MHzに拡大されています．

国際規格においても多くの電子機器に対する試験要求は150 kHzからですので，9 kHzからの測定は珍しいことですが，これを実施するためには50 Ω/50 μH+5 Ωの「擬似電源回路網(以下AMN)」が必要になります(写真6)．

また，製品に負荷/制御用端子(ただしシールドされないケーブルが接続される端子に限る)が付加されている場合は，そのポートのコモンモード伝導性雑音

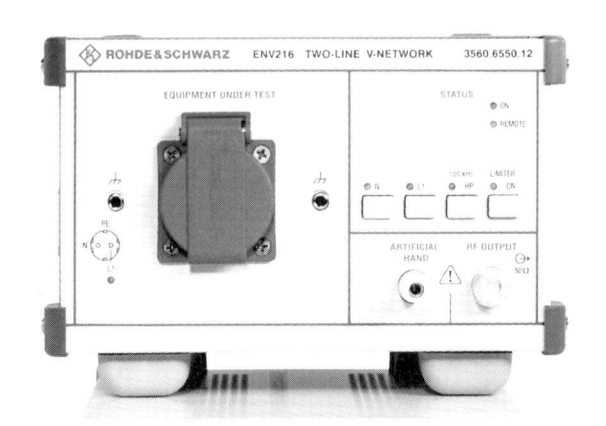

写真6 擬似電源回路網(ENV216：Rohde & Schwarz)

を直列抵抗1500 Ωの「ハイ・インピーダンス・プローブ」で測定する必要があります．

● **AMNの構造と測定のしくみ**

図6に50 Ω/50 μH+5 Ω型AMNの回路例を示します．回路例というくらいですから，規格で各部品の定数や配置が厳密に規定されているわけではなく，代わりに妥当性評価結果(インピーダンス，位相角，アイソレーション特性)が規格で定義された許容値内に収まっていれば規格適合品とされています(図7)．

回路例の向かって左側が1次側(電源入力側)にあたり，こちらはLとCでローパス・フィルタ，いわゆるライン・フィルタを形成しています．このライン・フィルタによって，供給電源上に重畳している高周波ノイズをカットしてDUTに送り，逆にDUTサイドから流出する高周波ノイズ成分のみが，0.47 μF(ハイパス・

図6 擬似電源回路網の回路例（50 Ω/50 μH+5 Ω）

(a) インピーダンスと位相角特性例

(b) 1次側対2次側アイソレーション特性例

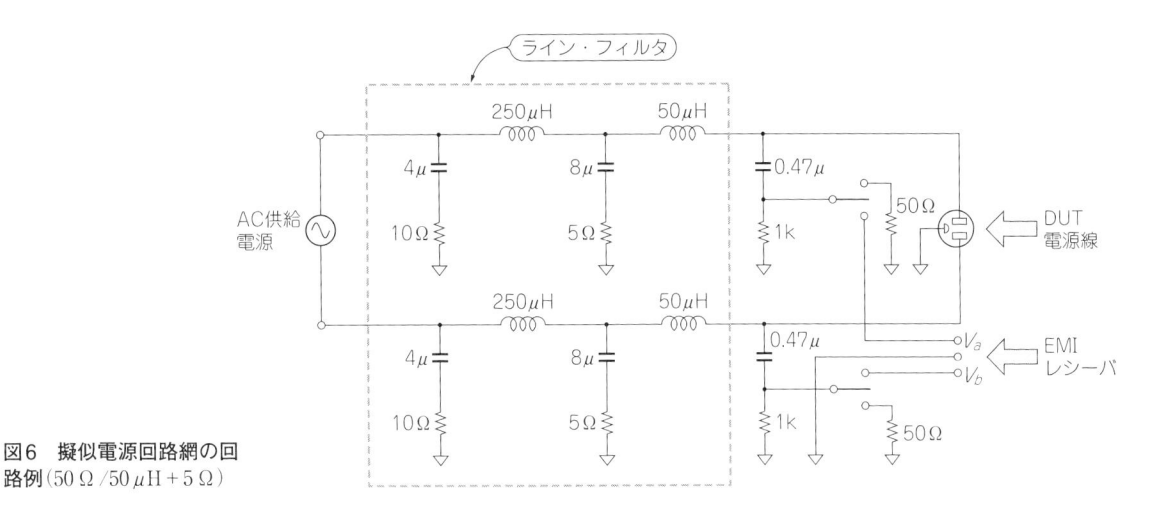

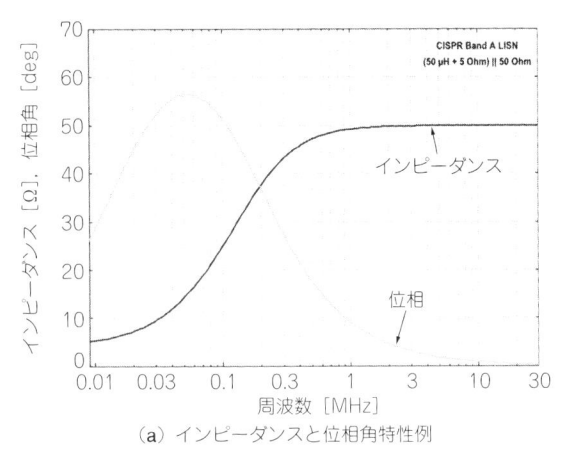

図7 擬似電源回路網の特性例

フィルタ）を通してEMIレシーバに送られます．なお，EMIレシーバへの接続経路はV_a，V_bの2系統があり，切り換え式になっていることがわかります．

インピーダンス・ミスマッチによる誤差を低減するため，最近の規格変更によって，AMN出力端に10 dBのアッテネータを装着することが義務づけられました．なお，EMIレシーバ自身は50 Ωの入力インピーダンスをもっており，それによる測定結果は50 Ω終端電圧で表されます．

● LED電球のCE試験結果と考察

CE測定時のセッティングの様子を写真7に，試行サンプルの測定結果を図8に示します．9 kHzから50 kHzの範囲では，限度値が緩いこともあって規格に適合していますが，70 kHzあたりから限度値を越えるノイズが出始めて200 kHz付近でピークとなり，600 kHz付近まで限度値を越えています．

当該の周波数帯は，各国でAM放送が広く利用されているほか，欧州/ロシア地域ではLW放送もあるよ

写真7 LED電球の電源線伝導雑音測定（写真提供：沖エンジニアリング）

うですので，ラジオへの受信障害の要因となる可能性があります．

一般的に，低周波領域での伝導ノイズを低減するためには，比較的高いインダクタンスをもったコモンモ

電源線伝導雑音試験　121

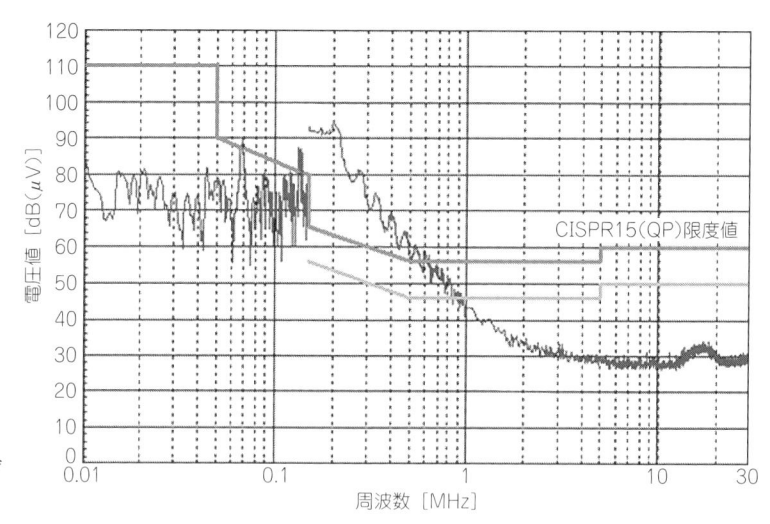

図8 LED電球の電源線伝導雑音実測データ(資料提供：沖エンジニアリング)

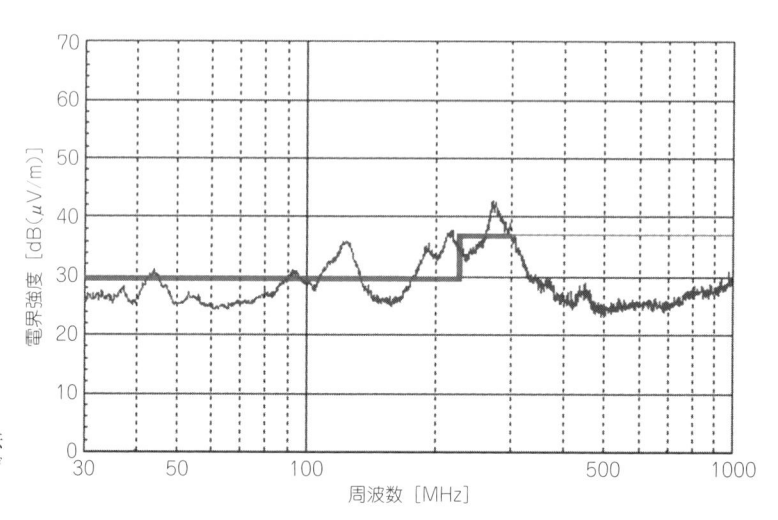

図9 LED電球の放射電界強度(10 m法での実測データ，資料提供：沖エンジニアリング)

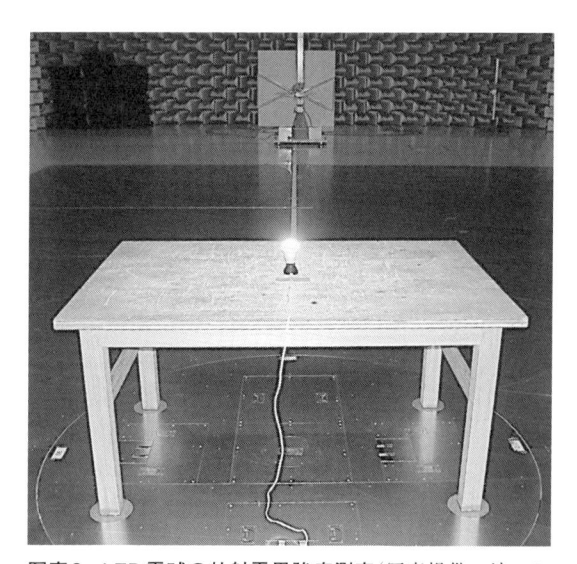

写真8 LED電球の放射電界強度測定(写真提供：沖エンジニアリング)

ード・チョーク・コイルが有効ですが，コストと設置スペースの関係から，対策はコンデンサによるフィルタリングが多く用いられることと思います．該当周波数が低いので，コンデンサの定数を大きくする必要がありそうです．

放射電界強度試験の実測値と考察

冒頭に述べたように，LED照明機器からの妨害波は，FM放送やTV放送の受信障害まで引き起こした事例がありますので，より高域における妨害波発生の状況を，10 m法放射電界強度測定結果から検証してみたいと思います．

10 m電波暗室におけるLED電球の放射電界強度測定の様子を写真8に，また，数台の測定サンプル中，厳しい結果が出たもののデータを図9に示します．

CISPR15規格の要求測定範囲は30 M～300 MHzで

(a) 外観

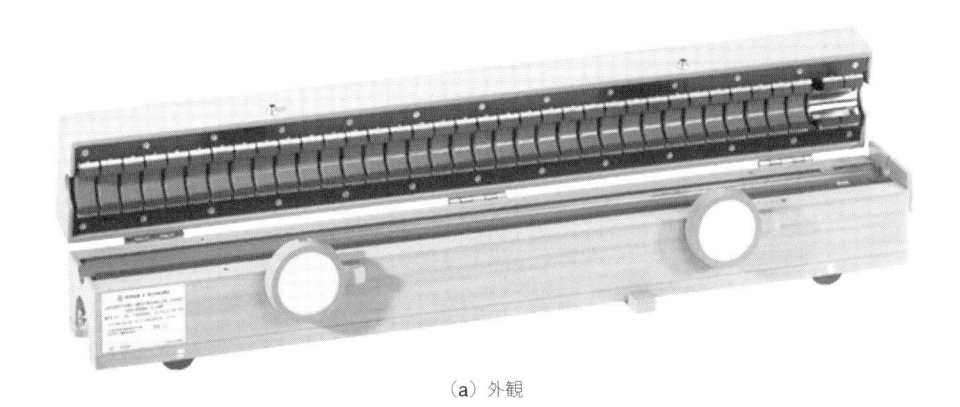

(b) 接続法

図10 雑音電力エミッション測定用吸収クランプ

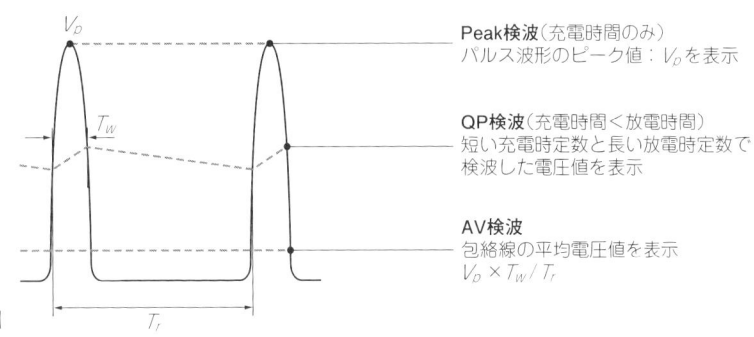

図11 EMI測定時の電圧検波の概念図

Peak検波（充電時間のみ）
パルス波形のピーク値：V_pを表示

QP検波（充電時間＜放電時間）
短い充電時定数と長い放電時定数で
検波した電圧値を表示

AV検波
包絡線の平均電圧値を表示
$V_p \times T_w / T_r$

すが，本測定では参考値として1000 MHzまでデータを取得しています．物理的サイズの小さなLED電球一つから，10 m離れた地点でこれだけの妨害波が観測できることは驚きです．FM帯からVHF帯にかけて限度値をかなりオーバーしていることから，冒頭に記述したようなラジオやVHFアナログTVの受信障害発生の可能性は十分に考えられます（因みに，この電界強度限度値はパソコンや事務機器を規制しているCISPR 22クラスB IT機器のスペックと同等のもの）．

なお，取得された妨害波スペクトラムは広帯域ノイズの波形を呈しており，経験上この種のノイズは電源コードがアンテナとなって放射する傾向が強いので，主に垂直偏波測定時に表れることが予想されます．

この10 m法電界強度測定に対して，日本国内規格では吸収クランプ（**図10**）を使った電源線上の雑音電力エミッション測定が要求されていますが，電源線路からの放射エネルギーを速く確実に測定できるという意味では合理的な考えかたと言えます．

EMI測定を高速化する

● 従来のEMI測定手順と問題点

これまでLED照明機器のEMI測定手法について解説してきましたが，EMI測定では昔から最終的な適合性判定を「QP（準尖頭値）検波」（**図11**）で行うこと（項目によってはAV検波も）が規格上定められています．

ご存知の方も多いと思いますが，QPは人間の耳の聴感応答性に合わせた時定数から考慮されたもので，**表2**のとおり放電時の時定数が極端に長いため，これが実際の測定作業においては相当なボトルネックとな

EMI測定を高速化する　123

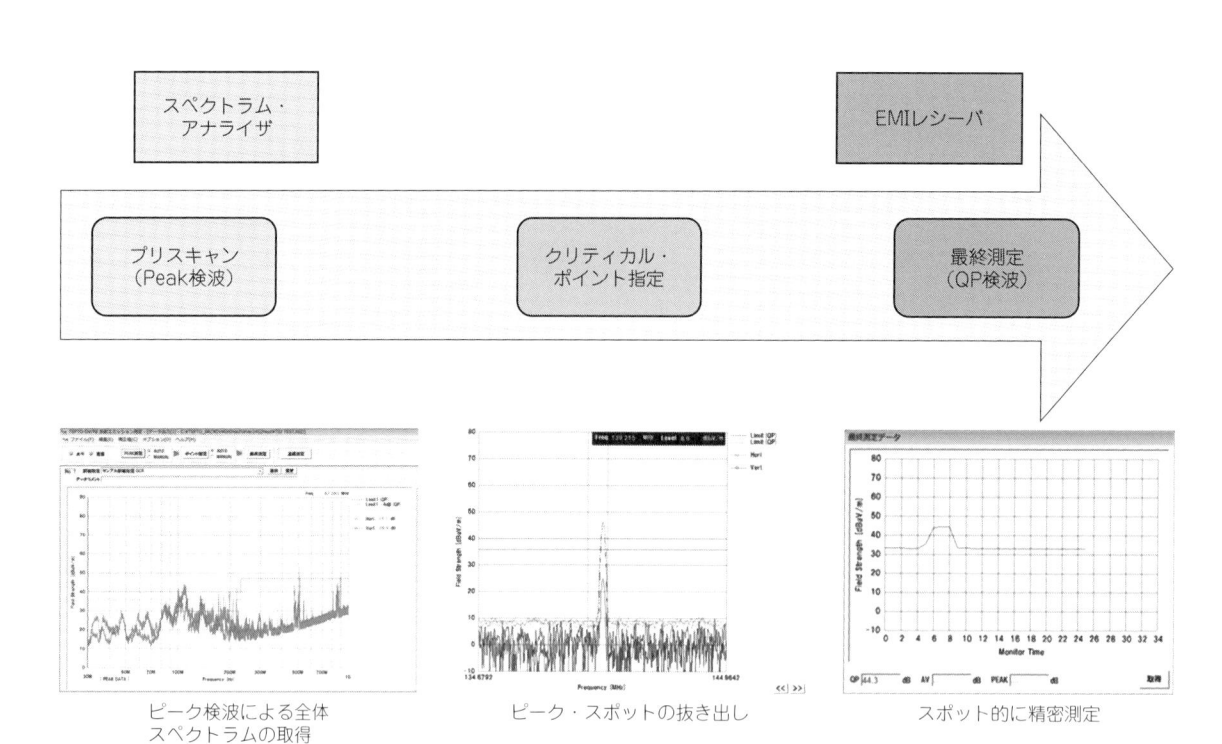

図12 従来のEMI測定プロセス(3ステップ・ルーチン)

ります.

例えば,150 kHz～30 MHzの範囲をEMIレシーバの帯域幅である9 kHzステップで1周波数ずつQP測定しようとすると,

30 MHz − 0.15 MHz ÷ 0.009 MHz ≒ 3317秒 ≒ 55分
(EMIレシーバのメジャリング・タイム設定が1 secの場合)

約55分の時間がかかる計算となります.もし,LED照明機器のように測定を9 kHzから実施した場合,当該の帯域幅は200 Hzなので,さらに約12分が加算されることになり,1測定あたり1時間を越えてしまいます.

さすがにこれでは効率が悪いため,現在主流となっているEMI測定手順は,図12のように,まずスペクトラム・アナライザ(以下スペアナ)を使って,ピーク検波で全体のスペクトラム取得(プリスキャン)を行い,そのなかから限度値に対してクリティカルなピーク点を抜き出して,スポット的にQP検波(CEの場合はAV検波も)での精密測定を行う「3ステップ・ルーチン」がよく使われています.このプロセスの場合,一般的な1シーケンス所要時間は大体5～6分と思われますが,プリスキャンにおいて波形を取り込むスペアナは「周波数掃引」方式であるため,間欠的な妨害波を取りこぼさないように十分な観測時間を確保する必要があります.

これに対して,最近,従来の概念を突き破るEMIレシーバが登場して注目を集めています.

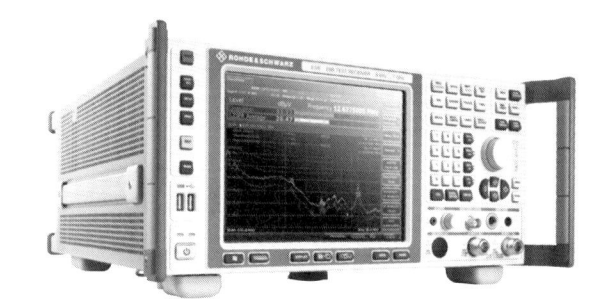

写真9 FFTベースEMIレシーバ(ESR;Rohde & Schwarz)

● FFTベースEMIレシーバを使った測定

最新型のEMIレシーバ(写真9)は,FFT(Fast Fourier Transform)のベース・テクノロジーを駆使し,1セグメントあたり30 MHzの周波数範囲をワンショットで測定します(図13).ガウシアン・ウィンドウを時間軸上で約90%オーバーラップさせることにより,表示波形の再現性を極限まで高め,いわゆる取りこぼしのない超高速測定を実現しています.図14にFFTベースEMIレシーバの信号処理プロセス概念図を示します.

規格の背景から見ても,CISPR16-1-1 Amd.1(2010年6月)の発行により,FFTベースEMIレシーバの適合仕様が確立されましたので,各種製品群規格への展開が順次進められています.

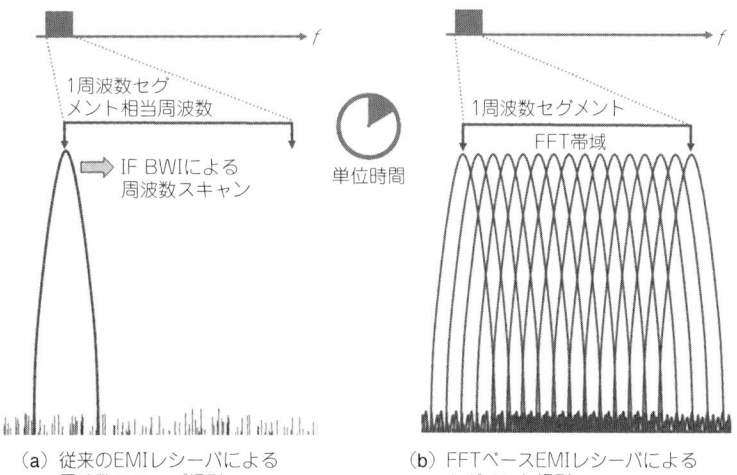

図13 従来方式EMIレシーバとFFTベースEMIレシーバの掃引概念
(a) 従来のEMIレシーバによる周波数ステップ掃引(1ステップずつ滞留して測定)
(b) FFTベースEMIレシーバによるセグメント掃引(周波数セグメント範囲を一括測定)

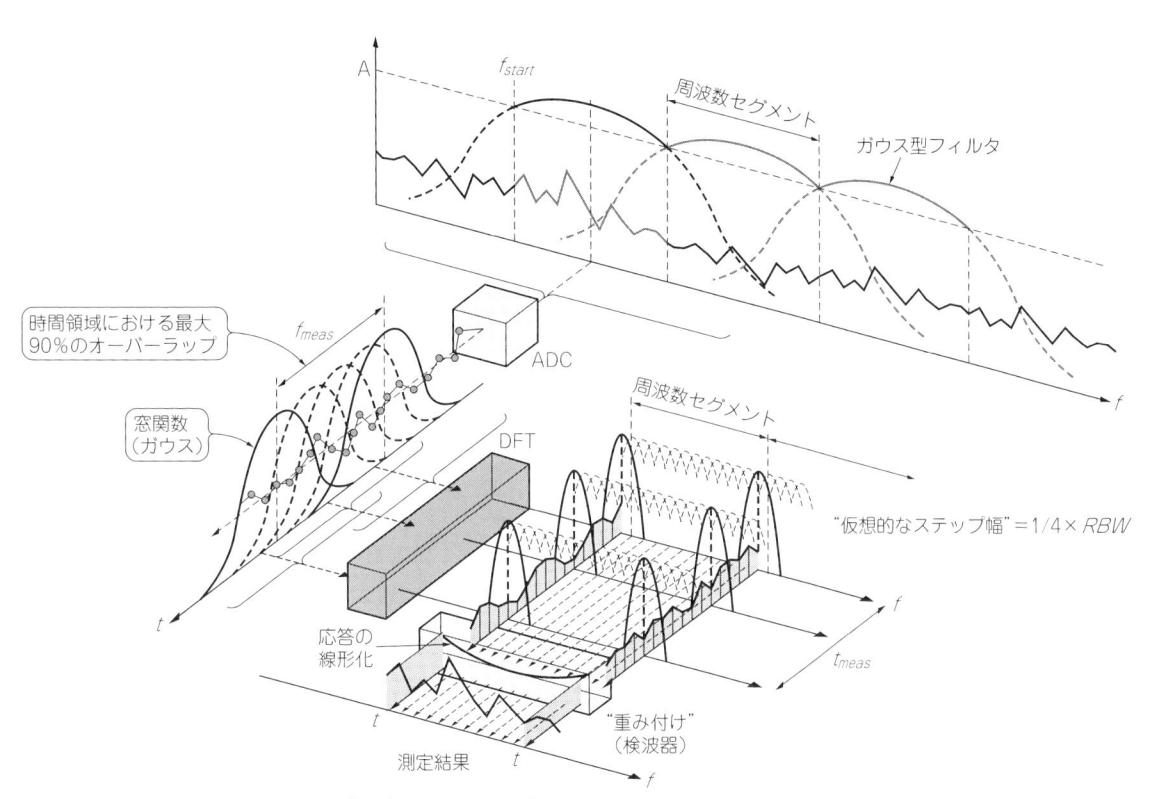

図14 FFTベースEMIレシーバのディジタル信号処理プロセス

　当該EMIレシーバを使った場合には，従来の手順において不可欠であったプリスキャン(ピーク検波による全体スペクトラムの取得)の手順を省いて，最初の段階から「規格に適合した検波方式(QPまたはQP＋AV)」で全周波数レンジの妨害波形を高速でスキャンすることが可能になります(図15).
　例えば，このプロセスをLED照明機器の磁界強度やCE測定に適用した場合，9 kHz～30 MHzの適合性判定試験を，わずか数秒間で実現することが期待できるわけです.
　もちろん従来からのディスクリート・レシーバ・モードを備えていますので，疑義が生じた場合には，スポット的に精密測定を行うことで最終測定値をアップデートすることも可能です.

EMI測定を高速化する　125

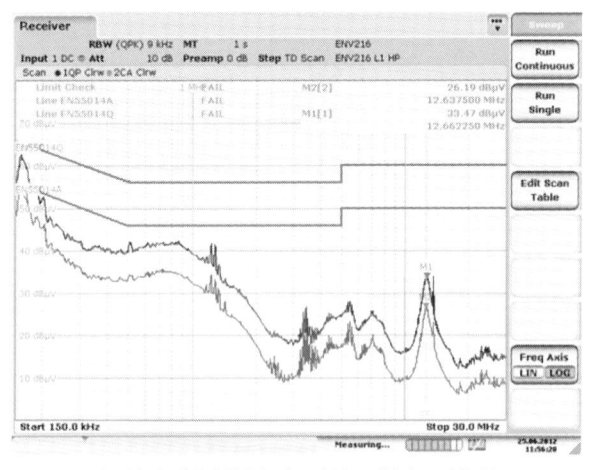

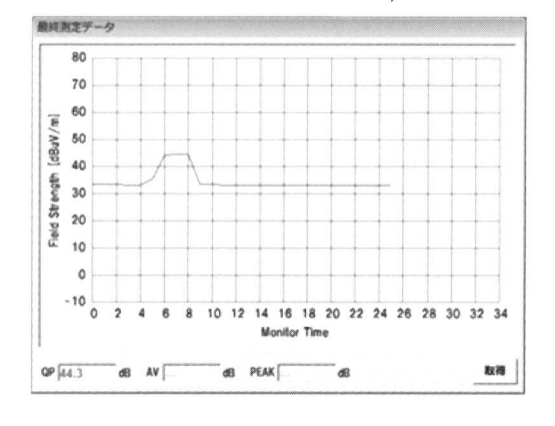

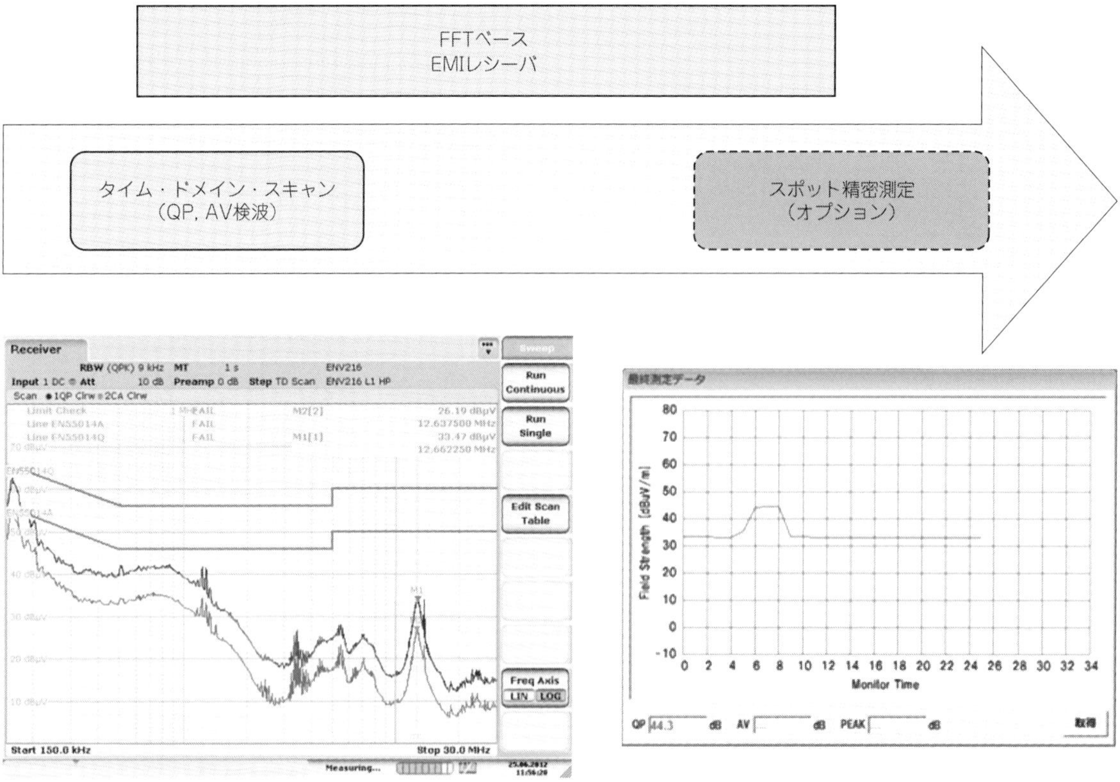

QP（およびAV）検波による高速スペクトラム取得　　　　　　　　　　　必要な場合のみスポット精密測定

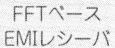

図15　タイム・ドメイン・スキャンによる新しいEMI測定ルーチン

今後の展望と検討課題

　LED照明機器は省エネルギー推進社会の象徴的な製品ですが，スイッチング電源を内装しているために，その設計構造いかんによっては，広い周波数範囲において電磁妨害波を発生する可能性があることがわかりました．

　また，商店街やオフィスでの用途を考えると，単品レベルでは規格に適合していても，複数の照明を同時に稼働したときに，妨害波がどのように重なり合うかは，評価手法も含めて検討すべき重要な課題であると考えています．

　一方，規格作成側（CISPR）では，さらなる測定法改善や技術基準の妥当性に関する検討が進められており，LED照明機器関連では下記事項がテーマになっているようです．

(1) CDNE（周波数拡張型CDN）による電界強度測定の代替評価
(2) 電源線伝導雑音測定時のコニカル・カバーの装着（**写真10**）

写真10　LED照明機器試験用としても提案されているコニカル・カバー

　(1)のCDNEは，IEC 61000-4-6に基づく高周波伝導性イミュニティ試験で用いられる電源線用CDNの周波数特性などを改良したもので，電源線のコモンモ

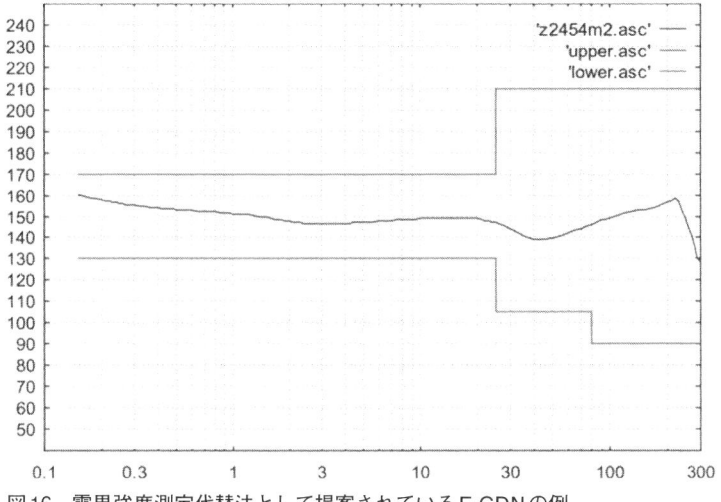

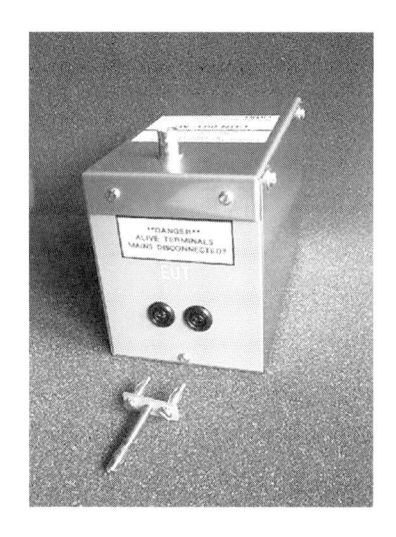

図16 電界強度測定代替法として提案されているE-CDNの例

ード・インピーダンスを150Ωに合わせて妨害電圧を測定する回路網です（**図16**）．測定に際しては電波暗室が不要であり，測定セットアップが簡単であることと，再現性に優れていることから，大変便利な手法と思うのですが，残念ながらこれまでの実験結果では，放射電界強度測定結果との十分な相関が得られてはいないようで，さらなる検討が進められています．

（2）のコニカル・カバーですが，これは従来から「安定器内蔵型ランプ」の伝導性雑音測定用として存在していたもので，机上ランプなどに反射カバーを装着したときの妨害波放射への影響を考慮して測定する際に使うものです．これは構造上LED電球の試験にも適用できるため，その旨が提案されています．

最後になりましたが，本稿の執筆にあたり，測定データならびに試験時の写真などを快くご提供くださった（株）沖エンジニアリングEMCセンター様に深く感謝いたします．

◆ 参考文献 ◆

(1) 白井秀泰：LED照明のEMC－LED照明の品質確保に向けて，2011年7月，OEGセミナー，沖エンジニアリング．
(2) J. Medler；Time domain Techniques in EMI measuring receivers, Technical and Standardization requirements, Rohde & Schwarz.
(3) 山田和謙，池上利寛，佐野秀文：EMC入門講座－電子機器電磁波妨害の測定評価と規制対応，2008年2月，電波新聞社．
(4) CISPR15 Edition 7.2 2009-01.

グリーン・エレクトロニクス No.11　　好評発売中

特集 応用技術によって新しい時代を切り拓くための設計＆測定技術
高周波パワー・エレクトロニクスの展望

B5判　128ページ
定価 2,310円（税込）

　これまで，パワー・エレクトロニクスの世界では，回路の高周波化はそれほど求められてはきませんでした．このため，新しい時代においてパワー・エレクトロニクスにも高周波技術が求められてくると，現在使っている測定器に関しても使いかたに新しい工夫と注意が必要です．例えば，現行技術で用いられるオシロスコープでは測定できない，満足できない高周波パラメータがたくさんあります．そこで，これまでパワー・エレクトロニクス技術者がほとんど使うことがなかった，ジャンルの異なる測定器や治具を工夫して用いることが求められます．また，新しい回路技術の構築に際しては，シミュレーションによる検証も重要です．

　特集では，高周波パワー・エレクトロニクスの実例として，新しい共鳴型ワイヤレス給電システムの設計とシミュレーションによる検証，オシロスコープによるパワー回路の測定法の基礎，パワー・デバイスの特性評価法などについて解説します．

- ●本書記載の社名，製品名について ── 本書に記載されている社名および製品名は，一般に開発メーカーの登録商標です．なお，本文中では ™, ®, © の各表示を明記していません．
- ●本書掲載記事の利用についてのご注意 ── 本書掲載記事は著作権法により保護され，また産業財産権が確立されている場合があります．したがって，記事として掲載された技術情報をもとに製品化をするには，著作権者および産業財産権者の許可が必要です．また，掲載された技術情報を利用することにより発生した損害などに関して，CQ出版社および著作権者ならびに産業財産権者は責任を負いかねますのでご了承ください．
- ●本書に関するご質問について ── 文章，数式などの記述上の不明点についてのご質問は，必ず往復はがきか返信用封筒を同封した封書でお願いいたします．勝手ながら，電話での質問にはお答えできません．ご質問は著者に回送し直接回答していただきますので，多少時間がかかります．また，本書の記載範囲を越えるご質問には応じられませんので，ご了承ください．
- ●本書の複製等について ── 本書のコピー，スキャン，デジタル化等の無断複製は著作権法上での例外を除き禁じられています．本書を代行業者等の第三者に依頼してスキャンやデジタル化することは，たとえ個人や家庭内の利用でも認められておりません．

R〈日本複製権センター委託出版物〉
本書の全部または一部を無断で複写複製(コピー)することは，著作権法上での例外を除き，禁じられています．本書からの複製を希望される場合は，日本複製権センター(TEL：03-3401-2382)にご連絡ください．

グリーン・エレクトロニクス No.12（トランジスタ技術 SPECIAL 増刊）

マイコンによるディジタル制御電源の設計

2013年3月1日　発行

©CQ出版㈱　2013
（無断転載を禁じます）

編　　集　　トランジスタ技術SPECIAL編集部
発 行 人　　寺 前 裕 司
発 行 所　　Ｃ Ｑ 出 版 株 式 会 社
〒170-8461　東京都豊島区巣鴨1-14-2
電話　編集　03-5395-2123
　　　広告　03-5395-2131
　　　営業　03-5395-2141
振替　00100-7-10665

定価は表四に表示してあります
乱丁，落丁本はお取り替えします

編集担当　清水　当
DTP・印刷・製本　三晃印刷株式会社／DTP　有限会社 新生社
Printed in Japan